教育部－浪潮集团产学合作协同育人项目成果　　　　普通高等学校计算机教育"十三五"规划教材

inspur 浪潮

Oracle
数据库原理及应用

慕课版

浪潮优派◎策划

李然 武会秋 周业勤◎主编

宁玉富 刘培伟 孙大康 王中训 曹高芳◎副主编

U0265111

人 民 邮 电 出 版 社

北　京

图书在版编目（CIP）数据

Oracle数据库原理及应用：慕课版 / 李然，武会秋，
周业勤主编. -- 北京：人民邮电出版社，2020.7
普通高等学校计算机教育"十三五"规划教材
ISBN 978-7-115-53166-7

Ⅰ. ①O… Ⅱ. ①李… ②武… ③周… Ⅲ. ①关系数
据库系统－高等学校－教材 Ⅳ. ①TP311.138

中国版本图书馆CIP数据核字(2019)第288157号

内 容 提 要

　　Oracle 数据库管理系统是全球使用范围广泛的数据库管理软件系统之一。

　　本书由浅入深地讲解了 Oracle 知识体系。全书共 18 章，第 1～3 章讲述了 Oracle 的体系结构和基本操作，主要内容包括数据库基础知识、Oracle 概述和 Oracle 体系结构；第 4～9 章介绍了在数据库中创建表、检索数据、操作数据等内容，主要包括表的设计、创建及维护，数据完整性与约束，数据操作，基本 SQL 查询，多表连接及子查询和 SQL 操作符及 SQL 函数；第 10 章介绍了 Oracle 中常见的数据库对象，包括同义词、序列和索引等；第 11～14 章介绍了 PL/SQL 相关的内容，主要包括 PL/SQL 简介、控制语句、游标管理、存储过程和函数；第 15 章介绍了触发器；第 16～17 章介绍了系统安全管理和数据备份与恢复；第 18 章是综合项目案例。

　　本书可作为高等院校计算机相关专业 Oracle 课程的教材和辅导书，也可作为 Oracle 初学者的入门读物。

◆ 主　　编　李　然　武会秋　周业勤
　　副 主 编　宁玉富　刘培伟　孙大康　王中训　曹高芳
　　责任编辑　张　斌
　　责任印制　王　郁　陈　犇

◆ 人民邮电出版社出版发行　　北京市丰台区成寿寺路 11 号
　　邮编　100164　电子邮件　315@ptpress.com.cn
　　网址　https://www.ptpress.com.cn
　　涿州市般润文化传播有限公司印刷

◆ 开本：787×1092　1/16
　　印张：17.5　　　　　　　　　2020 年 7 月第 1 版
　　字数：468 千字　　　　　　　2025 年 1 月河北第 4 次印刷

定价：59.80 元

读者服务热线：**(010)81055256**　印装质量热线：**(010)81055316**
反盗版热线：**(010)81055315**

广告经营许可证：京东市监广登字 20170147 号

Oracle 数据库管理系统是一个以关系型和面向对象为中心的数据库管理软件，它在管理信息系统、企业数据处理、互联网及电子商务等领域有着非常广泛的应用。由于 Oracle 在数据安全性与数据完整性方面的优越性能，以及其在跨操作系统、跨硬件平台的数据互操作方面的强悍能力，越来越多的用户将 Oracle 作为其应用数据的处理系统。

浪潮集团是我国本土综合实力强大的大型 IT 集团之一，是国内领先的云计算领导厂商，是先进的信息科技产品与解决方案服务商。浪潮集团的很多大型企业级项目都采用了 Oracle 数据库，应用范围包括金融、医疗、电子政务、粮食储备等。对于开发人员来说，熟练掌握 Oracle 数据库的使用，是进行企业级项目开发的重要基础和必要条件。

浪潮优派科技教育有限公司（以下简称浪潮优派）是浪潮集团下属子公司，它结合浪潮集团的技术优势和丰富的项目案例，专门致力于 IT 人才的培养。本书由浪潮优派具有多年开发经验和实训经验的培训讲师撰写，各章知识点条理清楚、重点突出，每个知识点还配有丰富的案例演示。此外，本书还提供了丰富的配套案例和微课视频，读者可扫描二维码直接观看。第 1～17 章均安排了配套习题和上机实验，并提供案例源代码和电子课件，读者可登录人邮教育社区（www.ryjiaoyu.com）下载。

本书作为教材使用时，各章主要内容和学时建议分配如下，教师可以根据实际情况进行调整。

章	章名	主要内容	建议学时
1	数据库基础	数据库原理的基础知识	4
2	Oracle 数据库概述	Oracle 数据库的安装和卸载、使用 SQL Developer 创建和删除数据库的方法，以及 Oracle 12c 的新特性	4
3	Oracle 数据库的体系结构	Oracle 的逻辑结构、物理结构和实例的组成部分及原理	4
4	表的设计、创建及维护	表的创建和维护，以及 Oracle 的数据类型	4
5	数据完整性与约束	约束的主要作用和常用约束的使用方式	4
6	数据操作	INSERT、UPDATE、DELETE 等数据操纵语句和 COMMIT、ROLLBACK、SAVEPOINT 等事务控制语句	4
7	基本 SQL 查询	SELECT 语句的 WHERE 子句、ORDER BY 子句、GROUP BY 子句、HAVING 子句、聚合函数和伪列的概念与使用	4
8	Oracle 多表连接与子查询	等值连接、非等值连接、内连接、左外连接、右外连接、全外连接、自连接、自然连接、using 子句连接及 on 子句连接的使用	4
9	SQL 操作符及 SQL 函数	常用的 SQL 操作符和 SQL 函数	4
10	数据库对象	同义词、序列、视图和索引等数据库对象	8
11	PL/SQL	PL/SQL 的功能和特点、PL/SQL 的数据类型及其用法，以及 PL/SQL 中的错误处理	4

续表

章	章名	主要内容	建议学时
12	控制语句	PL/SQL 中的选择结构、循环结构和顺序结构控制语句	4
13	游标管理	隐式游标、显式游标和游标变量的使用	4
14	存储过程和函数	存储过程、函数和程序包的使用	8
15	触发器	触发器的概念、触发器的类型及创建方法，以及应用触发器的场合	4
16	系统安全管理	用户、权限和角色的创建与管理，概要文件和数据字典视图的作用	4
17	数据备份与恢复	逻辑、脱机和联机的备份与恢复	4
18	Oracle 实战案例	以金融机构的 ATM 系统为例，详细讲述了企业级信息系统的数据库设计和实现	6

本书由李然、武会秋和周业勤担任主编，并进行了统稿。宁玉富、刘培伟、孙大康、王中训和曹高芳担任本书的副主编。此外，为了使本书更适合高校使用，与浪潮集团有合作关系的部分高校老师也参与了本书的编写工作，包括山东第一医科大学的张兆臣、张西学和郑鹏，山东管理学院的阮梦黎、刘乃文和李颖，山东中医药大学的曹慧、李明和马金刚，德州学院的郭长友，山东女子学院的胡蔚蔚，滨州医学院的曹振丽。感谢他们在本书编写过程中提供的帮助和支持。

由于时间仓促，编者水平有限，书中难免存在不足之处，欢迎读者批评指正。

编　者

2020 年 3 月

目 录 CONTENTS

1

01 第1章 数据库基础

学习目标

- 了解数据库相关的概念。
- 掌握数据库设计的主要步骤。
- 掌握 E-R 图的表示方法。
- 了解关系模式规范化的目的。
- 掌握设计数据库的准则——范式。

在学习 Oracle 数据库之前，我们需要先了解数据库的基础知识，包括数据库应用的场景、数据库相关的概念和数据库设计的规范等，为后期的数据库设计和应用打下坚实的基础。

1.1 数据库应用的领域

数据库的应用领域非常广泛，如证券、银行、商业、医疗、国防、科技等领域，都需要使用数据库来存储数据信息。

数据库的应用主要有以下几个方面。

1. 多媒体数据库

这类数据库主要存储与多媒体相关的数据，如声音、图像和视频等数据。多媒体数据库最大的特点是数据连续，而且数据量比较大，存储需要的空间较大。

2. 移动数据库

这类数据库是在移动计算机系统上发展起来的，如笔记本电脑、手机等。用户通过移动数据库可以随时随地获取和访问数据，也可以在商务应用或遇到紧急情况时及时进行相应的操作。

3. 空间数据库

这类数据库目前发展比较迅速。它主要包括地理信息数据库（又称为地理信息系统，即 Geographic Information System，GIS）和计算机辅助设计（Computer Aided Design，CAD）数据库。其中，地理信息数据库一般存储与地图相关的数据信息；计算机辅助设计数据库一般存储与设计信息相关的数据，如机械、集成电路及电子设备设计图等。

4. 信息检索系统

信息检索就是根据用户输入的信息，从数据库中查找相关的文档或信息，并把查找到的信息反馈给用户。信息检索领域和数据库是同步发展的，它是一种典型的联机文档管理系统或者联机图书目录。

5. 分布式信息检索

这类数据库是随着 Internet 的发展而产生的数据库。它一般用于 Internet 及远距离计算机网络系统中。特别是随着电子商务的发展，这类数据库的发展更为迅猛。许多网络用户（如个人、企业或政府部门等）在自己的计算机中存储信息，同时希望通过网络发送电子邮件、传输文件、远程登录等与别人共享这些信息，而分布式信息检索满足了这些要求。

6. 专家决策系统

专家决策系统也是数据库应用的一部分。越来越多的数据可以联机获取，特别是企业可以通过对这些数据的整合分析，为企业的发展做出更好的决策。人工智能的发展使专家决策系统的应用更加广泛。

1.2 数据库的相关概念

数据库的相关概念包括数据、数据库、数据库管理系统、关系数据库管理系统和数据库应用系统等，我们将在本节中详细讲解。

1.2.1 数据的概念

数据（Data）是数据库的基本对象，是描述事物的符号记录。数据的类型有很多，文本、图形、图像、音频、视频等都是数据，我们可以将这些数据通过数字化处理存入计算机。

在现代计算机系统中，数据的概念是广义的。早期的计算机系统主要用于科学计算，一般处理的数据为整数、实数、浮点数等。现在的计算机储存和处理的对象十分广泛，表示这些对象的数据也随之变得越来越复杂。

1.2.2 数据库的概念

数据库（DataBase）就是存放数据的仓库。数据库是长期储存在计算机内、有组织、可共享的大量数据的集合。数据库中的数据按一定数据模型组织、描述和存储，具有较小的冗余度、较高的数据独立性和易扩展性，并可为各类用户所共享。数据库具有永久储存、有组织和可共享三个基本特点。

1.2.3 数据库管理系统的概念

数据库管理系统（DataBase Management System，DBMS）是位于用户与操作系统之间的一类数据管理软件，用于科学地组织和存储数据、高效地获取和维护数据。DBMS 的主要功能包括数据定义功能、数据操纵功能、数据库的运行管理功能、数据库的建立和维护功能。

1.2.4 数据库的种类

早期比较流行的数据库模型有三种，分别为层次式数据库、网络式数据库和关系数据库。目前最常用的数据库模型主要有两种，即关系数据库和非关系数据库。

（1）关系数据库是存储在计算机上的、可共享的、有组织的关系型数据的集合。关系型数据是以关系数学模型来表示的数据，其中，关系数学模型以二维表的形式来描述数据，如图1-1和图1-2所示。

图1-1 以二维表的形式来描述数据

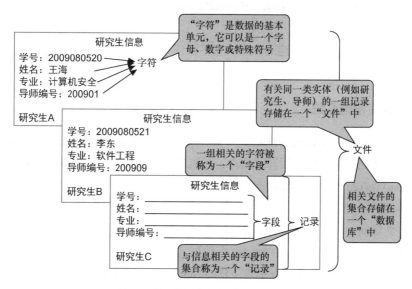

图1-2 关系数据库中的相关术语和概念

图1-2中描述的"字符""字段""记录""文件"与逻辑数据库的设计有关，在创建物理数据库时，字段通常称为"列"，记录称为"行"，文件称为"表"。有关逻辑数据库和物理数据库的概念，读者可以通过数据库原理相关的书籍进行深入学习。

（2）非关系数据库也称为NoSQL数据库，NoSQL的本意是"Not Only SQL"（SQL的相关内容参见第4章），指的是非关系数据库，而不是"No SQL"的意思。因此，NoSQL数据库的产生并不是要彻底地否定关系型数据库，而是要作为传统关系数据库的一个有效补充。NoSQL数据库在特定的场景下可以发挥出难以想象的高效率和高性能。

随着互联网技术的发展，传统的关系数据库在规模日益扩大的海量数据面前，已经开始力不从心，暴露了很多难以克服的问题。NoSQL类的数据就是在这样的背景下诞生并迅速发展起来的，开源的NoSQL体系（如Facebook的Cassandra、Apache的HBase等）得到了业界的广泛认同，Redis、Mongo DB也越来越受到各类公司的欢迎和追捧。

本书重点讲解关系数据库系统，有关非关系数据库的知识读者可以阅读其他相关书籍进行学习。

关系数据库系统的层次结构如图 1-3 所示。

① 硬件：指安装数据库系统的计算机，包括服务器和客户机。

② 操作系统：指安装数据库系统的计算机采用的操作系统。

③ 关系数据库管理系统、数据库：数据库是存储在计算机上的、可共享的、有组织的关系型数据的集合；关系数据库管理系统是位于操作系统和关系数据库应用系统之间的数据库管理软件。

④ 关系数据库应用系统：指为满足用户需求，采用各种应用开发工具（如 Java、Visual Basic、PowerBuilder 和 Delphi 等）和开发技术开发的数据库应用软件。

⑤ 用户：指与数据库系统打交道的人员，包括最终用户、数据库应用系统开发员和数据库管理员三类。

图 1-3　关系数据库系统的层次结构

1.2.5　关系数据库管理系统

关系数据库管理系统（Relational DataBase Management System，RDBMS）指包括相互联系的逻辑组织和存取这些数据的一套数据库管理软件，是管理关系数据库，并将数据逻辑组织的系统。例如，Oracle 9i/10g/11g/12c 就是关系数据库管理系统。

RDBMS 的主要功能有以下几项。

（1）数据定义功能：提供相应数据语言来定义数据库结构，即用数据定义语言（Data Definition Language，DDL）描述数据库框架，并被保存在数据字典中。

（2）数据存取功能：提供数据操纵语言（Data Manipulation Language，DML），实现对数据库数据的基本存取操作（检索、插入、修改和删除）。

（3）数据库运行管理功能：提供数据控制功能（即数据的安全性、完整性和并发控制等），对数据库运行进行有效控制和管理，以确保数据正确有效。

（4）数据库的建立和维护功能：包括数据库初始数据的装入，数据库的转储、恢复、重组织，系统性能监视、分析等功能。

（5）数据库的传输：提供数据传输的功能，实现用户程序与 RDBMS 之间的通信，通常与操作系统协调完成。

1.3　数据库设计

数据库设计（Database Design）是指对于某个给定的应用环境，构造最优的数据库模式，建立数据库及其应用系统，使之能够有效地存储数据，满足各种用户的应用需求，如信息要求和处理要求等。

在信息技术领域，无论是传统的 IT 产业还是互联网，或是未来的区块链，数据库设计都是重中之重。一个好的数据库设计，不仅可以应对复杂的业务变化，更可以应对未来海量的数据扩容。数据库是大楼的根基，大多数程序员在了解用户基本需求后，都希望很快进入编码阶段，对于数据库设计的思考比较少，这给系统留下了许多隐患，如输出错误的数据、性能差或后期维护繁杂等问题，这些都与前期数据库设计考虑不周有密切的关系。数据库出现问题后再修改设计或进行优化，等同于推翻之前所有的工作，从头开始，成本极高。

以下是几个由于数据库设计不合理造成的场景。

1. 数据一致性的丧失

一个订单管理系统，维护着客户信息和客户订单信息。使用该系统的企业在接到客户修改收货地址的电话后，在系统的客户信息页面对该客户的收货地址进行了修改，但客户订单信息中的收货地址并没有相应发生修改，最终导致快递员仍然按照原先订单地址送货，送错了地址。

2. 数据完整性的丧失

某公司战略转移，准备撤出某地区。该公司的系统操作人员随手把该地区的配置信息在系统中进行删除，系统提示删除成功。随后，客服人员发现该地区的历史订单页面一打开便提示错误信息。其原因是与该地区相关联的数据删除不彻底导致的，这是因为数据库设计时没有设计合理的约束。

3. 性能的丧失

一个库存管理系统，仓库管理员使用该系统记录每一笔进出货情况，并能查看当前各货物的库存情况。在系统运行几个月后，仓库管理员发现打开当前库存页面变得非常慢，而且趋势是显示速度越来越慢，原因是数据库的设计者没有充分考虑系统性能方面的问题。

1.3.1 数据库设计步骤

按照数据库及其应用系统开发全过程，可将数据库设计分为 6 个阶段：数据分析、概念模型设计、逻辑结构设计、物理结构设计、子模型设计和建立数据库。有关数据库设计和程序设计的关系如图 1-4 所示。

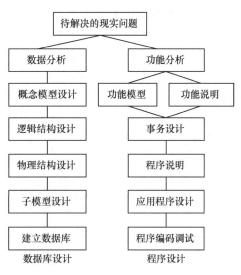

图 1-4 数据库设计和程序设计的关系

数据库设计在需求分析的基础上，顺序进行的三个主要步骤分别是概念模型设计、逻辑结构设计及物理结构设计，本节重点介绍这三个步骤。对于关系数据库设计来说，这三个步骤主要完成的任务如下。

（1）概念模型设计的主要任务是根据需求分析的结果抽象出实际应用中的实体及联系，然后画出 E-R 图。

（2）逻辑结构设计的主要任务是把概念结构转换为关系数据库所支持的关系数据模型，并进行优化，即将 E-R 图中的实体、属性和联系转换成为关系模式。

（3）物理结构设计的主要任务是在具体的 DBMS 上实现逻辑设计得到的表，包括物理存储规划和创建合适的索引等任务。

1.3.2 概念模型设计

概念模型设计是整个数据库设计的关键，它通过对用户需求进行综合、归纳与抽象，形成了一个独立于具体 DBMS 的概念模型。其特点是能真实、充分地反映现实世界；易于理解；易于更改；易于向关系、网状、层次等各种数据模型转换。

1. 实体-联系模型

实体-联系（Entity-Relationship，E-R）模型是一种可以应用于关系数据库（但不限于关系型）概念模型设计的建模方法，最早于 1976 年由美籍华人陈品山（Peter Pin-Shan Chen）在其哈佛大学的博士毕业论文中提出。

其中，实体是指现实世界中可区别于其他对象的一个"事件"或一个"物体"，现实世界是由一系列的实体以及这些实体间的联系构成的，联系一般用一个动词表示。例如，以一个网上书店的数据库应用为例，Book（书籍）是一个实体，Publisher（出版社）也是一个实体，出版社与书籍的联系是"Publish"（出版）。而实体又由其若干个属性限定，例如，Book 实体有 ISBN（书号）、title（书名）、price（价格）等属性，而 Publisher 有 name（名称）、address（地址）、contact（联系人）等属性。

2. 实体-联系图

通常，使用实体-联系图（Entity-Relationship Diagram）来建立 E-R 模型。实体-联系图一般简称为 E-R 图，相应地用 E-R 图描绘的数据模型即 E-R 模型。E-R 图中包含了实体（即数据对象）、联系和属性 3 种基本成分，通常用矩形框代表实体，用连接相关实体的菱形框表示联系，用椭圆形或圆角矩形表示实体（或关系）的属性，并用直线把实体（或关系）与其属性连接起来。例如，图 1-5 所示是某学校论文管理系统的 E-R 图。

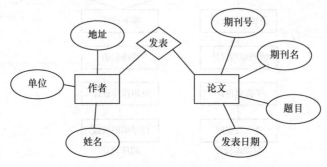

图 1-5　E-R 图

3. 联系的映射约束

映射约束是一个实体集中的实体通过联系可以同另一个实体集中相关联的实体数量。映射约束有三种：一对一、一对多、多对多。

（1）一对一联系

如果一个学生只有一份学生档案，那么学生和学生档案这两个实体是一对一联系，其 E-R 图如图 1-6 所示。

图 1-6　学生和学生档案联系图

（2）一对多联系

网上书店的 Employee（工作人员）及 Order（订单）这两个实体，规定一个 Employee 可以处理多份 Order，而一份 Order 不能由多个 Employee 处理。显然 Employee 与 Order 是一对多联系，如图 1-7 所示。

图 1-7　工作人员与订单联系图

（3）多对多联系

一个 Author（作者）可以写多本书，一本 Book（书）也可以有多个作者，所以实体 Author 与 Book 的联系 Write 是多对多联系。

这个多对多联系实例可以用 E-R 图表示，如图 1-8 所示。

图 1-8　图书与作者联系图

4. E-R 图案例演示

设计一个简单的图书馆管理系统的数据库，此数据库中的读者包括读者号、姓名、性别、年龄、单位和地址，图书包括书号、书名、作者和出版社，对每本借阅的图书要有相应的借出日期和应还日期，其 E-R 图如图 1-9 所示。

1.3.3　逻辑结构设计

逻辑结构设计的任务是将概念模型设计阶段完成的实体模型转换成特定的 DBMS 所支持的数据模型的过程。逻辑结构设计的目的是将 E-R 图中的实体、属性和联系转换成为关系模式。具体工作步骤如图 1-10 所示。

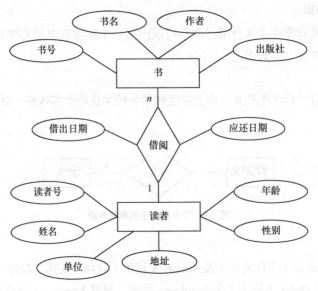

图 1-9　图书管理系统 E-R 图

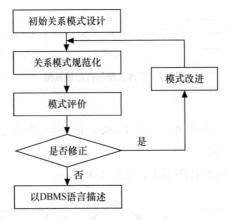

图 1-10　逻辑结构设计工作步骤

1. 实体间关系转换遵循的原则

一个实体转换为一个关系模式，实体的属性就是关系的属性，实体的键就是关系的键；一个关系转换为一个关系模式，与该关系相连的各实体的键以及联系的属性均转换为该关系的属性。

联系关系的键有以下三种情况。

① 如果联系为 $1:1$，则每个实体的键都是关系的候选键。

② 如果联系为 $1:n$，则 n 端实体的键是关系的键。

③ 如果联系为 $n:m$，则各实体的键的组合是关系的键。

特殊情况是多元联系，多元联系在转换为关系模式时，与该多元联系相连的各实体的主键及联系本身的属性均转换为关系的属性，转换后得到的关系的主键为各实体键的组合。

2. 实体间关系的转换规则

（1）一个 $1:1$ 关系可以转换为一个独立的关系模式，也可以与任意一端所对应的关系模式合并。

例如，将图 1-11 所示的 E-R 图转换为关系模式。

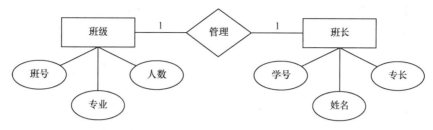

图 1-11 班级管理的 E-R 图

原实体对应的关系模式为：

班级（班号，专业，人数）

班长（学号，姓名，专长）

将关系"管理"合并到实体"班级"对应的模式后为：

班级（班号，专业，人数，班长学号）

班长（学号，姓名，专长）

关系"管理"也可以合并到实体"班长"对应的模式，将关系"管理"合并到实体"班级"对应的模式后为：

班级（班号，专业，人数）

班长（学号，姓名，专长，班号）

（2）一个 1:n 关系可以转换为一个独立的关系模式，也可以与 n 端所对应的关系模式合并。例如，将图 1-12 所示的 E-R 图转换为关系模式。

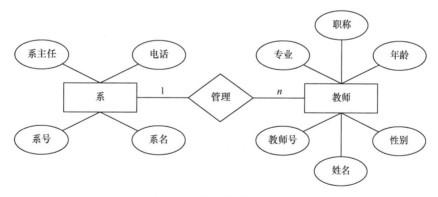

图 1-12 院系管理的 E-R 图

实体对应的关系模式为：

系（系号，系名，系主任，电话）

教师（教师号，姓名，专业，职称，性别，年龄）

关系对应的关系模式为：

管理（教师号，系号）

合并到实体"教师"后（只能合并到"多"的一端的关系模型）：

教师（教师号，姓名，专业，职称，性别，年龄，系号）

（3）一个 $m:n$ 关系转换为一个关系模式。转换的方法为：与该关系相连的各实体的码以及关系本身的属性均转换为关系的属性，新关系的码为两个相连实体码的组合。例如，将图 1-13 所示的 E-R 图转换为关系模式。

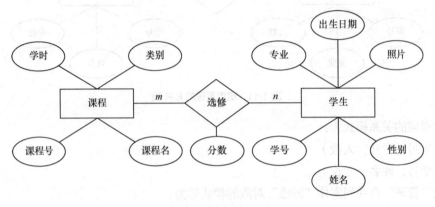

图 1-13　课程管理 E-R 图

关系只能转换为独立模式，模式的属性由关系本身的属性及两个实体的键构成；主键由两端实体的键组合而成。

实体对应的关系模式为：

课程（课程号，课程名，学时，类别）

学生（学号，姓名，性别，专业，出生日期，照片）

关系对应的关系模式为：

选修（分数）

关系只能转换为独立模式，模式的属性由关系本身的属性及两个实体的键构成，转换后的关系模式为：

选修（学号，课程号，分数）

（4）三个或三个以上实体间的多元关系转换为一个关系模式。

关系的属性：与该多元关系相连的各实体的码以及关系本身的属性。

关系的码：各实体码的组合。

"讲授"关系是一个三元关系，可以转换为如下关系模式，其中课程号、职工号和书号为关系的组合码：

讲授（课程号，职工号，书号）

1.4　关系模式规范化

数据库设计的范式理论是对初始关系模型进行优化。数据库设计的三大范式如下。

（1）第一范式。每一个分类必须是一个不可分的数据项。属性不可再分，确保每列的原子性。

（2）第二范式。要求每个表只描述一件事情，每条记录有唯一标识列。

（3）第三范式。数据库表中不包含已在其他表中包含的非主关键字信息。

1.4.1 关系模式规范化的目的

表 1-1 所示是一个没有规范化的学生成绩表，主要记录学生的姓名、课程和各科成绩等信息。

关系模式规范化的目的

表 1-1 学生成绩表

sno	sname	ssex	cname	score
2015010001	张三	男	网络管理	70
2015010001	张三	男	SQL Server 数据库	90
2015010001	张三	男	C#程序设计	98
2015010002	李四	男	团队实战	50
2015010002	李四	男	SQL Server 数据库	78
2015010002	李四	男	C#程序设计	90
2015010002	李四	男	Java 程序设计	80
2015010003	李媛	女	C#程序设计	70
2015010004	张松	男	网络管理	54
2015010004	张松	男	SQL Server 数据库	66
2015010004	张松	男	Java 程序设计	70
2015010004	张松	男	C#程序设计	89
2015010005	王琦	女	SQL Server 数据库	85
2015010005	王琦	女	JSP 程序设计	68

从表 1-1 中可以看出，非规范化的数据明显增加了冗余数据，造成存储空间浪费。除此之外，还有下面几个严重的问题。

（1）插入（Insertion）异常

先找出主码为学号和课程名，当添加一个新的课程信息，但是该课程还没有选课学生信息的时候，课程信息是无法插入的，因为学号信息为空。

（2）删除（Deletion）异常

如果一个学生因某种原因退学，其对应学生信息记录应被删除，删除学生信息的同时，课程信息也被删除了。

（3）更新（Update）异常

如果某课程有多名学生选修并参加考试，而这门课程的名称发生了改变，则必须更新这门课程的所有记录的名称字段（cname 字段），如果漏掉一个，则可能造成表中数据不一致的情况出现。

之所以造成以上这些异常，是因为关系设计不合理。要解决这些问题，就要使用规范化理论来对关系模式进行规范化。

1.4.2 第一范式

对于满足第一范式（1st Normal Form，1NF）中的表，它应遵循以下 4 条规则。

第一范式

（1）规则一：它应该只有单个（原子）值的属性/列，表的每一列都应该是单值的。

（2）规则二：存储在列中的值应该属于同一个值域。在每列中，存储的值都必须是相同类型或类型兼容（对应列的属性和类型应该是相同的）。

（3）规则三：属性/列的唯一名称。此规则要求表中的每一列都应具有唯一的名称。这是为了避免在检索数据或对存储的数据执行任何其他操作时的混淆。

（4）规则四：数据的存储顺序无关紧要。

例如，创建一个 student 表存储学生数据，这些数据将包含学号 student_id、姓名 student_name 以及他们选择的课程名称 subject，如表 1-2 所示。

表1-2　student 表

student_id	student_name	subject
101	张国庆	OS, Database
103	李天	Java
102	王静	C#, C++

在表 1-2 所示的 3 个不同学生中，有 2 个选择了超过 1 门课程并将课程名称存储在一列中。按照第一范式，每列值必须包含原子值。表 1-2 不满足第一范式的规则一，但满足第一范式规则二、规则三和规则四。我们进一步完善修改该表格，更新后的表格满足第一范式的所有规则，如表 1-3 所示。

表1-3　student 表

student_id	student_name	subject
101	张国庆	Database
101	张国庆	OS
103	李天	Java
102	王静	C#
102	王静	C++

虽然表 1-3 满足了第一范式，但增加了冗余数据，因为在多行中会有许多列具有相同的数据，但每行作为一个整体将是唯一的。为了解决这个问题，我们还需要进一步修订和完善。

1.4.3　第二范式

对于满足第二范式（2NF）的表，它应遵循以下两条规则。
① 应该满足第一范式。
② 应该没有部分依赖。

什么是依赖？下面以 student 表为例进行说明。假设 student 表包含 student_id、student_name、major 和 address 等列，如表 1-4 所示。

第二范式

表1-4　student 表

student_id	student_name	major	address
101	张国庆	计算机科学与技术	建国路 1 号
102	王静	计算机科学与技术	振兴路 23 号
103	王静	计算机科学与技术	大学路 44 号

从表 1-4 中可以看到，有 2 个同名的学生信息，但其学号不同。对于姓名相同的学生，我们也可以根据学号查询到正确的记录。学号对于每一行都是唯一的，是主键，因此可以使用学号来获取表中任何行的数据。所以其他每列都依赖于学号列，或者可以使用它查询表中任一行的其他列。因此，可以说表的主键是列或一组列（复合键），它可以唯一地标识每一行。这就是依赖，也叫函数依赖。

什么是部分依赖呢？表中的属性仅依赖主键的一部分而不是整个组合主键，这就是部分依赖关系。

下面以一个 subject 表为例进行说明，如表 1-5 所示。假设 subject_id 将成为主键。

表 1-5 subject 表

subject_id	subject_name
1	Java
2	C++
3	PHP

创建另一个表 score 来存储学生各科取得的分数。此外还将保存教授该课程的教师的姓名，如表 1-6 所示。

表 1-6 score 表

score_id	student_id	subject_id	marks	teacher
1	10	1	70	张老师
2	10	2	75	李老师
3	11	1	80	张老师

在 score 表中，student_id 列和 subject_id 列一起组合构成了该表的候选键，作为该表的主键。通过 student_id 可以确定一名学生，通过 subject_id 可以确定一门课程。

如果只用 student_id 查询学生的成绩，不能从表中得到成绩，因为不知道是哪门课程。如果只用 subject_id 查询学生的成绩，同样不知道是哪个学生的成绩。因此，需要 student_id 和 subject_id 的组合来唯一标识任何行记录，即组合主键。

下面再分析 score 表，老师 teacher 列依赖课程 subject_id 列，对于 Java 课程，它是张老师，对于 C++，它是李老师等。这个表的主键是两列的组合，即 student_id 和 subject_id，但是教师的名字只取决于课程（即 subject_id），与 student_id 无关，构成了部分依赖关系。

要消除部分依赖关系，方法是从 score 表中删除 teacher 列，并将其添加到 subject 表中。因此，subject 表将变为表 1-7 所示的形式。

表 1-7 更改后的 subject 表

subject_id	subject_name	teacher
1	Java	张老师
2	C++	李老师
3	Php	刘老师

对于 score 表，删除 teacher 列后，消除了部分依赖，满足了第二范式（2NF），变成了表 1-8 所示的形式。

表 1-8　消除了部分依赖后的 score 表

score_id	student_id	subject_id	marks
1	10	1	70
2	10	2	75
3	11	1	80

总结说明如下。

① 对于满足第二范式（2NF）的表，它应该首先满足第一范式（1NF），并且它不应该具有部分依赖。

② 对于复合主键，如果表中的任何属性仅取决于主键的一部分而不取决于完整的主键，那么存在部分依赖关系。

③ 要删除部分依赖关系，可以重新划分表，删除导致部分依赖的属性，并将其放到适合的其他表中。

1.4.4　第三范式

对于满足第三范式（3NF）的表，它必须遵循以下两个规则。

① 它应该满足第二范式。

② 它不应该具有传递依赖性。

什么是传递依赖？非主键属性依赖于其他非主键属性，而不是依赖于主键，这就是传递依赖。

表 1-9 所示的 score 表，存储了更多信息，例如考试名称和总分数，是在表 1-8 的基础上又添加了两列。

表 1-9　扩展 score 表

score_id	student_id	subject_id	marks	exam_name	total_marks

score 表的主键是复合键，它由两个属性或列组成，即 student_id 列和 subject_id 列的组合。新添加的列 exam_name 取决于学生和课程。所以说 exam_name 依赖于 student_id 和 subject_id。对于第二个新列 total_marks，它依赖于 exam_name。但是，exam_name 只是 score 表中的普通一列。它既不是主键，也不是主键的一部分，而 total_marks 却依赖于它。这就构成了传递依赖。

要消除传递依赖，其方法是将有传递依赖的列分解到一个新表中。在本例中，从 score 表中删除列 exam_name 和 total_marks（见表 1-10）。重新建立一个表（如表 1-11 所示的 exam 表），表中存放考试的相关信息，其中主键为 exam_id。

表 1-10　消除了传递依赖后的 score 表

score_id	student_id	subject_id	marks	exam_id

表 1-11 exam 表

exam_id	exam_name	total_marks
1	Workshop	200
2	Mains	70
3	Practicals	30

消除传递依赖的好处如下。

① 减少数据冗余。

② 实现数据完整性。

除了这三个常用范式，还有 BC 范式、第四范式、第五范式等，一般实际应用中，满足第三范式就足够了。如果继续分解表，使其满足第四、第五范式，虽然数据冗余会更少，但是一个查询可能会导致更多的表连接，从一定程度上影响数据库的查询效率。

本 章 小 结

本章主要介绍了数据库的相关概念，包括数据、数据库、数据库管理系统以及关系数据库管理系统；关系数据库的设计步骤，数据库概念模型的设计和逻辑结构的设计；数据库规范化的目的，规范化的三范式，以及如何规范化数据使其满足三范式的要求。

通过本章的学习，读者能够了解数据库概念模型，了解逻辑结构设计的基本方法，了解如何规范化关系型数据，为后续的学习打下一个坚实的基础。

习 题

1. 什么是关系数据库?

2. 描述三大范式的含义。

3. 列出 1NF、2NF、3NF 的满足条件。

4. RDBMS 是下列（　　）的缩写。

   A. Relational DataBase Management System

   B. Relational DataBase Migration System

   C. Relational Data Migration System

   D. Relational DataBase Manage System

上 机 指 导

1. 假设某商业集团的仓库管理系统数据库有三个实体集。一是"公司"实体集，属性有公司编号、公司名、地址等；二是"仓库"实体集，属性有仓库编号、仓库名、地址等；三是"职工"实体集，属性有职工编号、姓名、性别等。

公司与仓库间存在"隶属"联系，每个公司管辖若干仓库，每个仓库只能属于一个公司管辖；仓库与职工间存在"聘用"联系，每个仓库可聘用多个职工，每个职工只能在一个仓库工作，仓库聘用职工有聘期和工资。

试画出 E-R 图，并在图上注明属性、联系的类型。

2. 设计一个学生管理数据库，此数据库中的"学生"表包括学号、姓名、性别、年龄和地址，"课程"表包括课程号、课程名、任课教师，学生选课要包括所选课程的成绩、学分。

试画出 E-R 图。

02 第2章 Oracle 数据库概述

学习目标
- 了解 Oracle 12c 数据库的新功能。
- 掌握 Oracle 12c 数据库的安装和卸载方法。
- 掌握 Oracle 数据库客户端的使用方法。
- 掌握使用 SQL Developer 创建和删除数据库的方法。

2.1 Oracle 数据库简介

Oracle 数据库简介

Oracle 数据库（Oracle DataBase）又名 Oracle RDBMS，或简称 Oracle，是美国甲骨文（Oracle）公司开发的一款关系数据库管理系统。它是在数据库领域一直处于领先地位的产品，是目前世界上流行的关系数据库管理系统之一，适用于各类运行环境，是一种高效、可靠、适应高吞吐量的数据库解决方案。图 2-1 所示为 2020 年 1 月 DB-Engine 公布的全球主要关系数据库系统的市场份额。

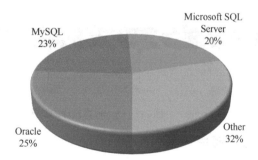

图 2-1　全球主要关系数据库系统的市场份额

2.1.1 Oracle 的发展史

1977 年，拉里·埃利森（Larry Ellison）、鲍勃·米勒（Bob Miner）和埃德·奥茨（Ed Oates）成立了 Relational Software, Inc.（简称 RSI）。1983 年，RSI 公司改名为 Oracle 系统公司，后来成为 Oracle 公司。

1979 年，RSI 引入了 Oracle 2，作为第一个基于结构化查询语言（Structured Query Language，SQL）的关系数据库管理系统，这是关系数据库历史上的一个里程碑事件。

1983 年，Oracle 3 发布，它是第一个在大型机、小型机和 PC 上运行的关系数据库。数据库用 C 语言编写，能够移植到多个平台。随后发布的 Oracle 4 解决了多版本数据读取的一致性问题。

1985 年，Oracle 5 发布，它支持客户端/服务器计算模式和分布式数据库系统。之后的 Oracle 6 对磁盘 I/O 行锁定、可伸缩性以及备份和恢复数据进行了增强。此外，Oracle 6 引入了 PL/SQL 语言的第一个版本，对 SQL 进行专有扩展。

1992 年，Oracle 7 发布，引入了 PL/SQL 存储过程和触发器。

1997 年，对象关系数据库 Oracle 8 发布，它支持许多新的数据类型。此外，Oracle 8 还支持对大表进行分区保存。

1999 年，Oracle 8i 发布，为互联网协议和 Java 的服务器端提供本机支持。Oracle 8i 是为互联网计算设计的，使数据库能够部署在多层环境中。

2001 年，Oracle 9i 发布，它引入了 Oracle RAC，允许多个实例同时访问单个数据库。此外，Oracle XML 数据库（Oracle XML DB）引入了存储和查询 XML 的能力。

2003 年，Oracle 10g 发布，引入了网格计算。此版本使组织能够通过构建基于低成本商品服务器的网格基础设施来虚拟化计算资源。Oracle 自动存储管理（Automatic Storage Management，ASM）借助虚拟化技术和简化数据库存储管理来实现这一目标。

2007 年，Oracle 11g 发布，它引入了许多新功能，使管理员和开发人员能够快速适应不断变化的业务需求。适应性的关键是通过整合信息和尽可能使用自动化来简化信息基础设施。

2013 年 6 月，Oracle 12c 发布，其中 "c" 代表 "Cloud"，即部署到云上的数据库。本书即以 Oracle 12c 版本为例讲解。

Oracle 数据库的发展史如图 2-2 所示。

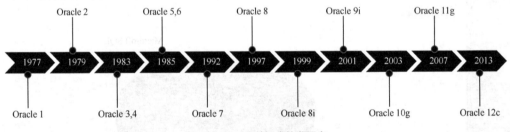

图 2-2　Oracle 数据库的发展史

2.1.2　Oracle 12c 的特点

Oracle 12c 数据库与以往的其他版本相比，增加了很多新的功能和特点，主要有以下 12 个特点。

1. PL/SQL 性能增强

可以通过 WITH 语句在 SQL 中定义一个函数，采用这种方式可以提高 SQL 调用的性能。PL/SQL 在第 11 章将详细介绍。

2. 改善默认值

包括支持序列作为默认值，实现自增列，当插入 NULL 时指定默认值，增加一个新列时使用 METADATA-ONLY default 指定的默认值。

3. 放宽多种数据类型长度限制

增加 VARCHAR2、NVARCHAR2 和 RAW 类型的长度到 32K。

4. TOP N 的语句实现

在 SELECT 语句中使用 "FETCH next N rows" 或者 "OFFSET"，可以指定前 N 条或前百分之几的记录。

5. 行模式匹配

可以在行间进行匹配判断并进行计算，类似分析函数的功能。在 SQL 中新的模式匹配语句是 "match_recognize"。

6. 分区改进

Oracle 12c 对分区功能做了较多的调整，分区共分成 6 个部分。

（1）INTERVAL-REFERENCE 分区：把 11g 版本中的 interval 分区和 reference 分区结合，这样主表自动增加一个分区后，所有的子表都可以自动随着外接列新数据增加，自动创建新的分区。

（2）TRUNCATE 和 EXCHANGE 分区及子分区：无论是 TRUNCATE 还是 EXCHANGE 分区，在主表上执行，都可以级联地作用在子表上。对于 TRUNCATE 而言，所有表的 TRUNCATE 操作都在同一个事务中，如果中途失败，则会回滚到命令执行之前的状态。这两个功能通过关键字 CASCADE 实现。

（3）在线移动分区：通过 MOVE ONLINE 关键字实现在线分区移动。在移动的过程中，对表和被移动的分区可以执行查询、DML 语句以及分区的创建和维护操作。整个移动过程对应用而言是透明的。

（4）多个分区同时操作：可以对多个分区同时进行维护操作，也可以通过 FOR 语句指定操作的每个分区。对于 RANGE 分区而言，可以通过 TO 来指定处理分区的范围。

（5）异步全局索引维护：Oracle 可以实现异步全局索引维护的功能，即使是几亿条记录的全局索引，在分区维护操作（例如 DROP 或 TRUNCATE）后，索引不会失效。

（6）部分本地和全局索引：Oracle 的索引可以在分区级别定义。当通过索引列访问全表数据时，Oracle 通过 UNION ALL 实现，一部分通过索引扫描，另一部分通过全分区扫描。这可以减少对历史数据的索引量，极大地增加了灵活性。

7. Adaptive 执行计划

Oracle 12c 引入了自适应的执行计划（Adaptive Execution Plans），该特性可让优化器（Optimizer）在运行时自动分辨性能不良的执行计划，并避免后续中仍选择该性能糟糕的执行计划。

8. 统计信息增强

动态统计信息收集增加第 11 层，使动态统计信息收集的功能更强；增强了混合统计信息以支持包含大量不同值且个别值数据倾斜的情况；增强了数据加载过程收集统计信息的能力；对于临时表增加了会话私有统计信息。

9. 临时 UNDO

将临时段的 UNDO 独立出来，放到 TEMP 表空间中。优点：减少了 UNDO 产生的数量，减少了 REDO 产生的数量，在 ACTIVE DATA GUARD 上允许对临时表进行 DML 操作。

10. 数据优化

新增了信息生命周期管理（Information Lifecycle Management，ILM）功能；增加了"数据库热图"（DataBase Heat Map），用户在视图中可直接看到数据的利用率，找到最"热"的数据；可以自动实现数据的在线压缩和数据分级，其中，数据分级可以在线将定义时间内的数据文件归档存储，也可以将数据表定时转移至归档文件，还可以实现在线的数据压缩。

11. 应用连续性

Oracle 12c 之前 RAC 的 FAILOVER 只做到 SESSION 和 SELECT 级别，对于 DML 操作无能为力。当设置为 SESSION 级别，进行到一半的 DML 自动回滚；而当设置为 SELECT 级别，虽然 FAILOVER 可以不中断查询，但是对于 DML 操作，无法自动回滚，必须手工回滚。Oracle DataBase 12c 支持事务的 FAILOVER，解决了以上问题。

12. Oracle 插接式数据库

Oracle 插接式数据库（Pluggable DataBase，PDB）体系由一个容器数据库（Container DataBase，CDB）和多个插接式数据库（PDB）构成，包含独立的系统表空间和 SYSAUX 表空间，但是所有 PDB 共享 CDB 的控制文件、日志文件和 UNDO 表空间。在 12c 版本以前，Oracle 数据库是通过 Schema 来进行用户模式隔离的，现在在插接式数据库可以让此前意义上的多个数据库一起共存。

2.2 Oracle 数据库的安装和卸载

Oracle 数据库的
安装和卸载

下面以 Oracle 12c 数据库为例，讲解 Oracle 数据库的安装、卸载方法及步骤。

2.2.1 相关软件的下载

从 Oracle 官网下载 Oracle 12c R1 数据库，有企业版（Enterprise Edition）和标准版（Standard Edition）两个版本，每个版本按照操作系统的不同均有相应的压缩文件包下载。例如，Windows 系统对应有 winx64_12102_database_1of2.zip 和 winx64_12102_database_2of2.zip 两个压缩包，文件大小约 2.5GB；Linux 系统对应有 linuxamd64_12c_database_1of2.zip 和 linuxamd64_12c_database_2of2.zip 两个压缩包。将下载的压缩包解压到同一个文件夹下（如 database）即可。至此，软件的安装包下载完成。

无论是 Windows 操作系统，还是其他操作系统，Oracle 数据库的安装都是类似的图形化界面操作。下面以 Windows 操作系统为例介绍 Oracle 数据库的安装，其他操作系统个别不同之处会重点加以说明。

2.2.2 Oracle 通用安装程序简介

Oracle 通用安装程序（Oracle Universal Installer，OUI）是一个基于 Java 的 Oracle 安装程序，它完成基于组件的安装及复杂的安装，例如集成的捆绑和套件安装。

2.2.3 Oracle 安装过程

1. 解压安装文件并校验系统

下载后的安装包解压后，安装文件目录如图 2-3 所示。双击 setup.exe 文件运行 Oracle Universal Installer，程序首先校验系统是否达到了 Oracle 数据库安装的最低配置要求，如果达到要求，将会进行下一步的安装。

名称	修改日期	类型	大小
install	2018/8/28 9:57	文件夹	
response	2018/8/28 9:57	文件夹	
stage	2018/8/28 9:58	文件夹	
setup.exe	2012/5/25 14:56	应用程序	94 KB
welcome.html	2013/2/7 3:25	Chrome HTML Doc...	1 KB

图 2-3　安装文件目录

2. 配置安全更新

图 2-4 所示为配置安全更新，如果注册了 My Oracle Support 用户，需要 Oracle 提供相关在线技术支持，填写如下信息。

（1）电子邮件地址：以接收关于安装的安全信息。

（2）My Oracle Support 口令，并为系统注册安全更新。

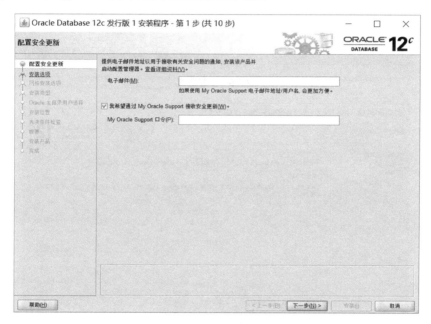

图 2-4　配置安全更新

3. 选择安装选项

如图 2-5 所示，选择任意一个安装选项，然后单击"下一步"按钮。

（1）创建和配置数据库。选择此选项可创建新数据库以及示例方案。

（2）仅安装数据库软件。选择此选项可仅安装数据库二进制文件。要配置数据库，必须在安装软件之后运行 Oracle Database Configuration Assistant。

（3）升级现有数据库。选择此选项可升级现有数据库。此选项在新的 Oracle 主目录中安装软件二进制文件。安装结束后，即可升级现有数据库。

4. 选择系统类

如图 2-6 所示，选择相应的系统类。

（1）桌面类：如果要在桌面类系统中进行安装，可选择此选项。此选项包括启动数据库并允许采用最低配置，适用于希望快速启动并运行数据库的用户。

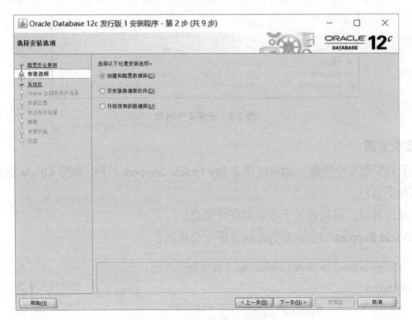

图 2-5 安装选项

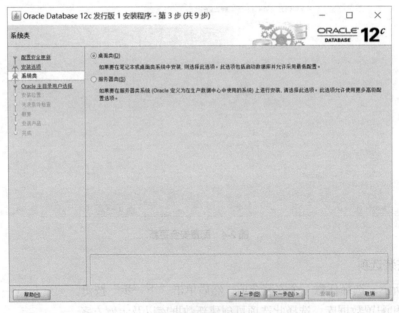

图 2-6 选择系统类

（2）服务器类：如果要在服务器类系统（如在生产数据中心内部署 Oracle 时使用的系统）中进行安装，可选择此选项。使用此选项可获得的高级配置选项主要包括 Oracle RAC、自动存储管理、备份和恢复配置、与 Enterprise Manager Cloud Control 的集成、更细粒度的内存优化以及其他一些选项。

5. 指定 Oracle 主目录用户

Oracle 主目录用户用于维护 Oracle 主目录，防止其他用户更改或删除 Oracle 主目录文件，有以下三种选项，如图 2-7 所示。

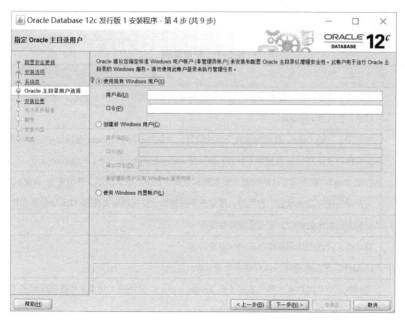

图 2-7 指定 Oracle 主目录用户

（1）使用现有 Windows 用户：用户名和口令。

（2）创建新 Windows 用户：指定新建用户名和口令。

（3）使用 Windows 内置账户。

6. 典型安装配置

主要配置 Oracle 的主目录、数据库文件目录、数据库版本、字符集以及管理口令等，如图 2-8 所示。

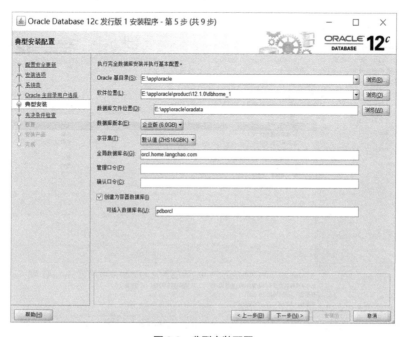

图 2-8 典型安装配置

详细配置说明见表 2-1。

表 2-1　配置说明

配置	说明
Oracle 基目录	指定用于放置由此安装者安装的所有 Oracle 软件和配置相关文件的路径。此位置是该安装者的 Oracle 基目录，默认是 app\oracle
软件位置	指定用于存储 Oracle 数据库软件文件的位置，该位置不同于 Oracle 基目录中的数据库配置文件的位置，此软件目录是 Oracle 数据库主目录，默认是 app\oracle\product\12.1.0\dbhome_1
数据库文件位置	存储 Oracle 数据库文件的位置。单实例和桌面类安装，默认数据文件位置为 $ORACLE_BASE\oradata 为获得最佳的数据库组织和性能，建议在不同磁盘上安装数据文件和 Oracle 数据库软件
数据库版本	安装的数据库的类型，分企业版和标准版
字符集	默认值，此选项使用操作系统语言设置； Unicode，使用此选项可以存储多个语言组
全局数据库名	全局数据库名由数据库唯一名称（db_unique_name）、分隔符（句点）和数据库域名（db_domain）组成。它表示为：db_unique_name.db_domain
管理口令	用于 SYS 数据库权限的口令
创建为容器数据库	将数据库创建为支持一个或多个可插入数据库（PDB）的容器数据库（CDB）。如果希望 Oracle Universal Installer 在创建 CDB 时创建 PDB，可在插入数据库名字段中指定 PDB 名称
可插入数据库名	必须唯一，并且遵守数据库命名惯例。要创建其他 PDB 和管理 PDB，可使用 Oracle Database Configuration Assistant

7. 执行先决条件检查

先决条件检查确保已满足执行数据库安装的最低系统要求，如图 2-9 所示。

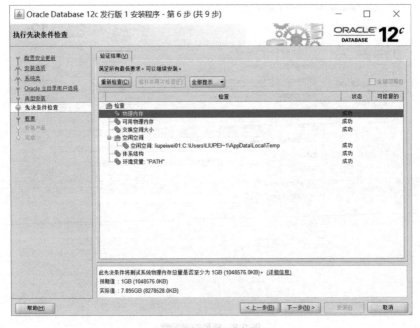

图 2-9　先决条件检查

（1）如果单击"重新检查"按钮，则可以再次运行先决条件检查，以了解是否已满足执行数据库安装的最低要求。

（2）如果希望安装程序修复问题并再次检查系统，可单击"修补并再次检查"按钮。

从列表中选择以下选项之一。

① 显示失败项：获取失败的先决条件列表。

② 全部显示：获取运行的所有先决条件检查的列表。

③ 显示成功项：获取已成功的先决条件检查的列表。

【注意】可以选择全部忽略以忽略所有错误并继续进行数据库安装。

8. 概要

"概要"界面会显示在安装过程中选定选项的概要信息，如图 2-10 所示。该信息主要包括以下内容。

（1）全局设置：磁盘空间；Oracle 主目录用户选择（此项仅限 Windows 操作系统）；源位置；安装方法；数据库版本；Oracle 基目录；软件位置等。

（2）数据库信息：配置；全局数据库名；Oracle 系统标识符（System Identifier，SID）；可插入数据库名；分配的内存；自动内存管理选项；数据库字符集；数据库存储机制；管理方法；数据库文件位置等。

如果要更改其中的选项信息，单击"编辑"按钮修改即可；如果要将所有安装步骤保存到响应文件中，单击"保存响应文件"按钮即可。

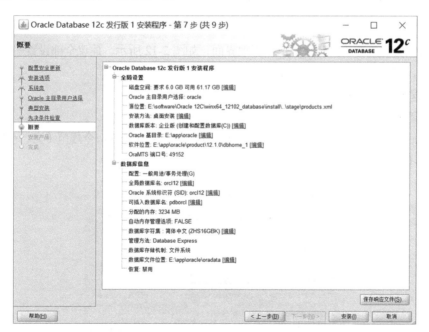

图 2-10　概要

9. 安装产品

安装产品时，将显示"安装产品"界面，如图 2-11 所示。安装过程中的操作包括执行操作（如文件复制、在 Windows 系统中添加服务或在 UNIX 系统中进行链接）以及执行决策点和计算。进度条会显示基于组件大小的每个组件的安装状态，与安装的整体大小有关。单击"详细资料"按钮可获取有关数据库安装的详细信息。

如果安装程序没有必需的或可选的 Configuration Assistant，则安装完成时将会出现"完成"界面。

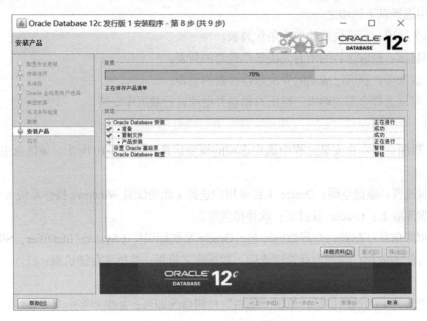

图 2-11　安装进度

10. 口令管理

数据库实例安装成功后，会弹出口令管理界面，如图 2-12 所示，建议全部设置一遍。单击"口令管理"按钮，可以查看并修改以下用户。

- 普通管理员：SYSTEM。
- 超级管理员：SYS。

修改完成后，单击"确定"按钮。这里的口令也需要符合 Oracle 口令规范（大、小写字母+数字的组合，长度不小于 8）。

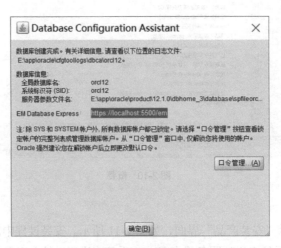

图 2-12　口令管理

11. 完成

以上操作完成后，对话框显示"**Oracle Database** 的安装已成功"，如图 2-13 所示。单击"关闭"按钮即完成了 Oracle 的安装。

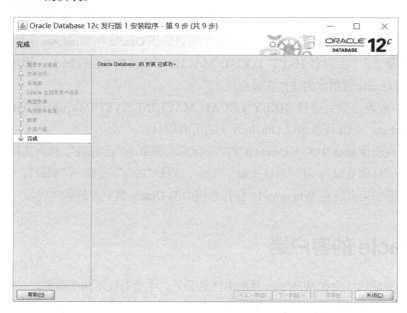

图 2-13　完成

2.2.4　卸载 Oracle

下面以 Windows 10 操作系统为例，卸载 Oracle 12c 数据库。

1. 运行 Oracle 的卸载工具

Oracle 提供了卸载工具 deinstall.bat 来卸载一个独立的 Oracle 数据库，它位于 Oracle_HOME \ deinstall 文件夹中，具体操作为：进入 Oracle 主目录中的 deinstall 目录，输入 deinstall 后按回车键，开始执行卸载程序，执行过程如图 2-14 所示。

图 2-14　卸载命令窗口

根据提示提供的有关服务器的信息，卸载工具会停止 Oracle 软件运行，并删除操作系统上针对 Oracle 主目录的 Oracle 软件和配置文件。

2. 删除 Oracle 的相关注册信息

（1）打开注册表，找到路径 HKEY_LOCAL_MACHINE\ SYSTEM\CurrentControlSet\ Services\，删除该路径下所有以 Oracle 开始的服务名称，这个键是标识 Oracle 在 Windows 下注册的各种服务。

（2）打开注册表，找到路径 HKEY_LOCAL_MACHINE\SOFTWARE\Oracle。删除该 Oracle 目录，该目录下注册有 Oracle 数据库的软件安装信息。

（3）打开注册表，找到路径 HKEY_LOCAL_MACHINE\SYSTEM\CurrentControlSet\Services\Eventlog\Application，删除注册表以 Oracle 开头的所有项目。

（4）删除环境变量 path 中关于 Oracle 的内容。鼠标右键单击"此电脑"，依次选择"属性"→"高级系统设置"→"环境变量"，在"系统变量"面板中选择"Path"变量→"编辑"，在该值中删除与 Oracle 相关的内容。至此，在 Windows 10 操作系统中的 Oracle 数据库卸载完成。

2.3 Oracle 的客户端

Oracle 安装完成后，会在 Windows 系统中注册服务。主要有以下两个服务。

（1）OracleOraDB12Home1TNSListener：表示监听服务，如果客户端要连接到数据库，此服务必须启动。

（2）OracleServiceORCL12：表示数据库的主服务，命名规则为"OracleService+数据库名称"。此服务必须启动，否则 Oracle 无法使用。

Oracle 的客户端工具有 SQL*Plus、Oracle SQL Developer 以及 Web 版的企业管理器 EM Database Express（地址：https://localhost:5500/em）。

2.3.1 SQL*Plus 工具

SQL*Plus 是 Oracle 的命令行方式的客户端。SQL*Plus 可以执行的 3 种命令是 SQL 语句、PL/SQL 语句和 SQL*Plus 语句。

常用的 SQL*Plus 命令如表 2-2 所示。

表 2-2　常用的 SQL*Plus 命令

命令	描述
@	运行指定的脚本文件
@@	运行嵌套的脚本文件
/	执行 SQL 命令或 PL/SQL 块
CONNECT	使用指定的用户名连接到 Oracle
COPY	将查询结果中的数据复制到本地或远程数据库的表中
DEFINE	定义用户变量及其值，或列出单个变量或所有变量的值和类型
DEL	删除缓冲区的一行或多行
DESCRIBE	显示指定表、视图或同义词的列定义

续表

命令	描述
DISCONNECT	提交对数据库的更改并断开当前用户名与 Oracle 数据库的连接，返回 SQL * Plus 提示符下
EDIT	调用主机操作系统文本编辑器打开指定的文件并进行编辑
EXECUTE	执行单条 PL/SQL 语句
EXIT	退出 SQL * Plus
HELP	SQL * Plus 帮助
HOST	在 SQL * Plus 中调用操作系统命令
LIST	列出 SQL 缓冲区的一行或多行
PAUSE	显示一个空行，包含提示文本信息，然后等待用户按回车键，或显示两个空行并等待用户的响应
PRINT	显示变量的当前值
PROMPT	显示提示信息
REMARK	显示脚本文件中的注释
RUN	显示并执行当前存储在 SQL 缓冲区中的 SQL 命令或 PL/SQL 块
SAVE	将 SQL 缓冲区的内容保存到文件（命令文件）中
SET	设置或更改系统变量及当前会话的 SQL * Plus 环境变量的值
SHOW	显示系统变量或当前 SQL * Plus 环境的值
SQLPLUS	在操作系统提示符下启动 SQL * Plus
START	执行指定命令文件的内容
UNDEFINE	删除定义的一个或多个用户变量

【示例 2.1】SQL * Plus 的使用。

（1）启动 SQL*Plus，并以 system 用户的身份连接 Oracle 数据库。

① 方式一：在"开始"菜单中的"Oracle-OraDB12Home1"文件夹下，单击"SQL Plus"。在"请输入用户名："的提示下输入"system/manager as sysdba"，如图 2-15 所示。命令行提示符是"SQL>"，表示正确连接到 Oracle 数据库。如果不能连接到 Oracle，请检查用户名和口令是否正确。

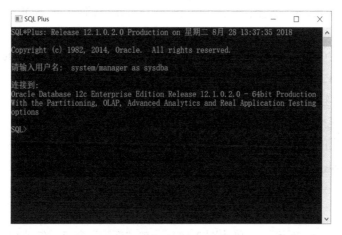

图 2-15　连接数据库

② 方式二：在 Windows 的命令窗口中，输入 "sqlplus system/manager as sysdba"，也可以连接到 Oracle 数据库。

（2）创建用户。

语法：CREATE USER 用户名 IDENTIFIED BY 用户口令

创建名为 system 的用户，用户口令是 root，如图 2-16 所示。

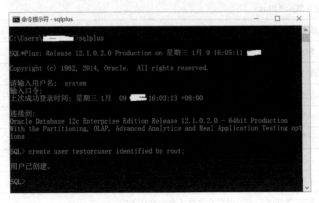

图 2-16　创建用户

2.3.2　Oracle SQL Developer 工具

Oracle SQL Developer 是一个免费的集成开发环境，它简化了传统部署和云部署中 Oracle 数据库的开发和管理。SQL Developer 提供完整的端到端的 PL/SQL 应用开发，包括一个用于运行查询和脚本的工作表、一个用于管理数据库的 DBA 控制台、一个报告界面、一个全面的数据建模解决方案，以及一个用于将第三方数据库迁移到 Oracle 的迁移平台。

使用 SQL Developer，可以浏览数据库对象、运行 SQL 语句和 SQL 脚本，可以编辑和调试 PL/SQL 语句，还可以运行所提供的任何数量的报表，以及创建和保存报表。SQL Developer 可以提高工作效率并简化数据库开发工作。

Oracle SQL Developer 的主要功能如下：创建连接；浏览对象；创建对象；修改对象；查询和更新数据；导出数据和 DDL，导入数据；模式复制和比较；过程命令；编辑 PL/SQL；运行和调试 PL/SQL；运行和创建报表。

单击 "开始" → "Oracle-OraDB12Home1" → "SQL Developer" 运行 SQL Developer，Oracle SQL Developer 主界面如图 2-17 所示。

在主界面左侧的连接管理窗口中，可以实现如下功能。

① 创建和测试连接：针对多个数据库、针对多种模式。

② 存储经常使用的连接。

③ 导入和导出连接。

④ 存储口令或在连接时提示。

1．创建连接

单击菜单 "文件" → "新建"，会弹出图 2-18 所示的 "新建" 窗口，在列表中选择 "数据库连接" 选项，单击 "确定" 按钮，将会弹出图 2-19 所示的页面。

图 2-17　Oracle SQL Developer 主界面

图 2-18　新建连接

图 2-19　新建/选择数据库连接

相应参数说明如下。

① 连接名：使用输入的信息连接到数据库的连接别名。命名建议，连接名称中包括数据库名称（SID）和用户名，如 scott_orcl12。

② 用户名：连接的数据库用户的名称。此用户必须有足够的权限才能执行连接到数据库时要执行的任务，如创建、编辑、删除表和视图及其他对象。

③ 口令：连接用户的口令。

④ 保存口令：如果选中此选项，则密码将与连接信息一起保存，并且在后续尝试使用此连接进行连接时，系统不会提示输入密码。

⑤ 主机名：数据库服务器的主机名称或 IP 地址，localhost 特指本地主机，即客户端所在的主机。

⑥ 端口：Oracle 数据库服务的端口，默认为 1521。

⑦ SID：数据库名称。

⑧ 服务名：数据库的网络服务名称（用于通过安全连接的远程数据库连接）。

⑨ 操作系统验证：如果选中此选项，则可以使用操作系统验证用户的合法性。允许通过操作系统验证的用户连接数据库。

单击"连接"按钮，如果输入的参数正确，则可连接到指定的数据库，并进入主界面，如图 2-20 所示。

图 2-20　用户操作主界面

用户可以创建与非 Oracle 数据库的连接（如 MySQL、SQL Server、Access 和 Sybase 等），以便通过 SQL Developer 浏览这些数据库的对象和数据。这些数据库还可以使用有限的工作表功能。

2. 浏览对象

基于树的对象浏览器，将对象按类型分组。对于每个对象类型，可以应用筛选器来限制显示，包括表、视图、索引、程序包、过程、函数、触发器、类型、序列、同义词等。特定于每个对象类型的详细信息，例如，显示表 DEMP 的信息，包括列的定义、表中数据、约束条件等，按选项卡式分别显示，图 2-21 所示为表对象。

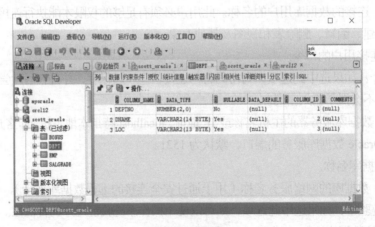

图 2-21　表对象

3. 创建对象

为每个支持的对象类型创建对话框，并支持外部表、索引编排表、临时表和分区表等。例如创建表时，用户可以为列指定序列和插入前触发器来填充列值，图 2-22 所示为定义列。

图 2-22　定义列

4. 修改对象

大多数对象都具有一般编辑对话框，并且可以通过鼠标右键单击调用上下文菜单来进行特定修改，如图 2-23 所示。

图 2-23　修改对象

5. 查询和更新数据

使用查询创建器可以通过拖放操作快速创建 SQL 查询、选择表以及通过单击鼠标选择列，如图 2-24 所示。

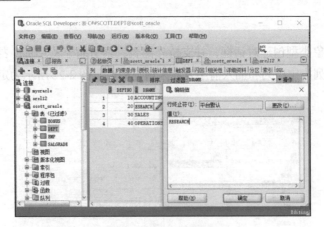

图 2-24　查询和更新数据

2.4　创建和删除数据库

创建和删除
数据库

Oracle 数据库提供了数据库配置助手（Database Configuration Assistant，DBCA）实用工具来创建新的数据库，配置或删除已存在的数据库。该工具采用图形界面，以向导的方式提示用户一步步完成数据库的创建、配置和删除等操作。

2.4.1　创建数据库

通常在 Oracle Database 软件安装期间创建数据库，但也可以在安装后创建数据库，主要有以下原因。

① 安装时没有创建数据库。

② 希望创建另一个新的数据库。

创建数据库的主要方法如下。

① 使用 DBCA 图形化工具。

② 使用 CREATE DATABASE 语句。

下面以 Windows 10 操作系统中的 DBCA 为例，进一步说明创建数据库的过程。

（1）运行 DBCA，单击"开始"→"Oracle-OraDB12Home1"→"Database Configuration Assistant"，或者在命令提示符下输入"DBCA"后执行回车操作。进入图 2-25 所示的数据库操作界面。

（2）选择"创建数据库"选项，单击"下一步"按钮。进入图 2-26 所示的创建模式界面，选择"使用默认配置创建数据库"选项，使用 Oracle 提供的种子数据库模板，并使用默认值设置创建数据库。需要输入的相关信息如表 2-3 所示。

如果用户要定制数据库选项，可以使用高级模式。例如，如果要定制存储位置、初始化参数、管理选项、数据库选项、数据库类型和不同管理账户的不同口令。只有在高级模式下才能创建插接式数据库，创建附加数据库文件、策略管理的数据库、Oracle RAC One Node 数据库，以及强制实施 Database Vault 选项。

（3）单击"下一步"按钮，将显示数据库配置概要，如图 2-27 所示。概要主要包括以下内容。

① 全局数据库名：TESTDB。

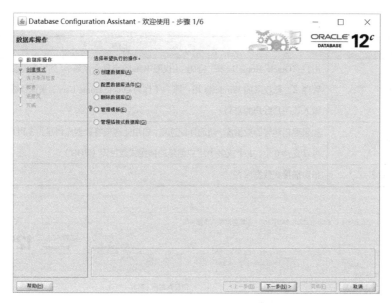

图 2-25　数据库操作界面

图 2-26　创建模式

表 2-3　创建数据需要输入的相关信息

参数	说明
全局数据库名	指定全局数据库名
存储类型	可将存储类型设为"文件系统"或"Oracle 自动存储管理（Oracle ASM）"
数据库文件位置	指定数据库文件的位置
快速恢复区	指定快速恢复区
管理口令	指定数据库的管理（例如 SYS 和 SYSTEM 账户）口令。输入的口令应当符合 Oracle 建议的标准，即口令的长度至少应为 8 个字符，并且口令必须至少包含一个大写字符、一个小写字符和一个数字

续表

参数	说明
Oracle 口令	用户 "Oracle Home User" 密码 （仅限 Windows 操作系统）。如果在安装过程中指定了一个非管理员、低权限的 Windows 用户账户（作为 Oracle Home User）来运行数据库服务，则会提示输入该用户账户的密码
创建为容器数据库	如果要创建容器数据库，请选择此选项。启用此选项将数据库创建为多租户容器数据库（CDB），可以支持 0 个、1 个或多个用户创建的插接式数据库（PDB）
插接式数据库名	指定插接式数据库名

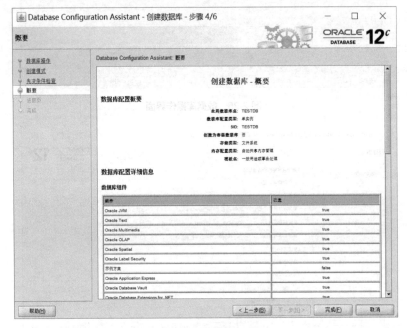

图 2-27　数据库配置概要

② 数据库配置类型：单实例。

③ SID：TESTDB。

④ 创建为容器数据库：否。

⑤ 存储类型：文件系统。

⑥ 内存配置类型：自动共享内存管理。

⑦ 模板名：一般用途或事务处理。

另外，还包括数据库配置详细信息，如数据库组件、初始化参数、字符集、数据文件、重做日志组等。

（4）单击"完成"按钮，Oracle 开始创建数据库。此过程将花费一定的时间，并显示创建数据库进度等信息，如图 2-28 所示。

（5）创建数据库完成后的界面如图 2-29 所示。单击"口令管理"按钮，可以锁定或解锁数据库账户，更改账户的默认口令。单击"关闭"按钮，可以完成数据库的创建。

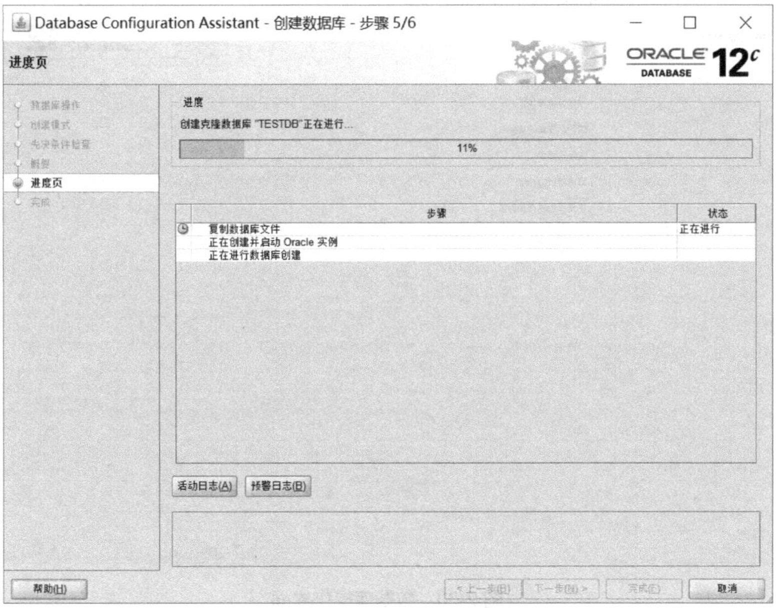

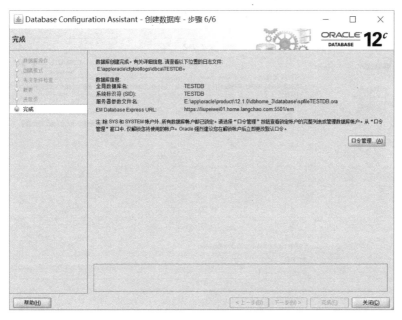

图 2-28　显示创建数据库进度

图 2-29　创建完成

2.4.2　删除数据库

已创建的不再使用的数据库或临时测试使用的数据库，需要对其进行删除。需要注意的是，执行删除数据库的操作会将数据库的数据及其所有对象一并删除，并且无法恢复，用户需谨慎操作。

（1）运行 DBCA，选择"删除数据库"选项，如图 2-30 所示。

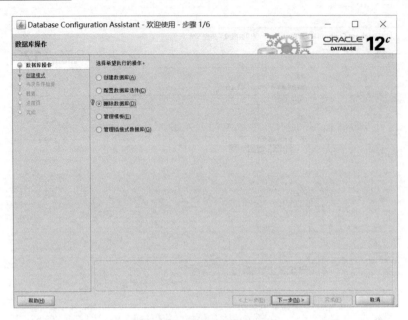

图 2-30　数据库操作界面

（2）单击"下一步"按钮。在删除数据库界面，选择要删除的数据库，如图 2-31 所示。如果用户 ID 未经过操作系统验证，需输入具有 SYSDBA 权限的数据库用户名和口令。

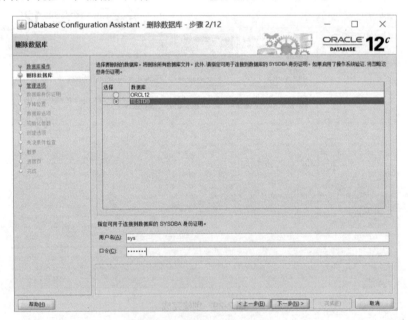

图 2-31　选择要删除的数据库

（3）指定数据库的管理选项，如图 2-32 所示。

Cloud Control 为管理各个数据库实例提供了基于 Web 的管理工具，为管理整个 Oracle 环境（包括多个数据库、主机、应用程序服务器和网络的其他组件）提供了集中管理工具。

如果安装数据库时使用 Cloud Control 管理数据库，那么删除数据库时必须选择"取消注册 Enterprise Manager（EM）Cloud Control"选项，然后指定下列各项。

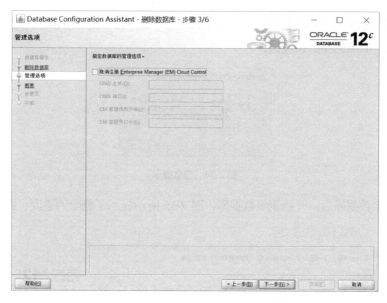

图 2-32　管理选项

① OMS 主机：指定 Oracle 管理服务（Oracle Management Service，OMS）主机名，即管理所有 Cloud Control 目标的中央主机。

② OMS 端口：指定 OMS 端口。

③ EM 管理员用户名：指定 Cloud Control 管理员用户名，以便将数据库配置为 Enterprise Manager 目标。

④ EM 管理员口令：指定 Cloud Control 管理员口令，以便将数据库配置为 Enterprise Manager 目标。

（4）要删除的数据库概要如图 2-33 所示，包括所选数据库的详细信息。这些详细信息又包括常用选项、初始化参数、数据文件、控制文件和重做日志组等。

图 2-33　数据库概要

单击"完成"按钮后，显示提示信息，如图 2-34 所示。单击"是"按钮，开始删除数据库操作；单击"否"按钮，取消删除数据库操作。

图 2-34　信息提示

（5）确认删除数据库后，开始删除数据库，图 2-35 所示显示了删除的进度、删除的步骤及其状态等。

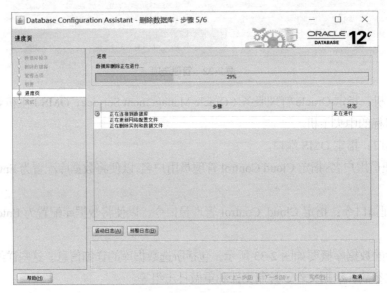

图 2-35　删除进度

本 章 小 结

本章主要讲述了 Oracle 数据库的历史、Oracle 12c 的特点、Oracle 数据库的安装工具以及数据库安装和卸载的过程；介绍了 Oracle 数据库的客户端工具 SQL*Plus 和 SQL Developer 的使用方法，以及如何使用 DBCA 实用工具创建和删除数据库。

通过本章的学习，读者要重点掌握客户端工具 SQL*Plus 和 SQL Developer 的使用方法，为后续内容的学习打下重要的基础。

习　　题

一、简答题

1. 安装 Oracle 数据库时，如何自定义数据库实例的名称？

2. 默认情况下，除 SYS 和 SYSTEM 账户外，其他所有的数据库账户都处于锁定状态，安装过程中，哪一步可以解除这些账户的锁定状态？

二、填空题

1. 客户端连接 Oracle 数据库服务器时，默认的端口是_____。

2. 显示指定表的列定义的 SQL*Plus 命令是_____。

上 机 指 导

1. 使用 SQL*Plus 用账户 scott 连接数据库，并显示 DEMP 表的结构。

2. 使用 SQL Developer 连接数据库，浏览 DEMP 表的结构及表中的数据。

3. 使用 DBCA 工具创建全局名为 MYDATADBASE 的数据库。

03 第3章 Oracle 数据库的体系结构

学习目标

- 了解 Oracle 数据库体系结构的组成及各部分的原理。
- 了解 Oracle 数据库逻辑结构的组成及各部分的原理。
- 了解 Oracle 数据库物理结构的组成及各部分的原理。
- 了解 Oracle 数据库实例的组成及各部分的原理。

前面对 Oracle 数据库的发展历史、Oracle 数据库的安装和配置进行了详细讲解，本章将介绍 Oracle 的体系结构，帮助读者更深刻地认识 Oracle 数据库的工作原理。

Oracle 数据库是一个关系数据库，它的体系结构由实例和数据库组成，如图3-1所示。其中 Oracle 实例是数据库启动时初始化的一组进程和内存结构，是存在并运行于计算机内存中的。数据库则指的是用户存储数据的一些物理文件，是存在于计算机磁盘中的。从实例和数据库的概念上来看，实例是暂时存在的，需要用户请求去触发一个数据库实例，它不过是一组逻辑划分的内存结构和进程结构，它会随着数据库的关闭而消失，而数据库其实就是一堆物理文件（如控制文件、数据文件、日志文件等），它是永久存在的（除非磁盘损坏）。数据库和实例通常是一对一的，这种结构称为单实例体系结构；当然还有一些复杂的分布式的结构，一个数据库可以对多个实例。

图 3-1　Oracle 体系结构

Oracle 数据库体系结构的模型直接造就了 Oracle 在关系数据库领域具有以下核心竞争力。

（1）可扩充性：Oracle 数据库有能力承担不断增长的业务需求，并且对系统资源的利用情况进行相应的扩充。

（2）可靠性：无论出现系统资源崩溃、电源断电还是系统故障，用户都可以对 Oracle 进行配置，以保证操作用户在进行数据事务处理时不受影响。

（3）可管理性：数据库管理员可以调整 Oracle 的内存使用方式，以及 Oracle 向磁盘中写入数据的频率，并且可以管理调整连接到数据库的用户分配进程的方式。

下面对实例和数据库进行分别讲解。

数据库

3.1　数据库

数据库部分是 Oracle 的核心，毕竟 Oracle 是提供数据技术服务的工具，如果存放的数据出现了问题，实例的存在将变得毫无意义。我们从两个视角来分析 Oracle 的数据库部分：数据库的逻辑结构和物理结构，如图 3-2 所示。

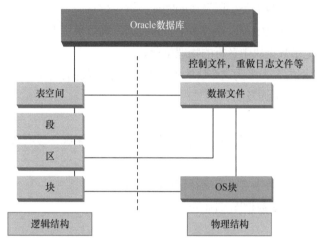

图 3-2　Oracle 数据库的组成

3.1.1　数据库的逻辑结构

数据库的逻辑结构分为数据块、数据区、数据段及表空间。这个分类在结构上由小到大递增，如图 3-3 所示。

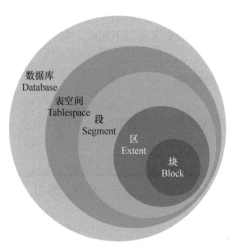

图 3-3　数据库的逻辑结构

1. 数据块

数据块是 Oracle 数据库中最小的存储单位，Oracle 数据存放在"块"中。一个块占用一定的磁盘空间。特别需要注意的是，这里的"块"是 Oracle 的"数据块"，不是操作系统的"块"。Oracle 数据块的大小一般是操作系统块的整数倍。Oracle 每次请求数据的时候，都是以"块"为单位。也就是说，Oracle 每次请求的数据是块的整数倍。如果 Oracle 请求的数据量不到 1 块，Oracle 也会读取整个块。所以，"块"是 Oracle 读写数据的最小单位或者最基本的单位。块的标准大小由初始化参数 DB_BLOCK_SIZE 指定。

数据块包括块头和存储区两部分。

（1）块头

① 数据块标题：存储着数据类型以及块的物理位置等信息。

② 表目录：在一个数据块中可以存放多个表的数据，表目录用于记录数据块中存储了哪些表。

③ 行目录：用于记录数据块中各行的物理位置。

在块头中存放的数据内容大多为这个块的索引说明级别的数据，主要用于 Oracle 统一管理使用，这个块里存放的数据文件是不涉及的。

（2）存储区

① 空闲区：当第一次分配数据块的时候，存储区中只有空闲区，没有数据行。随着行被插入，空闲区将越来越小。

② 行数据区：这是数据块中实际存储行记录的地方。

存储区整体来说是 Oracle 数据库实际存放数据的地方。

2. 数据区

数据区是一组连续的数据块。一个数据区不能跨越多个文件，因为它包含连续的数据块。使用区的目的是用来保存特定数据类型的数据，也是表中数据增长的基本单位。在 Oracle 数据库中，分配空间就是以数据区为单位的。一个 Oracle 对象包含至少一个数据区。设置一个表或索引的存储参数包含设置它的数据区大小。

3. 数据段

段是由多个数据区构成的，它是为特定的数据库对象（如表段、索引段、回滚段、临时段）分配一系列数据区的集合。段内包含的数据区可以不连续，并且可以跨越多个文件。使用段的目的是保存特定对象。

Oracle 数据库有以下 4 种类型的段。

（1）数据段

数据段也称为表段，它包含数据且与表和簇相关。当用户创建一个表时，系统会自动创建一个以该表的名字命名的数据段。

（2）索引段

索引段包含了用于提高系统性能的索引。用户一旦建立索引，则系统会自动创建一个以该索引的名字命名的索引段。

（3）回滚段

回滚段包含了回滚信息，并在数据库恢复期间使用，以便为数据库提供读入一致性和回滚未提交的事务，即用来回滚事务的数据空间。当一个事务开始处理时，系统为之分配回滚段，回滚段可以动态创建和撤销。系统有个默认的回滚段，其管理方式既可以是自动的，也可以是手工的。

（4）临时段

临时段是 Oracle 在运行过程中自行创建的段。当一个 SQL 语句需要临时工作区时，Oracle 就会自行建立临时段。一旦语句执行完毕，临时段的区间便会退回给系统。

4. 表空间

表空间是最大的逻辑结构划分单位。它对应一个或者多个数据文件。表空间的特性有以下几点：①可以控制数据库数据的磁盘分配，表空间可以拥有多个数据文件，各个数据文件可以存储在不同的磁盘中，从而达到分配磁盘的目的；②限制用户在表空间中可以使用的磁盘空间的大小；③表空间与文件一样具有一定的属性，常用的属性分类有在线、离线、只读、读写等；④表空间可以完成部分数据库的备份和恢复工作；⑤表空间的大小是所对应的数据文件大小的总和。

Oracle 的表空间主要有以下 5 种。

（1）系统表空间

系统表空间是随着数据库的创建而创建的。系统表空间是每个 Oracle 数据库所必需的。其功能是在系统表空间中存放诸如其他类型表空间名称、表空间所含数据文件等数据库管理所需的信息。系统表空间的名称是不可更改的。系统表空间必须在任何时候都可用，这是数据库运行的必要条件。因此，系统表空间是不能脱机的。系统表空间包括数据字典、存储过程、触发器和系统回滚段。

（2）SYSAUX 表空间

SYSAUX 表空间同样是随着数据库的创建而创建的，它的作用是 SYSTEM 表空间的一个辅助表空间，主要存储除数据字典以外的其他对象。SYSAUX 也是许多 Oracle 数据库的默认表空间，它减少了由数据库和 DBA 管理的表空间数量，降低了 SYSTEM 表空间的负荷。

（3）临时表空间

临时表空间与其他表空间有一个显著的区别，那就是数据库关闭后，临时表空间的所有数据将被清除。临时表空间不是永久性表空间，而其他表空间在不进行人为删除操作或者磁盘损坏的前提下都是永久性表空间。临时表空间主要用于存储 Oracle 数据库运行期间所产生的临时数据。数据库可以建立多个临时表空间。

（4）撤销表空间

用于保存 Oracle 数据库撤销的信息，即保存用户回滚段的表空间称为撤销表空间。

（5）用户表空间

用户表空间用于存放永久性用户对象的数据和私有信息。每个数据块都应该有一个用户表空间，以便在创建用户时将其分配给用户。

3.1.2　数据库的物理结构

1. 数据文件

每一个 Oracle 数据库都有一个或多个物理的数据文件（Data File）。数据库的数据和逻辑结构（如表、索引等）都保存在数据库的数据文件中。数据文件有下列特征。

（1）一个数据文件仅与一个数据库联系。数据文件与数据库的关系如图 3-4 所示。

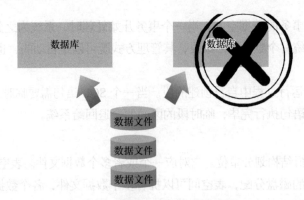

图 3-4 数据文件与数据库的关系

（2）数据库一旦建立，则数据文件不能改变大小。

（3）一个表空间（数据库存储的逻辑单位）由一个或多个数据文件组成。表空间与数据文件的关系如图 3-5 所示。

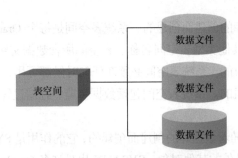

图 3-5 表空间与数据文件的关系

数据文件中的数据在需要时可以读取并存储在 Oracle 内存中。用户在进行数据操作时，可以不必将结果写入磁盘的数据文件中，而是在内存中进行计算处理，这样可以减少磁盘操作的次数，提高系统性能。数据存储在内存，然后由 Oracle 后台的进程决定如何将其写入相应的数据文件。

2. 日志文件

每一个 Oracle 数据库一般都有多个日志文件的组，每一个日志文件组都可用来收集数据库日志。日志的主要功能是以流水的模式记录对数据所做修改，所以对 Oracle 数据库做的所有修改都是记录在日志中的。当 Oracle 数据库出现故障时，如果不能将修改的数据永久地写入数据文件，则可利用日志进行数据文件的修改，这就保证了 Oracle 数据库不会丢失已有的操作成果。

日志文件主要是在 Oracle 数据库出现故障时抢救用的工具。为了防止日志文件本身的故障，Oracle 允许镜像日志的设置，也就是说可在不同磁盘上维护多个相同的日志副本。

一般来说，日志文件中的信息仅在系统故障或介质故障恢复数据库时使用， Oracle 会自动应用日志文件中的信息来恢复数据库中的数据文件。

（1）重做日志文件

这是 Oracle 用于记录数据库变化的文件，是用户的事务处理日志。

当用户进行例程恢复和介质恢复的时候，需要使用重做日志，如果没有重做日志，用户能够执行的唯一恢复手段就是从最后的完整备份中复原。一般来说，数据库至少要包含两个重做日志组，并且这些重做日志组是循环使用的。假定数据库中有 3 个日志组，在初始阶段日志文件写入进程，会将事务变化写入日志组一，当日志组一写满后，Oracle 会自动进行日志切换，开始写入日志组二，进而切换到日志组三，并循环使用这 3 个日志组，如图 3-6 所示。

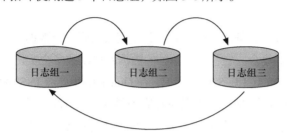

图 3-6　重做日志文件日志组切换示意

（2）归档日志文件

这是指为避免联机日志文件重写时丢失重复数据而对联机日志文件所做的备份。当所有的重做日志写满后，如果需要归档，就会生成归档日志。通过使用归档日志可以保留所有的重做历史记录，用户可以将其理解为重做日志的日志。

3. 控制文件

每一个 Oracle 数据库都有一个控制文件，它还可以存在多个本数据库控制文件的副本。它的信息类型如图 3-7 所示。

图 3-7　控制文件的信息类型

从图 3-7 中可以看到，控制文件是一个记录数据文件和日志文件，并起到将两者有机组合的作用。当用户建立控制文件的时候，建议建立多个副本，如果可能，将这些副本放到不同的磁盘下。这样在设备崩溃的时候，用户就有完好的控制文件来启动和恢复数据库。如果没有副本，恢复数据库的操作就会很复杂。

4. 其他文件

（1）参数文件

参数文件主要有以下两种。

① 文本参数文件。当数据库建立的时候，用户就可以运行的初始化文件，其中规定了数据库中使用的各种参数的值。

② 服务器参数文件。服务器参数文件可以管理数据库及其参数的值。

（2）临时文件

Oracle 中临时文件的处理方式与标准数据文件稍有不同。这些文件确实包含了数据，但它是为了临时的操作服务的。一旦用户建立了会话，如果需要的话，临时文件会自动生成，当这个会话周期结束后，临时文件将会自动在数据库中消失。

3.2 实例

实例

数据库实例一般也被称作服务器（Server），就是用来访问一个数据库文件集的一个存储结构及后台进程的集合。它使一个单独的数据库可以被多个实例访问。

实例在操作系统中用 ORACLE_SID 来标识，在 Oracle 中用参数 INSTANCE_NAME 来标识，它们两个的值是相同的。数据库启动时，系统首先在服务器内存中分配系统全局区（System Global Area，SGA），构成了 Oracle 的内存结构，然后启动若干个常驻内存的操作系统进程，即组成了 Oracle 的进程结构，内存区域和后台进程合称为一个 Oracle 实例。其中 Oracle 的内存区域分为系统全局区（SGA）和程序全局区（Program Global Area，PGA）。实例组成部分示意如图 3-8 所示。

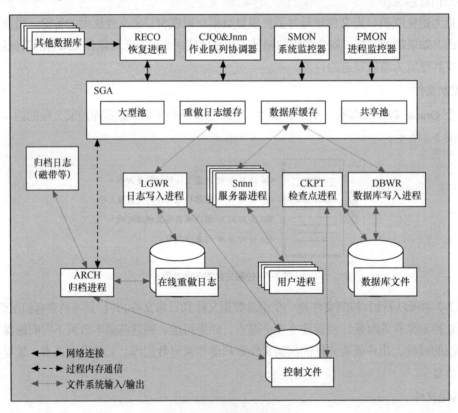

图 3-8　实例组成部分示意

3.2.1　系统全局区

系统全局区（SGA）是一组为系统分配的共享的内存结构，其中可以包含一个数据库实例的数据或控制信息。如果多个用户连接到同一个数据库实例，在实例的 SGA 中，数据可以被多个用户共享，当数据库实例启动时，SGA 的内存被自动分配；当数据库实例关闭时，SGA 内存被回收。SGA 是占用内存最大的一个区域，同时也是影响数据库性能的重要因素。它主要包括数据块缓存区、字典缓存区、重做日志缓冲区、SQL 共享池、大池等组成部分。

1. 数据块缓存区

数据块缓存区是 SGA 中的一个高速缓存区域，用来存储从数据库中读取数据段的数据块（如表、索引和簇）。数据块缓存区的大小由数据库服务器 init.ora 文件中的 DB_LOCK_BUFFERS 参数决定。在调整和管理数据库时，调整数据块缓存区的大小是一个重要的部分。

2. 字典缓存区

数据库对象的信息存储在数据字典表中，这些信息包括用户账号数据、数据文件名、段名、盘区位置、表说明信息和权限，当数据库需要这些信息时，将读取数据字典表并且将返回的数据存储在字典缓存区的 SGA 中。

3. 重做日志缓冲区

重做日志描述了对数据库进行的修改，它们会写到联机重做日志文件中，以便在数据库恢复过程中用于向前滚动操作。然而，它们在被写入联机重做日志文件之前，会先被记录在重做日志缓冲区的 SGA 中。重做日志缓冲区的大小由 init.ora 文件中的 LOG_BUFFER 参数决定。

4. SQL 共享池

SQL 共享池存储数据字典缓存区及数据块缓存区，即对数据库进行操作的语句信息。当数据块缓存区和字典缓存区能够共享数据库用户间的结构及数据信息时，数据块缓存区允许共享常用的 SQL 语句。SQL 共享池包括执行计划及运行数据库的 SQL 语句的语法分析树。在第二次运行相同的 SQL 语句时，可以利用 SQL 共享池中可用的语法分析信息来加快执行速度。这也就是为什么我们在同一个实例运行过程中，同一个 SQL 语句或者 PL/SQL 的第二次运行速度会比第一次运行速度快的原因之一。

5. 大池

大池是一个可选的内存区。如果频繁执行备份/恢复操作，只要创建一个大池，就可以更有效地管理这些操作。大池将致力于支持多行复杂化的 SQL 大型命令。利用大池，就可以防止这些 SQL 大型命令把条目重写入 SQL 共享池中，从而减少再装入数据块缓存区中的语句数量。大池的大小可通过 init.ora 文件的 LARGE_POOL_SIZE 参数设置，用户可以使用 init.ora 文件的 LARGE_POOL_MIN_ALLOC 参数设置大池中的最小位置。

另外，Oracle 数据库允许在 SGA 中创建多个缓冲池，我们能够用多个缓冲池把大数据集与其他的应用程序分开，以减少它们争夺数据块缓存区内相同资源的可能性。

3.2.2　程序全局区

程序全局区（PGA）是为单独的服务器进程存储私有数据的内存区域。从进程的角度来分析，PGA 是非共享的，而我们前面介绍的 SGA 是可共享的。PGA 的大小由操作系统决定，并且分配后保持不变，用户会话结束后，会自动释放 PGA 所占用的内存。PGA 由以下部分组成。

（1）排序区

排序区将保存执行诸如 ORDER BY、GROUP BY 等包含排序操作的 SQL 语句时产生的临时数据。Oracle 数据库处理类似 SQL 语句时，会先将要排序的数据放到排序区中排序，再将排序好的数据返回给用户。

（2）会话区

会话区将保存会话所具有的权限、角色、性能统计信息。

（3）游标区

游标区将保存执行带有游标的 PL/SQL 语句时产生的临时数据。游标可以理解为指针，这里保存的就是指针位置的上下文信息。

（4）堆栈区

堆栈区将保存会话中的绑定变量、会话变量以及 SQL 语句运行时的内存结构信息。在 PL/SQL 结构化语句中的参数在等待用户传入时，系统会先将一个或多个参数存入堆栈区，对不同的传入参数进行 PL/SQL 结构化语句的全部扫描，并一次性按照不同的参数设定，分别带入各自的数值。使其可以将变量值同时传入 PL/SQL 所有变量出现的位置，完成 PL/SQL 的相关功能。

3.2.3　后台进程

数据库的物理结构（运行于磁盘上的）与内存结构（SGA 和 PGA）之间的交互要通过后台进程来完成。其中，后台进程包括数据库写进程、日志写进程、进程检查点进程、系统监控后台进程、进程监控后台进程、恢复进程、归档进程、锁进程、作业队列协调进程、调度进程等。

1. 数据库写进程

数据库写进程（Database Writer，DBWR）是执行将缓冲区数据写入数据文件的流程，也是负责缓冲区管理的一个 Oracle 后台进程。当缓冲区被修改后，它会被标记为"已使用"，DBWR 的主要任务是将"已使用"的缓冲区数据写入磁盘，使缓冲区保持"空闲"。有时缓冲区中的数据未及时写入数据库，造成未用的缓冲区的数目减少。当未用的缓冲区下降到很少，以致用户进程要从磁盘读入块到内存存储区时无法找到未用的缓冲区，DBWR 将管理缓冲存储区，使用户进程总可得到未用的缓冲区。

2. 日志写进程

日志写进程（Log Writer，LGWR）可将日志缓冲区中的数据写入磁盘上的一个日志文件，它是负责管理日志缓冲区的一个 Oracle 后台进程。LGWR 可将自实例运行开始依赖的所有日志数据输出到日志文件当中，LGWR 的输出规范有以下几点。

（1）当用户进程提交一事务时写入一个提交记录。

（2）每 3s 将日志缓冲区输出。

（3）当日志缓冲区的 1/3 已满时将日志缓冲区输出。

（4）当 DBWR 将修改缓冲区写入磁盘时将日志缓冲区输出。

3. 进程检查点进程

进程检查点进程（Checkpoint Process，CKPT）是验证检查准确性的一个 Oracle 后台进程。在通常的情况下，该任务由 LGWR 执行。然而，如果检查点明显降低了系统性能时，可使 CKPT 运行，将原来由 LGWR 执行的检查点的工作分离出来，由 CKPT 实现。对于许多应用情况，CKPT 是不必要的。只有当数据库有许多数据文件，LGWR 在检查点时明显地降低了性能才可使 CKPT 运行。

4. 系统监控后台进程

系统监控后台进程（System Monitor，SMON）是一个负责系统监控的 Oracle 后台进程。该进程实例启动时，执行实例恢复，还负责清理不再使用的临时段。在具有并行服务器选项的环境下，SMON 可对有故障的 CPU 或实例进行实例恢复。SMON 进程有规律地被唤醒，执行系统监控任务。其他进程遇到故障时也可以直接调用 SMON 进程进行恢复。

5. 进程监控后台进程

进程监控后台进程（Process Monitor，PMON）是一个负责监控进程本身的 Oracle 的后台进程。该进程可在用户进程出现故障时执行进程恢复，负责清理内存储区和释放该进程所使用的资源。例如，若要重置活动事务表的状态，释放封锁，可将该故障的进程的 ID 从活动进程表中移去。PMON 还可周期性地检查调度进程和服务器进程的状态，如果该进程已经停止，则重新启动（不包括有意删除的进程）。PMON 有规律地被唤醒，检查 PMON 是否是一个负责监控进程本身的 Oracle 的后台进程，或者其他进程发现需要时可以被调用。

6. 恢复进程

恢复进程（Recover，RECO）是一个负责分布式部署的 Oracle 的后台进程。该进程是在具有分布式选项时所使用的一个进程，它可以自动地解决在分布式事务中的故障。一个节点 RECO 后台进程自动连接到包含不可信的分布式事务的数据库，负责处理该事务。

7. 归档进程

归档进程（Archive Log，ARCH）是一个负责归档的 Oracle 的后台进程。该进程可将已填满的在线日志文件复制到指定的存储设备中。只有当数据库运行在归档模式下，并且开启了自动归档功能，系统才会启动归档进程。

8. 锁进程

锁进程（LCKn）是在具有并行服务器选件环境下使用的 Oracle 的后台进程，可多至 10 个进程（LCK0，LCK1，…，LCK9），用于实例间的封锁。

9. 作业队列协调进程

作业队列协调进程（CJQn）是一个作业队列协调器性质的 Oracle 的后台进程，在 Oracle 中规划将要在后台运行的进程或者作业。

10. 调度进程

调度进程（Dnnn）是一个调度类的 Oracle 的后台进程。该进程允许用户进程共享有限的服务器进程。没有调度进程时，则每个用户进程需要一个专用的服务进程。有了调度进程后，用户可以组建多线索服务器，而多线索服务器则可以支持多个用户进程。如果在系统中具有大量用户，那么多线索服务器则可以支持大量用户。

本 章 小 结

本章按照 Oracle 体系结构逐一讲述了各组成部分的作用。Oracle 数据库包括数据库与实例两部分，其中，数据库根据分类方式的不同，分为逻辑结构和物理结构，这两者是互相独立的，是不同视角的分析方式。实例分为系统全局区、程序全局区和后台进程部分。Oracle 体系结构的各组成部分如图 3-9 所示。

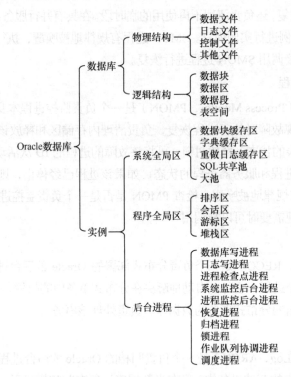

图 3-9　Oracle 体系结构一览图

　　用户进程直接请求内存中的 Oracle 实例，而 Oracle 实例则会与硬盘中的数据库进行交互，获取相关数据，编写相关日志，并且将用户进程请求的数据在实例中反馈给用户使用。

习　　题

1. 简述 Oracle 体系结构的组成及各部分的作用。
2. 简述 Oracle 体系结构中数据块的组成及各部分的作用。
3. 简述 Oracle 体系结构中数据库逻辑结构的组成及各部分的作用。
4. 简述 Oracle 体系结构中数据库物理结构的组成及各部分的作用。
5. 简述 Oracle 体系结构的实例中系统全局区的结构及各部分的作用。
6. 简述 Oracle 体系结构的实例中程序全局区的结构及各部分的作用。
7. 简述 Oracle 体系结构的实例中后台进程的结构及各部分的作用。

第 4 章　表的设计、创建及维护

学习目标

- 了解 SQL 的概念、特点、分类及其使用规范。
- 掌握 Oracle 常用的数据类型，如字符型、数字型等。
- 掌握数据定义语言命令，实现数据库表的创建和维护。

想要学好 Oracle，首先应该了解如何访问 Oracle。SQL 是数据库通用的语言，也是与数据库打交道的基础，使用 SQL 可以在数据库表中创建表、检索数据、操作数据，并对权限进行控制。本章涵盖了对 SQL 中 4 种类型语言的讲解。通过本章的学习，读者应熟练掌握 SQL，从而进一步实现对 Oracle 数据库的操作。

4.1　SQL 简介

SQL 简介

结构化查询语言（Structured Query Language，SQL）最早是 IBM 公司为其关系数据库管理系统 SYSTEM R 开发的一种查询语言，它的前身是 SQUARE 语言。

1979 年，Oracle 公司首先提供了商用的 SQL，IBM 公司在 DB2 和 SQL/DS 数据库系统中也实现了 SQL。

1986 年 10 月，美国国家标准学会（American National Standards Institute，ANSI）采用 SQL 作为关系数据库管理系统中的标准语言（ANSI X3.135-1986），后被国际标准化组织（International Organization for Standardization，ISO）采纳为国际标准。

1989 年，ANSI 采纳在 ANSI X3.135-1989 报告中定义的关系数据库管理系统的 SQL 标准语言，称为 "ANSI SQL 89"，该标准替代了 ANSI X3.135-1986 版本。该标准为 ISO 所采纳。目前，所有主要的关系数据库管理系统都支持某些形式的 SQL，大部分数据库遵守 ANSI SQL 89 标准。

SQL 结构简洁、功能强大、简单易学，在当今主流数据库中得到了广泛应用。图 4-1 描述了 SQL 语句的基本功能及其在数据库中的执行过程。

4.1.1　SQL 的特点

SQL 是一种非过程化的语言，它不仅可以对单个记录进行操作，也可操作记录集合。所有 SQL 语句接收集合作为输入，返回集合作为输出。SQL 的集合特性允许一条 SQL 语句的结果作为另一条 SQL 语句的输入。

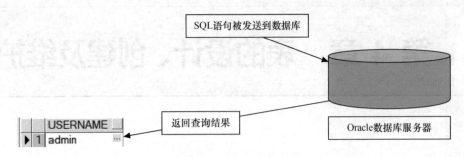

图 4-1　SQL 语句的基本功能及其在数据库中的执行过程

SQL 不要求用户指定对数据的存放方法。这种特性使用户更易集中精力于要得到的结果。所有 SQL 语句使用查询优化器，它是 RDBMS 的一部分，由它决定对指定数据存取最快的手段。

SQL 是一个通用的、结构化的查询语言，其主要特点可以概括如下。

（1）SQL 是统一的语言。SQL 可用于所有用户的 DB 活动模型，包括系统管理员、数据库管理员、应用程序员、决策支持系统人员及许多其他类型的终端用户。

（2）SQL 语法简单易学，基本的 SQL 命令一般初学者只需很少时间就能学会，最高级的命令在几天内就可以掌握。SQL 可以对数据库进行多种操作，主要包括以下内容。

① 查询数据。

② 在表中插入、修改和删除记录。

③ 建立、修改和删除数据对象。

④ 控制对数据和数据对对象的存取。

⑤ 保证数据库一致性和完整性。

SQL 是所有关系数据库的公共语言。由于所有主要的关系数据库管理系统都支持 SQL，因此所有用 SQL 编写的程序都是可以移值的。

4.1.2　SQL 的分类

SQL 一般分为 4 类，下面进行简单介绍。

1.　数据定义语言

数据定义语言（Data Definition Language，DDL）正如它字面上的意思，是定义数据库需要如何存储的。DDL 包括对数据库中对象的创建、修改、删除的操作，这些对象主要有数据库、数据表、视图、索引等，包括 CREATE、ALTER、DROP 等。

2.　数据操纵语言

数据操纵语言（Data Manipulation Language，DML）也像它字面上的意思，是对数据库表进行操作的。这些操作主要包括对数据库表中的数据进行增加、删除、修改，并在操作时一次可以把表中数据按条件进行多条件或者全部的处理，为数据库的使用提供方便，包括 INSERT、UPDATE、DELETE、SELECT。

3.　数据控制语言

数据控制语言（Data Control Language，DCL）对数据库中的对象权限进行设置和取消等操作，但是只有数据库的系统管理员才有权利去执行对数据库对象权限的操作。使用 DCL 可以为数据库中不同的用户设置不同的权限，这样也能够提高数据库的安全性，包括 GRANT、REVOKE。

4. 事务控制语言

事务控制语言（Transactional Control Language，TCL），主要实现控制数据库操纵事务发生的时间及效果，包括 COMMIT、ROLLBACK、SAVEPOINT 三条语句。

4.1.3 SQL 语句编写规则

在开发过程中编写 SQL 语句时，为了保证每个项目组编写出的程序都符合相同的规范，便于理解和维护，减少出错概率，并且有助于成员间交流，通常需要制订 SQL 程序编码规范。对于 SQL 语句编写规则，不同的开发团队有不同的标准，下面介绍一些通用规则。

（1）SQL 关键字在执行时并不区分大小写，既可以用大写，也可以用小写，或者大小写混用。为了统一标准，通常指定 SQL 关键字需要大写。

（2）对象名和列名不区分大小写，既可以使用大写，也可以使用小写，或者大小写混用。

（3）字符值和日期值区分大小写。当在 SQL 语句中引用字符值和日期值时必须给出正确的大小写数据，否则不能返回正确信息。

（4）适当地增加空格和缩进，使程序更易读。

（5）使用注释可增强程序的可读性。注释语法包含两种情况：单行注释和多行注释。

单行注释前有两个连字符 "--"，最后以换行符结束；多行注释使用符号 "/*" 和 "*/" 成对表示，对某项完整的操作建议使用该类注释。例如：

```
--单行注释，查询部门所有的信息
/* 多行注释
    查询部门信息，包括：
    部门编号 deptno
    部门名称 dname
    */
```

一份完整的编写规则还应该包含主键、索引、自定义数据类型、视图、存储过程与触发器等数据库对象的编写规则，这里不再赘述，读者可以参照以上规则定义。

4.2 Oracle 数据类型

Oracle 基本数据类型（内置数据类型 built-in datatypes）可以分为：字符串类型、数值类型、日期/时间类型、RAW/LONG RAW 类型、LOB 类型。图 4-2 所示是 Oracle 数据库数据类型。

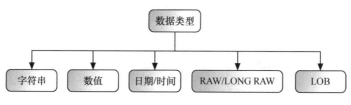

图 4-2 Oracle 数据库数据类型

1. 字符串类型

Oracle 数据库字符串数据类型如图 4-3 所示。

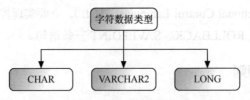

图 4-3　Oracle 数据库字符串数据类型

（1）当需要固定长度的字符串时，使用 CHAR 数据类型存储字母数字值，列长度可以是 1～2000B。如字符串 'abcd'保存于 CHAR(10)类型的列中时，Oracle 分配 10 个字符，前 4 个字符放'abcd'，后添 6 个空格补全，如'abcd　　　　　　'。

（2）VARCHAR2 数据类型支持可变长度字符串，存储字母数字值，列长度大小可以是 1～4000B。如字符串 'abcd'保存于 VARCHAR2(10)类型的列中时，Oracle 分配 4 个字符。这样可以节省空间。

（3）LONG 数据类型存储可变长度字符串，最多可以存储 2GB。

（4）CHAR 查询时速度极快但浪费存储空间，适合查询比较频繁的数据字段。而 VARCHAR2 的优点是节省存储空间。

2. 数值类型

数值数据类型可以存储整数、浮点数和实数，最高精度为 38 位。

数值数据类型的声明语法：NUMBER [(p[, s])]，p 表示精度，s 表示小数的位数。如 NUMBER (5,2) 表示一位小数有 5 位有效数，2 位小数，范围为–999.99～999.99；NUMBER (5)表示一个 5 位整数，范围为–99999~99999。

3. 日期/时间类型

日期/时间数据类型存储日期和时间值，包括年、月、日、小时、分、秒。

主要的日期/时间类型如下。

（1）DATE：存储日期和时间部分，精确到秒，默认格式 1-1-1999。

（2）TIMESTAMP：这是 Oracle 对 DATE 数据类型的扩展，存储日期、时间和时区信息，秒的值精确到小数点后 6 位。

4. RAW/LONG RAW

（1）RAW 数据类型用于存储二进制数据，最多可以存储 2000B。

（2）LONG RAW 数据类型用于存储可变长度的二进制数据，最多可以存储 2GB。

5. LOB

Oracle LOB 数据类型如图 4-4 所示。

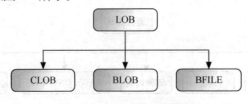

图 4-4　Oracle LOB 数据类型

（1）LOB 称为"大对象"数据类型，可以存储多达 4GB 的非结构化信息，如声音剪辑和视频文件，允许对数据进行高效、随机、分段的访问。

（2）CLOB 即 Character LOB（字符 LOB），它能够存储大量的字符数据。

（3）BLOB 即 Binary LOB（二进制 LOB），可以存储较大的二进制对象，如图形、视频剪辑和声音文件。

（4）BFILE 即 Binary FILE（二进制文件），它用于将二进制数据存储在数据库外部的操作系统文件中。

4.3 表的创建和维护

表的创建和维护　设计表

4.3.1 设计表

在 Oracle 数据库系统中，表是数据库的基本对象，是数据库数据存储的基本单元，它对应现实世界中的对象。所有的基本实体都可看成表，不管应用中的表有多复杂，都可以使用（拆成）一个或者多个表来表示，用于存放实体的数据。

表由"列"和"行"两部分组成。其中"列"用于描述实体的属性，例如员工有员工 ID、员工姓名、性别、年龄、所属部门等属性，而部门有部门 ID、部门名称等属性。"行"则用于表示实体在各个属性上的具体取值。

当开发数据库应用时，为了存放应用系统的相关数据，需要设计并建立表，表的设计是否合理关系到应用系统将来的成败与性能问题。设计表时，应该考虑以下因素。

（1）表名和列名必须以字母开头，可以含 A~Z、a~z、0~9、_、$、#等字符，长度不能超过 30 个字符，要使用有意义的名称，做到"见名知意"。注意不能使用 Oracle 的保留字。

（2）表名和列名要使用一致的缩写格式、单数或复数格式。

（3）为了给用户和其他人员提供有意义的帮助信息，应该使用 COMMENT 命令描述表、列的作用。

（4）设计表时，应该使用 1NF、2NF 和 3NF 规范化每张数据库表。

（5）定义表列时，应该选择合适的数据类型和长度。

（6）定义表列时，为了节省存储空间，应该将 NULL 列放在后面。

（7）表名和列名大小写不敏感。

（8）每张表最多可有 1000 列。

确定了表的内容即可创建列，必须完成以下内容。

① 为每一列选择一个名称。

② 确定每一列存储的类型。

③ 确定（在某些情况下）列的最大宽度。

4.3.2 创建表

DDL 语句是 SQL 语句的一个子集，用来创建、修改或删除 Oracle 数据库对象的

创建表

结构。创建表有 2 种方式，下面具体介绍。

1. **方式 1**

Oracle 用 CREATE TABLE 语句创建表以存储数据，该语句是数据定义语言（DDL）语句之一，其语法格式如下：

```
CREATE  TABLE [SCHEMA.] table_name
(columnname datatype[DEFAULT value],
columnname datatype[DEFAULT value],…);
```

说明如下。

（1）CREATE TABLE 指示 Oracle 创建一个表。

（2）SCHEMA 指定方案（默认：当前用户的账号）。

（3）table_name 指定要创建的表的名字。

（4）columnname 指定要创建列的名字。

（5）datatype [default value] 指定当前列默认值。

【示例 4.1】创建区域经理表，区域经理表信息包括区域经理 ID、区域经理姓名、区域经理的创建时间、地区区域。

```
CREATE TABLE acctmanager(
    amid NUMBER(4),
    amname VARCHAR2(20),
    amedate DATE DEFAULT SYSDATE,
    amweight NUMBER(4,2),
    region CHAR(2)
);
```

具体演示运行结果如图 4-5 所示。

此时想查看 acctmanager 表结构，其语法格式如下：

```
DESCRIBE tablename
--用来显示表的结构
```

图 4-5　示例 4.1 运行结果

说明： DESCRIBE 是 SQL*PLUS 的命令而不是 SQL 命令。命令的简写为 DESC。

【示例 4.2】使用 DESC 查看 acctmanager 表结构。

```
DESC acctmanager;
```

具体运行结果如图 4-6 所示。

```
SQL> DESC  acctmanager;
Name       Type         Nullable Default Comments
--------   -------------  --------  ------- --------
AMID       NUMBER(4)     Y
AMNAME     VARCHAR2(20)  Y
AMEDATE    DATE          Y          SYSDATE
AMWEIGHT   NUMBER(4,2)   Y
REGION     CHAR(2)       Y
```

图 4-6　示例 4.2 运行结果

关键字 CREATE TABLE 指示 Oracle 创建一个表。可以包括可选的 schema，表示谁将"拥有"要创建的这个表，例如，创建这个表的用户也就是将要拥有这个表的人，那么可以忽略方案，将默认采用当前的用户名。

数据库对象的所有者有权在对象上执行这些操作。对于一个表来说，如果另一个数据库的用户想查询或处理表中数据，唯一的方式就是该表的所有者或数据库管理员提供的权限。当然表名是用来表示正在创建的表的名称。想要为其他人的方案创建一个表（也就是其他人拥有的表），就必须具有对那个用户的方案使用 CREATE TABLE 命令的权限。

（1）创建表的时候允许向列分配一个默认值。默认值是用户在列中没有输入任何内容的情况下，Oracle 自动存储的值。

（2）表名虽然是以小写字母输入，但 Oracle 会在处理命令时自动转为大写。将表名与列名取小写字母为了与 Oracle 关键字区别。

（3）由于创建表的用户就是这个表的拥有者，所以省略方案名。

（4）amedate 分配一个默认的 SYSDATE，表明如果用户输入新的销售经理信息，而没有包括这个人的聘用时间时，则 Oracle 服务器会插入当前日期。

（5）执行了命令之后，只是创建了表结构，并没有在表中插入任何的数据记录。

（6）某用户执行 CREATE TABLE 命令实现成功建表，前提是必须先为该用户赋予建表权限。

2. 方式 2

Oracle 通过子查询创建表。创建一个包含现有表的数据的表，可以使用 CREATE TABLE 命令并包括一个包含子查询的 AS 子句。其语法格式如下：

```
CREATE TABLE tablename[(columnname,…)]
AS (subquery);
```

【示例 4.3】依据示例 4.1 创建的区域经理表，创建新表经理表，并查看新表结构。

```
CREATE TABLE manager
AS (select amid,amname from acctmanager);
--查看表结构
DESC manager;
```

具体运行结果如图 4-7 所示。

```
SQL> desc manager;
Name    Type         Nullable Default Comments
------- ------------ -------- ------- --------
AMID    NUMBER(4)    Y
AMNAME  VARCHAR2(20) Y
```

图 4-7　示例 4.3 运行结果

4.3.3　修改表

如果表结构不符合实际要求，可以通过 ALTER TABLE 语句来修改表的结构。对表结构进行更改的常见操作有添加一列、删除一列、更改列的大小等。具体语法如下。

```
ALTER TABLE tablename
ADD|MODIFY|DROP COLUMN|coloumnname[definition];
```

说明：Oracle 的特性是可以修改表而不必关闭数据库，即使用户正在访问这个表，仍然可以修改这个表而不必中断服务。

1. 使用 ALTER TABLE 添加一列

如果需要增加特定列，可以通过 ALTER TABLE...ADD 语句完成，其语法格式如下：

```
ALTER TABLE tablename
ADD(columnname datatype,[DEFAULT]…);
```

【示例 4.4】向 acctmanager 表中添加电话分机号码。

```
ALTER TABLE acctmanager ADD(tel number(11));
--查看表结构
DESC acctmanager ;
```

具体运行结果如图 4-8 所示。

```
SQL> DESC  acctmanager;
Name        Type         Nullable Default Comments
----------- ------------ -------- ------- --------
AMID        NUMBER(4)    Y
AMNAME      VARCHAR2(20) Y
AMEDATE     DATE         Y                SYSDATE
AMWEIGHT    NUMBER(4,2)  Y
REGION      CHAR(2)      Y
TEL         NUMBER(11)   Y
```

图 4-8　示例 4.4 运行结果

2. 使用 ALTER TABLE 修改一列

如果需要修改特定列，可以通过 ALTER TABLE...MODIFY 语句完成，其语法格式如下：

```
ALTER TABLE tablename
MODIFY(columnname datatype,[DEFAULT]…);
```

修改这个表的时候要注意以下三个规则。

（1）一列必须与它已经包含的数据字段一样宽。

（2）如果一个 NUMBER 列已经包含了数据，那么不能降低这一列的精确度或小数位数。

（3）更改一列的默认值不会更改表中已经存在的数据值。

【示例 4.5】表格中未插入任何数据时，修改 acctmanager 表中电话分机号码字段的长度为 10。

```
ALTER TABLE acctmanager MODIFY(tel number(10));
--查看表结构
DESC acctmanager;
```

具体运行结果如图 4-9 所示。

```
SQL> DESC  acctmanager;
Name        Type         Nullable Default Comments
----------- ------------ -------- ------- --------
AMID        NUMBER(4)    Y
AMNAME      VARCHAR2(20) Y
AMEDATE     DATE         Y                SYSDATE
AMWEIGHT    NUMBER(4,2)  Y
REGION      CHAR(2)      Y
TEL         NUMBER(10)   Y
```

图 4-9　示例 4.5 运行结果 1

图 4-9 所示 TEL 字段长度修改成功，此时先向表格中插入 1 条记录，电话分机号码 TEL 字段长度为 10，并查看插入结果。

```
INSERT  INTO  acctmanager(amid,amname,amweight,region,tel)  values(01,'张 三',50,'jn',
1501111222');
commit;
select * from acctmanager;
```
具体运行结果如图 4-10 所示。

图 4-10   示例 4.5 运行结果 2

此时要求将 acctmanager 表中电话分机号码 TEL 字段的长度修改为 9，但 TEL 字段中已经含有字符长度为 10 的数据，因此只能将这一列的字符长度减小到 10 个字符宽，不能小于 10。

```
ALTER TABLE acctmanager MODIFY(tel number(9));
--查看表结构
DESC acctmanager;
```
具体运行结果如图 4-11 所示。

图 4-11   示例 4.5 运行结果 3

3. 使用 ALTER TABLE 删除一列

如果需要删除特定列，可以通过 ALTER TABLE…DROP COLUMN 语句完成，其语法格式如下：

```
ALTER TABLE tablename
DROP COLUMN cloumnname;
```
说明如下。

（1）与带有 ADD 或 MODIFY 的子句的 ALTER TABLE 命令不同，DROP COLUMN 子句只能引用一个列。

（2）如果从表中删除一列，那么删除将是永久的，如果不小心从表中错误地删除了列，那么不能"取消"这种损坏，唯一的选择是将这一列重新添加到表中，然后手工重新输入以前包含的所有数据。

（3）不能删除表中剩余的最后一列，如果一个表只包含一列并且尝试删除这一列，那么这个命令将会失败，并返回一个出错消息。

（4）该子句将删除列及其内容，所以使用时要格外小心。

【示例 4.6】 删除 acctmanager 表中电话分机号码字段。

```
ALTER TABLE acctmanager DROP COLUMN tel;
--查看表结构
DESC acctmanager;
```

具体运行结果如图 4-12 所示。

```
SQL> DESC  acctmanager;
Name        Type        Nullable Default Comments
--------    ----------- -------- ------- --------
AMID        NUMBER(4)      Y
AMNAME      VARCHAR2(20)   Y
AMEDATE     DATE           Y              SYSDATE
AMWEIGHT    NUMBER(4,2)    Y
REGION      CHAR(2)        Y
```

图 4-12　示例 4.6 运行结果

4. 使用 ALTER TABLE...SET UNUSED /DROP UNUSED COLUMNS 命令

当 Oracle 服务器从一个非常大的表中删除一列时，将降低用户的查询或其他 SQL 命令的处理速度，为了避免这种问题，可以在 ALTER TABLE 命令中包括 SET UNUSED 子句，将这一标记为以后再删除。

如果将一列标记为删除，那么这一列就是标记为不可用的，它不会显示在表结构中。因为这一列是不可用的，所以它也不会出现在任何查询的结果中，也不能在这一列上执行除了 ALTER TABLE...DROP UNUSED 命令之外的其他任何操作。也就是说，将一列设置为"UNUSED"（不使用）之后，这一列及其所有的内容都将无法使用，以后也不能恢复。用于推迟从存储设备中物理清除数据，通常推迟到服务器正在处理的查询很少时，例如在营业时间之后。

ALTER TABLE 命令使用 DROP UNUSED 子句来完成已经标记为"不使用"的任何列的删除过程。

其语法格式如下：

```
ALTER TABLE  tablename
SET UNUSED (columnname);
```

或者

```
ALTER TABLE  tablename
SET UNUSED  COLUMN columnname;
```

【示例 4.7】将 acctmanager 表中区域经理 ID（amid）字段设置为不可用列，并使用 SELECT 语句进行查看结果。

```
ALTER TABLE acctmanager SET UNUSED (amid);
select  * from acctmanager;
```

具体运行结果如图 4-13 所示。

	AMNAME	AMEDATE	AMWEIGHT	REGION
▶ 1	张三	2018/10/12 15:52:47	50.00	jn

图 4-13　示例 4.7 运行结果

从以上示例可以看出，区域经理 ID 字段已经设置为不可用列，此时可以使用 ALTER TABLE...ROP UNUSED COLUMNS 命令删除已经设置为"不可使用"的任何列，并且可以使用已删除字段之前所占用的存储空间。其语法格式如下：

```
ALTER TABLE tablename
DROP UNUSED COLUMNS;
```

【**示例 4.8**】将示例 4.7 中设置的 acctmanager 表中区域经理 ID（amid）不可用列删除掉。

```
ALTER TABLE acctmanager DROP UNUSED COLUMNS;
```

具体运行结果如图 4-14 所示。

	AMNAME	AMEDATE	AMWEIGHT	REGION
▶ 1	张三 ⋯	2018/10/12 15:52:47 ▾	50.00	jn

图 4-14　示例 4.8 运行结果

【**注意**】从示例 4.7 和示例 4.8 的运行结果来看，结果没有差别，真正差别在于示例 4.7 将某个或某些字段设置为不可用列，但这些列所包含的数据仍占据存储空间，而示例 4.8 删除不可用列，这些列所包含的数据不再占据存储空间。

4.3.4　重命名表

重命名表

如果需要重新调整表名称，可以通过 RENAME 语句完成，其语法格式如下：

```
RENAME oldtablename TO newtablename;
```

说明：在一个组织工作中，不要更改其他用户访问的表的名称，除非事先通知某用户新的表的名称。

【**示例 4.9**】将 acctmanager 表改名为 accma。

```
RENAME acctmanager TO accma;
```

利用旧表名查询 acctmanager 表所有字段信息。

```
select * from acctmanager;
```

利用新表名查询 acctmanager 表所有字段信息。

```
select * from acct;
```

具体运行结果如图 4-15 和图 4-16 所示。

图 4-15　旧表名查询结果

	AMNAME	AMEDATE	AMWEIGHT	REGION
▶ 1	张三 ⋯	2018/10/12 15:52:47 ▾	50.00	jn

图 4-16　新表名查询结果

4.3.5　截断表

如果只需要删除表内数据，而保留表结构，可以使用 TRUNCATE TABLE 语句截断表。其格式语法如下：

```
TRUNCATE TABLE table_name;
```

截断表

在截断一个表时，表中包含的所有行都将被删除，但表本身将会保留，也就是说，列依然存在，只是其中没有存储值。实际上与删除一个表中的所有行是相同的，但是，如果只是删除一个表中的所有行，那么这些行多占用的存储空间仍然是分配给这个表的。要想删除存储在一个表中的行并释放这些行所占有的存储空间，可以使用 TRUNCATE TABLE 命令。

【**示例 4.10**】截断 acctmanager 表，分别查看表数据和表结构。

```
TRUNCATE TABLE acctmanager;
```
--查询表数据
```
select * from acctmanager;
```
--查看表结构
```
DESC acctmanager;
```
具体运行结果如图 4-17 和图 4-18 所示。

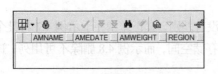

图 4-17　表数据查询结果

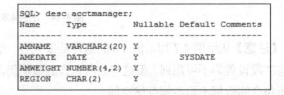

图 4-18　表结构查询结果

从以上示例运行结果可以看出，表中包含的所有行都被删除，但表本身将会被保留。

4.3.6　删除表

当不再需要表时，可以使用 DROP TABLE 语句删除表，DROP TABLE 将表结构和表内数据一起删除，其语法格式如下：

删除表

```
DROP TABLE tablename;
```
具体说明如下。

CASCADE CONSTRAINTS 用于指定级联删除，如果两个表之间有主外键关系，需要删除主表时，必须指定 CASCADE CONSTRAINTS 属性。

【示例 4.11】删除 acctmanager 表。

```
DROP TABLE acctmanager;
```
--查询表数据
```
select * from acctmanager;
```
--查看表结构
```
DESC acctmanager;
```
具体运行结果如图 4-19 和图 4-20 所示。

图 4-19　表数据查询结果

```
SQL> desc acctmanager;
Object acctmanager does not exist.
```

图 4-20　表结构查询结果

从以上示例运行结果可以看出，表本身和表中包含的所有行都已被删除。

本 章 小 结

本章主要讲解建表时常用的数据类型，表的设计及创建，以及数据定义语言的使用。表是 Oracle 数据库最基本的对象，用于存储用户数据，关系数据库的所有操作最终都是围绕表来操作的，建立表时，用户不仅需要具有 CREATE TABLE 系统权限，而且还必须具有相应的表空间配额，结合数据定义语言实现表的创建、修改、删除。

习　题

一、选择题

1. SQL 中用来创建、删除及修改数据库对象的部分被称为（　　）。

 A. 数据库控制语言（DCL）

 B. 数据库定义语言（DDL）

 C. 数据库操纵语言（DML）

 D. 数据库事务处理语言

2. 下面（　　）是删除 EMP 表的语句。

 A. DELETE * FROM EMP

 B. DROP TABLE EMP

 C. TRUNCATE TABLE EMP

 D. DELETE TABLE EMP

3. 关于约束的描述错误的是（　　）。

 A. 常用的约束有 NOT NULL、UNIQUE、PRIMARY KEY、FOREIGN KEY、CHECK

 B. 约束既可以基于表级创建也可以基于列级创建

 C. 当某个约束不需要时，可以删除或禁止

 D. 约束用于限制数据满足一定的商业规则，只能在单列上创建约束

二、填空题

要将表 userInfo 从数据库中删除，所用的命令是＿＿＿＿＿＿＿＿＿＿＿＿。

三、简答题

简述 Oracle 中 CHAR 和 VARCHAR2 的区别。

上 机 指 导

根据以下 3 个表的表结构，完成下列 SQL 相关的题目。

Student 表

字段	名称	数据类型	约束
学号	S_NO	CHAR(6)	主键
姓名	S_NAME	CHAR(10)	非空
性别	S_SEX	CHAR(2)	只取男、女
出生日期	S_BIRTHDAY	DATE	
专业	S_MAJOR	VARCHAR2(20)	
年龄	S_AGE	INTEGER	

Course 表

字段	名称	数据类型	约束
课程号	COURSE_NO	CHAR(5)	主键
课程名	COURSE_NAME	CHAR(20)	非空

Grade 表

字段	名称	数据类型	约束
学号	SNO	CHAR(5)	联合主键
课程号	CNO	CHAR(20)	联合主键
成绩	Grade	NUMBER	

（1）创建表 Student、Course、Grade。

（2）修改表 Student 中"学号"列的数据类型为 VARCHAR2。

（3）为表 Course 新增"学分"一列，并设置该列的数据类型为 NUMBER。

（4）删除表 Course 中的新增的"学分"列。

05 第5章 数据完整性与约束

学习目标
- 掌握数据完整性相关概念、约束的类型、约束的作用和约束的定义方式。
- 掌握创建约束、修改约束的方式和方法。
- 能够灵活地运用约束，进行数据完整性检查和控制。

5.1 基本概念

基本概念

数据完整性包括数据的正确性和相容性。正确性是指数据符合语义，反映实际状况；相容性是指同一对象在不同关系表中的数据是否符合逻辑。

完整性检查和控制的防范对象主要是不合语义、不正确的数据，防止它们进入数据库。数据完整性可以帮助确保存储在数据库中的数据的准确性、有效性和正确性。数据完整性控制可被视为判断数据有效与否的规则。

为保障数据完整性，数据库管理系统必须能够实现如下功能。

1. 提供完整性约束条件

完整性约束条件也称为完整性规则，是数据库中的数据必须满足的语义约束条件，它表达了给定的数据模型中数据及其联系所具有的制约和依存规则，用以限定符合数据模型的数据库状态以及状态的变化，以保证数据的正确、有效和相容。

2. 提供完整性检查的方法

数据库管理系统中检查数据是否满足完整性约束条件的机制称为完整性检查。一般在 INSERT、UPDATE、DELETE 语句执行后开始检查，也可以在事务提交时检查。检查这些操作执行后数据库中的数据是否违背了完整性约束条件。

3. 进行违约处理

数据库管理系统若发现用户的操作违背了完整性约束条件将采取一定的动作，如拒绝（NO ACTION）执行该操作或级联（CASCADE）执行其他操作，进行违约处理以保证数据的完整性。

数据完整性包括关系模型的实体完整性、域完整性、参照完整性和用户定义完整性。

（1）实体完整性是指关系中的主属性值不能为 NULL 且不能有相同值。定义表中的所有行能唯一的标识，一般用主键（PRIMARY KEY）、唯一（UNIQUE）来维护实体完整性。

（2）域完整性是对数据表中字段属性的约束，通常指数据的有效性，包括字段的值域、字段的类型及字段的有效规则等约束。它是由确定关系结构时所定义的字段的属性决定的，如限制数据类型、默认值、规则、约束、是否可以为空等。域完整性可以确保字段不会输入无效的值。

（3）参照完整性是指关系中的外键（FOREIGN KEY）必须是另一个关系的主键有效值，或者是NULL。参考完整性维护表间数据的有效性、完整性。通常通过建立外键联系另一表的主键实现，还可以用触发器来维护参照完整性。

（4）用户定义完整性则是根据应用环境的要求和实际的需要，对某一具体应用所涉及的数据提出约束性条件。通常使用规则、存储过程、触发器来实现。

5.2 数据完整性约束概述

Oracle 数据库中数据完整性约束是一种强制性的业务规则、惯例和策略，是确保数据准确性和完整性的规则，它能够在数据违反某些规则的情况下起到禁止操作数据的作用。

5.2.1 约束类型

按照数据限定规则的不同，Oracle 数据库有 5 种类型的约束（见表 5-1）。

表 5-1 约束类型

约束	说明
主键	确定哪些列唯一的标识了各个记录。主键不能是空值（NULL），并且其值必须是唯一的
外键	在一种一对多的关系中，将约束添加到多个表。约束确保了如果在一个表的指定列输入一个的值，那么该值必须已经存在于另一个表中的相关列中，或者输入的是一个空值（NULL）
唯一	确保存储在一个指定列中的所有数据都是唯一的，它与主键约束的不同之处是它允许空值（NULL）
检查	确保在向表中添加数据值前满足一个指定的条件
非空	确保一个指定的列不能包含一个空值（NULL），只能使用创建表的列一级方法来创建非空约束（NOT NULL）

5.2.2 约束的定义方式

按照定义的位置不同，可以通过以下两种方式定义约束。

（1）作为单个列或属性定义的一部分，称为列级约束。

（2）作为表定义的一部分，称为表级约束。

说明：只有非空约束（NOT NULL）必须在列级声明，其他约束声明在列级或表级都可以。

定义约束的子句可在以下 DDL 语句中使用：CREATE TABLE、ALTER TABLE、CREATE VIEW、ALTER VIEW。

在 Oracle 数据库中，可以在视图（View）上创建视图约束。但通常通过基表上的约束对视图实施约束。

只能在视图上指定唯一、主键和外键约束，并且仅在禁用 NOVALIDATE 模式下使用。

创建列级约束的完整语法：

```
[ CONSTRAINT constraint_name ]{ [ NOT ] NULL| UNIQUE| PRIMARY KEY| REFERENCES object
[ (column [, column ]...) ] | CHECK (condition)} [ ENABLE | DISABLE ][ VALIDATE | NOVALIDATE ]
```

创建表级约束的完整语法：

```
[ CONSTRAINT constraint_name ]{ UNIQUE (column [, column ]...)| PRIMARY KEY (column
[, column ]...)| FOREIGN KEY (column [, column ]...) REFERENCES object [ (column
[, column ]...) ] | CHECK (condition)}  [ON DELETE { CASCADE | SET NULL } ] [ ENABLE |
DISABLE ][ VALIDATE | NOVALIDATE ]
```

语法说明如下。

（1）CONSTRAINT constraint_name：指定约束的名称。如果省略此标识符，则 Oracle 数据库将生成一个 SYS_Cn 的名称，如 SYS_C0010403。

约束的命名规范一般按照如下格式：[表名]_[类名]_[约束类型缩写]。如 EMP 表的 EMPID 列的主键约束命名：EMP_EMPID_PK。

常用约束类型的缩写如表 5-2 所示。

表 5-2　约束类型的缩写

约束	缩写
主键 PRIMARY KEY	_PK
外键 FOREIGN KEY	_FK
唯一 UNIQUE	_UK
检查 CHECK	_CK
非空 NOT NULL	_NN

（2）[NOT] NULL：（非）空约束。

（3）UNIQUE：唯一约束。

（4）PRIMARY KEY (column [, column])：主键约束。column 是设置为主键或组合主键的列名，在列级定义时省略。

（5）FOREIGN KEY REFERENCES object [(column [, column]...)]：外键约束。object 是引用表的名称，column 是引用列的名称。在列级定义时省略 FOREIGN KEY。

（6）CHECK (condition)：检查约束。condition 是约束的条件，是一个逻辑表达式。

（7）ENABLE|DISABLE：指定约束的状态，ENABLE（启用）或 DISABLE（禁用）。

（8）VALIDATE|NOVALIDATE：指定是否验证已有的数据。VALIDATE（验证）或 NOVALIDATE（不验证）。

（9）ON DELETE：级联删除的方式，CASCADE（级联删除）或 SET NULL（设为 NULL）。

5.3　数据完整性约束详解

本节针对 Oracle 数据库中每类约束分别进行讲解。

5.3.1　主键约束

在主键约束中，受约束的一个列或多个列组合的值必须能唯一标识行。每个表

主键约束

都有一个主键，实际上它为行命名，并确保不存在重复行。一个表或视图有且只有一个主键。

列级定义主键约束的语法：

```
CREATE TABLE table_name(
column_name data_type [CONSTRAINT constraint_name] PRIMARY KEY,
column_name data_type ,
……
)
```

表级定义主键约束的语法：

```
CREATE TABLE table_name(
column_name data_type,
column_name data_type,
……,
[CONSTRAINT constraint_name] PRIMARY KEY (column [, column ]...)
)
```

其中，如果不指定约束名称，CONSTRAINT constraint_name 可以省略，由 Oracle 分配约束名称。

在 Oracle 数据库中主键约束作用如下所示。

① 在指定列或一组列中，没有两行具有重复值。

② 主键列不允许空值。

例如员工表（employees）中的编号（ID），要求每个员工必须具有唯一且不为空值的 ID。即在 employees 表中每个员工有且只有一行记录。

假定现有 employees 表中现有 employee_id 为 202，其中 employee_id 为主键。下面的示例演示尝试添加具有相同 employee_id 和没有 employee_id 的雇员的员工信息。

```
SQL> INSERT INTO employees (employee_id, last_name, email, hire_date, job_id)
  1  VALUES (202,'Chan','JCHAN',SYSDATE,'ST_CLERK');
……
ERROR at line 1:
ORA-00001: unique constraint (HR.EMP_EMP_ID_PK) violated

SQL> INSERT INTO employees (last_name) VALUES ('Chan');
……
ERROR at line 1:
ORA-01400: cannot insert NULL into ("HR"."EMPLOYEES"."EMPLOYEE_ID")
```

由以上示例可以看出，主键约束的列值是不能重复或为空的。

【示例 5.1】创建 locations_demo 表，并在 location_id 列上定义并启用主键约束。

```
CREATE TABLE locations_demo
  ( location_id   NUMBER(4) CONSTRAINT loc_id_pk PRIMARY KEY
  , street_address VARCHAR2(40)
  , postal_code    VARCHAR2(12)
  , city           VARCHAR2(30)
  , state_province VARCHAR2(25)
  , country_id     CHAR(2)
  ) ;
```

说明： 本示例在列级创建名为 loc_id_pk 的主键约束，将 location_id 列标识为 locations_demo 表的主键。此约束可确保表中没有两个相同的 location_id，并且不能为 NULL。另外，除了创建列级主键约束，也可以创建表级主键约束：

```
CREATE TABLE locations_demo
    ( location_id    NUMBER(4)
    , street_address VARCHAR2(40)
    , postal_code    VARCHAR2(12)
    , city           VARCHAR2(30)
    , state_province VARCHAR2(25)
    , country_id     CHAR(2)
    , CONSTRAINT loc_id_pk PRIMARY KEY (location_id));
```

【示例 5.2】在样例表 sales 创建列 prod_id 和 cust_id 复合的主键。

```
ALTER TABLE sales
ADD CONSTRAINT sales_pk PRIMARY KEY (prod_id, cust_id) DISABLE;
```

说明：该约束将 prod_id 和 cust_id 列的复合标识为 sales 的主键。该约束确保表中没有两行具有 prod_id 列和 cust_id 列的值的相同组合。

约束子句还可以按以下方式使用。

① 省略 CONSTRAINT 关键字，不定义约束名称，由 Oracle 为约束生成一个名称。

② 在定义约束时，可以使用 DISABLE 子句，表示暂时不启用它。

5.3.2 外键约束

外键约束

当两个表包含一个或多个公共列时，Oracle 数据库可以通过外键约束（也称为参照完整性约束）强制两个表之间的关系。

外键约束要求对于定义约束的列中的每个值，必须与引用表中指定的列的值匹配。引用完整性规则的应用场景： 一名员工只能在已存在的某个部门工作。

列级定义外键约束的语法：

```
CREATE TABLE table_name(
column_name data_type
CONSTRAINT constraint_name REFERENCES  object (ref_column)
……
)
```

表级定义外键约束的语法：

```
CREATE TABLE table_name(
column_name data_type,
……,
CONSTRAINT constraint_name FOREIGN KEY(for_column) REFERENCES  object (ref_column) [ON
DELETE { CASCADE | SET NULL } ]
)
```

其中：for_column 是指定义为外键的列名，ref_column 是指引用键的列名，如果不指定约束名称，CONSTRAINT constraint_name 可以省略，由 Oracle 分配约束名称。ON DELETE 指定引用键的修改方式。

1. 外键约束相关的概念

（1）外键：是指外键约束定义中的引用了其他表的列或列集，一般是其他表的主键列。例如，employees 表中的 "department_id" 列是引用 department 表中的 department_id 列，employees 表中的 department_id 列称为外键。

① 外键可以定义为多列。但是，复合外键必须引用具有相同数量、相同数据类型的复合主键。

② 外键的值必须与引用的主键值匹配，或者为 NULL。

（2）引用键：是指外键引用的其他表的唯一键或主键。例如，部门中的 department_id 列是 employees 中 department_id 列的引用键。

（3）从表或子表：是指包含外键的表。此表的值依赖于引用表的唯一或主键中存在的值。例如，employees 表是 department 表的子表或从表。

（4）引用表或父表：是指由子表的外键引用的表。此表的引用键确定子表中是否允许特定的插入或更新。例如，department 表是 employees 表的父表或引用表。

【示例 5.3】创建 dept_20 表，并在 department_id 列上定义引用 departments 表主键 department_id 列的外键约束，并启用。

```
CREATE TABLE dept_20
  (employee_id       NUMBER(4),
   last_name         VARCHAR2(10),
   job_id            VARCHAR2(9),
   manager_id        NUMBER(4),
   hire_date         DATE,
   salary            NUMBER(7,2),
   commission_pct    NUMBER(7,2),
   department_id     CONSTRAINT dept_deptid_fk
                 REFERENCES departments(department_id) );
```

具体说明如下。

① 约束 dept_deptid_fk 确保为 dept_20 表中的员工提供的所有部门都存在于 departments（部门）表中。但是，员工可以有空部门编号，这意味着他们没有分配给任何部门。为确保将所有员工分配到部门，除了外键约束之外，还可以在 dept_20 表的 department_id 列上创建 NOT NULL 约束。

② 在定义并启用外键约束之前，必须先定义引用表，即 departments（部门）表的 department_id 列为主键（PRIMARY KEY）或唯一（UNIQUE）约束，并启用约束。

③ 外键约束在列级定义时，如果不使用 FOREIGN KEY 子句，则不需要 department_id 列的数据类型，因为 Oracle 会自动将引用的键的数据类型分配给此列。

④ 外键约束定义时同时标识出父表和引用键的列。由于引用的键是父表的主键，因此引用的键列名称是可选的。

或者，可以将外键约束定义为表级：

```
CREATE TABLE dept_20
  (employee_id       NUMBER(4),
   last_name         VARCHAR2(10),
   job_id            VARCHAR2(9),
   manager_id        NUMBER(4),
   hire_date         DATE,
   salary            NUMBER(7,2),
   commission_pct    NUMBER(7,2),
   department_id,
  CONSTRAINT dept_deptid_fk
    FOREIGN KEY (department_id)
    REFERENCES  departments(department_id) );
```

2. 自引用外键约束

自引用外键约束是指引用同一表中列的外键。

3. 空值和外键

在关系模型中，外键的值与引用的主键值匹配，或者为 NULL。例如，employees 表中的一行，员工可能没有指定 department_id。

如果复合外键的任何列为 NULL，则 Oracle 不再检查其他列是否满足外键约束的条件。

4. 引用键的修改

由于外键和引用键之间的关系，对删除引用键有影响。例如，如果用户试图删除该部门（department 表）的记录，则该部门中员工（employees 表）的记录会发生什么变化呢?

修改或删除引用键时，外键约束可以指定要在子表的从属行上执行的下列操作。

（1）无操作：在正常情况下，如果结果违反引用完整性，则用户无法修改引用的键值。例如，如果 employees 表 department_id 是引用部门（department 表）的外键，如果员工属于某个部门，则尝试删除此部门的行违反了约束。

（2）级联删除：当删除包含引用的键值的行时，删除级联（使用 DELETE CASCADE 子句），导致具有从属外键值的子表中的所有行也被删除。例如，在部门中删除一行会导致删除此部门中所有员工的行。

（3）删除时设置为 NULL：当删除包含引用的键值的行时，删除设置为 NULL（使用 DELETE SET NULL 子句），从而导致子表中引用外键值的所有行的值设置为 NULL。例如，删除部门行会将 employees 表中列值为该部门 department_id 值的行的 department_id 设置为 NULL。

表 5-3 列出了在父表和子表中允许的 DML 语句的操作。

表 5-3　外键约束允许 DML 语句的操作

DML 语句	父表	子表
INSERT	父表的键值唯一即可	外键的值在父表中存在或者部分、全部为 NULL
UPDATE NO ACTION	父表键值没有在子表当中引用	新的外键值在父表的引用键值中存在
DELETE NO ACTION	父表引用键值没有在子表中引用	无限制
DELETE CASCADE	无限制	无限制
DELETE SET NULL	无限制	无限制

【注意】Oracle 数据库中，对于其他外键不支持的操作，可以使用触发器（参见第 15 章）来实现。

【示例 5.4】创建 dept_20 表，定义并启用两个外键约束，并使用 ON DELETE 子句:

```
CREATE TABLE dept_20
  (employee_id     NUMBER(4) PRIMARY KEY,
   last_name       VARCHAR2(10),
   job_id          VARCHAR2(9),
   manager_id      NUMBER(4) CONSTRAINT fk_mgr
                   REFERENCES employees ON DELETE SET NULL,
   hire_date       DATE,
   salary          NUMBER(7,2),
   commission_pct  NUMBER(7,2),
   department_id   NUMBER(2)  CONSTRAINT dept_deptid_fk
                   REFERENCES departments(department_id)
                   ON DELETE CASCADE );
```

具体说明如下。

① "ON DELETE SET NULL" 子句：如果从 employees 表中删除了编号 2332 经理的行，则 Oracle 将 dept_20 表中 manager_id 列为 2332 的所有员工设置值为 NULL。

② "ON DELETE CASCADE" 子句：删除 dept_20 表中的任何行，Oracle 将级联删除引用 dept_20 表的 department_id 值的所有从属表中的行。例如，如果从部门表中删除了部门 20，则 Oracle 将从 dept_20 表中删除部门 20 中的所有员工。

【示例 5.5】在已创建的表 dept_20 中添加 employee_id 和 hire_date 列的组合外键约束并启用。

```
ALTER TABLE dept_20
   ADD CONSTRAINT dept_empid_hiredate_fk
   FOREIGN KEY (employee_id, hire_date)
   REFERENCES job_history(employee_id, start_date)
```

说明：约束 dept_empid_hiredate_fk 确保 dept_20 表中的所有员工都具有 employee 表中存在的 employee_id 和 hire_date 组合。在添加并启用该约束之前，必须将 employee 表的 employee_id 和 hire_date 列指定为组合主键。

5.3.3　唯一约束

唯一约束

唯一约束限定一列的值或多列的组合值必须唯一。在列级定义唯一约束时，只需要 UNIQUE 关键字。当在表级定义唯一约束时，还必须指定一个或多个列。其中组合唯一约束必须在表级定义。

表中任意两行的约束列或组合约束列的值不能相同，但可以为 NULL。

列级定义唯一约束的语法：

```
CREATE TABLE table_name(
column_name data_type CONSTRAINT constraint_name UNIQUE
……
)
```

表级定义唯一约束的语法：

```
CREATE TABLE table_name(
column_name data_type,
……,
CONSTRAINT constraint_name UNIQUE(column_name)
)
```

其中，如果不指定约束名称，CONSTRAINT constraint_name 可以省略，由 Oracle 分配约束名称。

【示例 5.6】创建 promotions_var1 表，为 promo_id 列添加名为 promo_id_uk 的唯一约束。

```
CREATE TABLE promotions_var1
   ( promo_id        NUMBER(6) CONSTRAINT promo_id_uk  UNIQUE
   , promo_name       VARCHAR2(20)
   , promo_category   VARCHAR2(15)
   , promo_cost       NUMBER(10,2)
   , promo_begin_date DATE
   , promo_end_date   DATE
   ) ;
```

【示例 5.7】创建 promotions_var2 表，为 promo_id 列添加名为 promo_id_uk 的唯一约束。

```
CREATE TABLE promotions_var2
```

```
( promo_id         NUMBER(6)
, promo_name       VARCHAR2(20)
, promo_category   VARCHAR2(15)
, promo_cost       NUMBER(10,2)
, promo_begin_date DATE
, promo_end_date   DATE
, CONSTRAINT promo_id_uk UNIQUE (promo_id)
```

【示例 5.8】为已存在的 warehouses 表的 warehouse_id、warehouse_name 列，添加名为 warehouses_ id_name_uk 的唯一约束。

```
ALTER TABLE warehouses
ADD CONSTRAINT warehouses_id_name_uk UNIQUE (warehouse_id, warehouse_name)
```

5.3.4 检查约束

检查约束

检查约束即要求每一行的一列或多列的值，必须满足指定条件。如果执行 DML 相关语句的结果没有满足指定的条件，则将回滚 SQL 语句至未执行特定 DML 操作前的状态。

检查约束的主要好处是具有非常灵活的完整性规则的能力。例如，可以使用检查约束在 employees 表中强制执行以下规则：salary 列的值不得大于 10000，commission 列的值必须不大于工资（salary）的值。

列级定义检查约束的语法：

```
CREATE TABLE table_name(
column_name data_type CONSTRAINT constraint_name CHECK(condition)
……
)
```

表级定义检查约束的语法：

```
CREATE TABLE table_name(
column_name data_type,
……,
CONSTRAINT constraint_name CHECK(condition)
)
```

其中：condition 是一个逻辑表达式，指定列值满足的条件；如果不指定约束名称，CONSTRAINT constraint_name 可以省略，由 Oracle 分配约束名称。

【示例 5.9】为员工创建最大工资额限制，并演示当语句尝试插入包含超出最大值的工资的行时将发生的情况。

```
SQL> ALTER TABLE employees ADD CONSTRAINT emp_ sal_ck CHECK (salary < 10001);
SQL> INSERT INTO employees (employee_id,last_name,email,hire_date,job_id,salary)
1  VALUES (999,'Green','BGREEN',SYSDATE,'ST_CLERK',20000);
……,
ERROR at line 1:
ORA-02290: check constraint (HR.emp_sal_ck) violated
```

（1）完整性约束状态

作为约束定义的一部分，可以指定 Oracle 数据库应如何以及何时强制执行约束，从而确定约束状态。

（2）对已修改的和现有的数据进行约束检查

Oracle 数据库允许指定约束是否适用于现有数据或将来的数据。如果启用了约束（使用

ENABLE 子句），则数据库在输入或更新数据时检查新数据。不符合约束条件的数据不能输入数据库。例如，对 employees 表启用非空（NOT NULL）约束，则保证每个未来的行都有一个部门 id（department_id）。如果禁用了约束（使用 DISABLE 子句），则表可以包含违反约束的行。

可以设置约束验证（VALIDATE）或不验证（NOVALIDATE）现有数据。如果指定了验证（使用 VALIDATE 子句），则现有数据必须符合约束。例如，对 employees 表 department_id 列启用非空（NOT NULL）约束，并将其设置为验证（VALIDATE），检查每个现有行是否具有部门 id。如果指定了不验证（使用 NOVALIDATE 子句），则现有数据不需要符合约束。

Oracle 数据库验证和不验证数据，始终取决于是否启用或禁用约束。表 5-4 总结了这些关系。

表 5-4　约束与数据库验证的关系

约束状态	是否验证	说明
ENABLE	VALIDATE	现有的和未来的数据必须服从约束。如果现有行违反约束，尝试将新约束应用于已填充的表会导致错误
ENABLE	NOVALIDATE	数据库检查约束，但对于所有行都不需要正确。因此，现有行可能违反约束，但新的或修改的行必须符合规则
DISABLE	VALIDATE	数据库禁用约束，删除其索引，并防止修改受约束的列
DISABLE	NOVALIDATE	不检查约束，也不必满足检查条件

【示例 5.10】创建一个 divisions 表，并在表的每一列中定义检查约束，但不启用约束。

```
CREATE TABLE divisions
   (div_no   NUMBER  CONSTRAINT divisions_div_no_ck
          CHECK (div_no BETWEEN 10 AND 99)
          DISABLE,
    div_name VARCHAR2(9)  CONSTRAINT divisions_div_name_ck
          CHECK (div_name = UPPER(div_name))
          DISABLE,
    office   VARCHAR2(10)  CONSTRAINT divisions_office_ck
          CHECK (office IN ('DALLAS','BOSTON',
          'PARIS','TOKYO'))
          DISABLE);
```

每个检查约束都限定了它的列的值。

① divisions_div_no_ck 确保没有 div_no 的值为 10 ~ 99。

② divisions_div_name_ck 确保所有 div_name 都是大写。

③ divisions_office_ck 限制 office 为 "DALLAS" "BOSTON" "PARIS" "TOKYO" 之一。

由于每个约束子句都包含 DISABLE 子句，因此 Oracle 只定义约束并不启用它们。

【示例 5.11】创建 dept_20 表，定义表级检查约束并隐式启用约束。

```
CREATE TABLE dept_20
   (employee_id     NUMBER(4) PRIMARY KEY,
    last_name       VARCHAR2(10),
    job_id          VARCHAR2(9),
    manager_id      NUMBER(4),
    salary          NUMBER(7,2),
    commission_pct  NUMBER(7,2),
    department_id   NUMBER(2),
```

```
CONSTRAINT dept_20_ salary_ck CHECK (salary * commission_pct <= 5000));
```

此约束使用条件不等式限制雇员的总佣金，即 salary（工资）和 commission_pct（佣金）的乘积，达到 5000 美元。

① 如果雇员的工资和佣金都是非空值，则这些值的乘积不得超过 5000 美元。

② 如果雇员的工资或佣金为空，则员工会自动满足约束。

由于本示例中的约束子句不提供约束名称，因此 Oracle 将为该约束生成一个名称。

【示例 5.12】定义并启用主键约束、两个外键约束和两个检查约束。

```
CREATE TABLE order_detail (
CONSTRAINT order_detail_id_no_pk PRIMARY KEY (order_id, part_no),
   order_id NUMBER CONSTRAINT order_detail_ order_id_fk REFERENCES oe.orders(order_id),
   part_no NUMBER CONSTRAINT order_detail_part_no_fk REFERENCES oe.product_information
(product_id),
   quantity NUMBER CONSTRAINT order_detail_quantity_ck CHECK (quantity > 0),
   cost NUMBER CONSTRAINT order_detail_cost_ck CHECK (cost > 0)
);
```

约束对表数据启用以下规则检查。

① 约束 order_detail_id_no_pk 将 order_id 和 part_no 列的组合标识为表的主键。为了满足此限制，表中的两行都不能包含 order_id 和 part_no 列中相同的值组合，并且表中的任何行中 order_id 或 part_no 列不能为 NULL。

② 约束 order_detail_order_id_fk 将 order_id 列标识为引用 oe.orders 表中的 order_id 列的外键。添加到列 order_detail.order_id 的所有新值必须在列 oe.orders.order_id 中已存在。

③ order_detail_part_no_fk 将 product_id 列标识为引用 oe.product_information 表中的 product_id 列的外键。添加到列 order_detail_product_id 的所有新值必须在列 oe.product_information.product_id 中存在。

④ order_detail_quantity_ck 限定 quantity 列中的值始终大于 0。

⑤ order_detail_cost_ck 限定 cost 列中的值始终大于 0。

示例 5.12 还阐释了有关表级约束和列级约束定义的以下几点。

① 表级约束定义可以出现在列定义之前或之后。在示例 5.12 中，order_detail_id_no_pk 约束定义在列定义之前。

② 列级约束定义可以包含多个列级约束定义。在示例 5.12 中，quantity 列的定义包含 order_detail_quantity_ck 和 order_detail_cost_ck 列级约束的定义。

③ 表可以有多个检查约束。多个检查约束（每个检查约束都具有强制单个业务规则的简单条件）优于单个检查约束，并且具有执行多个业务规则的复杂条件。

5.3.5 非空约束

非空约束是指禁止列包含 NULL。实际上 NULL 关键字本身并不定义完整性约束，但可以显式地指定允许列包含 NULL。只能在列级定义 NOT NULL 或 NULL，默认值为 NULL。

非空约束

如果表中创建了非空约束的列，那么该列的每一行都必须包含值（非 NULL）。

列级定义非空约束的语法：

```
CREATE TABLE table_name(
column_name data_type CONSTRAINT constraint_name [NOT] NULL
......
)
```

其中：如果不指定约束名称，CONSTRAINT constraint_name 可以省略，由 Oracle 分配约束名称。

非空约束受以下限制：

● 不能在视图中使用；

● 不能在数据库对象的属性中使用。

对于以上限制，可以使用检查约束替代，用 IS NULL 作为条件。

【示例 5.13】更改 locations_demo 表，并定义和启用 country_id 列上的非空约束。

```
ALTER TABLE locations_demo
MODIFY (country_id CONSTRAINT country_nn NOT NULL);
```

5.3.6 查看、重命名和删除约束

查看、重命名和
删除约束

1. 查看约束

在 Oracle 中所有的数据对象都记录在数据字典表中，所以用户设置的每种约束也都在数据字典表中保存，如果想查看一个用户设置的全部约束，可以通过查询 user_constraints 表完成。

user_constraints 数据字典的结构如下。

```
SQL> desc user_constraints;
名称                                    是否为空？ 类型
--------------------------------------- -------- ------------------------------
OWNER                                   NOT NULL VARCHAR2(30)
CONSTRAINT_NAME                         NOT NULL VARCHAR2(30)
CONSTRAINT_TYPE                                  VARCHAR2(1)
TABLE_NAME                              NOT NULL VARCHAR2(30)
SEARCH_CONDITION                                 LONG
R_OWNER                                          VARCHAR2(30)
R_CONSTRAINT_NAME                                VARCHAR2(30)
DELETE_RULE                                      VARCHAR2(9)
STATUS                                           VARCHAR2(8)
DEFERRABLE                                       VARCHAR2(14)
DEFERRED                                         VARCHAR2(9)
VALIDATED                                        VARCHAR2(13)
GENERATED                                        VARCHAR2(14)
BAD                                              VARCHAR2(3)
RELY                                             VARCHAR2(4)
LAST_CHANGE                                      DATE
INDEX_OWNER                                      VARCHAR2(30)
INDEX_NAME                                       VARCHAR2(30)
INVALID                                          VARCHAR2(7)
VIEW_RELATED                                     VARCHAR2(14)
```

具体说明如下。

① CONSTRAINT_NAME：约束名称。

② CONSTRAINT_TYPE：约束类型的简写，例如，PRIMARY KEY(P)、FOREIGN KLEY(R)、CHECK(C)、NOT NULL(O)、UNIQUE(U)。

③ TABLE_NAME：应用约束的表名称。

④ STATUS：约束的状态，ENABLE 启用约束，DISABLE 禁用约束。

【示例 5.14】查看数据库当前用户表的约束名称、约束类型、表名和约束状态。

```
SELECT CONSTRAINT_NAME,CONSTRAINT_TYPE,TABLE_NAME,STATUS FROM user_constraints ;
```

具体查询结果如下：

```
CONSTRAINT_NAME  CONSTRAINT_TYPE TABLE_NAME  STATUS
------------------------------------------------------------------------------
EMP_DEPTNO_FK    R    EMP  ENABLED
DEPT_DEPTNO_PK      P    DEPT ENABLED
EMP_EMPNO_PK       P   EMP  ENABLED
```

2. 重命名约束

重命名约束使用的命令格式：

```
ALTER TABLE table_name RENAME CONSTRAINT old_contraint_name TO  new_constraint_name;
```

以下语句将 cust 表上的约束 cust_fname_nn 重命名为 cust_firstname_nn：

```
ALTER TABLE cust RENAME CONSTRAINT cust_fname_nn TO  cust_firstname_nn;
```

【示例 5.15】将 DEPT 表的约束名称为 PK_DEPT2 的约束重命名为 PK_DEMP。

```
ALTER TABLE dept RENAME CONSTRAINT PK_demp2 TO PK_DEPT;
```

读者可以使用以上查看约束的方法来验证重命名是否成功。

3. 删除约束

删除约束使用的命令格式：

```
ALTER TABLE table_name DROP CONSTRAINT constraint_name|PRIMARY KEY [CASCADE];
```

【示例 5.16】删除 departments 表的主键。

```
ALTER TABLE departments DROP PRIMARY KEY CASCADE;
```

如果知道 PRIMARY KEY 约束的名称是 dept_deptno_pk，那么也可以使用以下语句删除它。

```
ALTER TABLE departments DROP CONSTRAINT dept_deptno_pk CASCADE;
```

该 CASCADE 子句使 Oracle 数据库删除引用主键的任何外键。

以下语句删除表 employees 的 email 列上的唯一键。

```
ALTER TABLE employees  DROP UNIQUE (email);
```

该语句省略了 CASCADE 子句，如果任何外键引用 email 列，Oracle 数据库不会删除唯一键。

5.3.7　禁用和启用约束

Oracle 可以在无须删除和重新创建约束的情况下，禁用和启用约束。子句语法如下：

```
{ ENABLE | DISABLE }{ UNIQUE (column [, column ]...)| PRIMARY KEY| CONSTRAINT
constraint_name}
```

1. 禁用约束

有些情况下需要禁用约束。例如，在删除表数据时系统显示了下列错误提示信息：

```
ORA-02266: unique/primary keys in table referenced by enabled foreign keys
```

表明 Oracle 不允许在主键被子表引用的情况下，在父表上执行删除操作。如果需要删除父表的数据，必须先禁用引用父表主键的外键约束。

【示例 5.17】禁用 countries 表中的主键约束。

```
ALTER TABLE countries DISABLE PRIMARY KEY;
```

以下语句 DISABLE 子句在 employees 表中定义和禁用检查约束。

```
ALTER TABLE employees ADD CONSTRAINT employees_ salary_ck
   CHECK (salary + (commission_pct*salary) <= 5000)
   DISABLE;
```

2. 启用约束

在启用约束时，默认情况下 Oracle 会通过检查数据确保数据遵守约束条件。如果验证表中已有数据拥有很好的完整性，启用约束并应用约束，否则启用约束失败，需要检查表中数据完整性。

【示例 5.18】启用 countries 表中的主键约束。

```
ALTER TABLE countries ENABLE PRIMARY KEY;
```

本 章 小 结

本章主要讲述了 Oracle 数据库的各种约束，约束是实现数据完整性的基础；约束分为 5 种，分别是主键约束、外键约束、唯一约束、检查约束、非空约束；可以使用 CONSTRAINT 关键字设置约束的名称；设置外键约束时可以进行级联数据更新的操作，当主表数据删除时，对应的子表数据同时删除，使用子句 ON DELETE CASCADE；当主表数据删除时，对应的子表数据设置为 NULL，使用子句 ON DELETE SET NULL；约束可以设置其状态，以便启用或禁用约束。

通过本章的学习，读者要重点掌握各种约束的作用，定义和管理约束的方法。

习 题

1. 下面的描述中，正确的是（　　）。

   A. 创建了主键约束的列不允许为 NULL

   B. 创建了唯一约束的列不允许为 NULL

   C. 创建了主键约束的列允许为 NULL

   D. 创建了唯一约束的列允许为 NULL

2. 只能定义在列级的是（　　）类型的约束。

   A. CHECK

   B. UNIQUE

   C. NOT NULL

   D. PRIMART KEY

   E. FOREIGN KEY

3. 假设需要为表 customer 添加主键约束，主键列为 customer_id，可以使用（　　）。

   A. Alter table CUSTOMER ADD CUSTOMER_PK PRIMARY KEY ("CUSTOMER_ID");

   B. Alter table CUSTOMER ADD PRIMARY KEY ("CUSTOMER_ID");

   C. Alter table CUSTOMER ADD CONSTRAINT CUSTOMER_PK ("CUSTOMER_ID");

D. Alter table CUSTOMER ADD CONSTRAINT CUSTOMER_PK PRIMARY KEY ("CUSTO-MER_ID");

4. 假设需要禁用 CUSTOMER 表上为 STATUS 列创建的检查约束 CK_STATUS，可以使用（　　）方式。

A. ALTER TABLE CUSTOMER DISABLE CONSTRAINT CK_STATUS;

B. ALTER TABLE CUSTOMER DISABLE CK_STATUS;

C. UPATE TABLE CUSTOMER DISABLE CONSTRAINT CK_STATUS;

D. ALTER CUSTOMER DISABLE CONSTRAINT CK_STATUS;

5. Oracle 数据库表的约束有哪几种？分别起什么作用？

上 机 指 导

1. 创建表 emp_1，列定义：eno char(3)、ename char(6)、sex char(2)、age number(2)、dno char(3)。要求如下：

（1）在 eno 列上创建主键约束。

（2）在 ename 列上创建非空约束。

（3）创建检查约束判断 age 为 18~60 岁的男性或者 age 为 18~55 岁的女性。

（4）插入相关数据进行约束的验证。

2. 创建表 dept_1，列定义：dno char(3)、dname char(10)，要求 dno 列为主键。插入测试数据进行验证。

3. 为上述 emp_1 表 dno 列添加外键约束，使其引用 dept_1 表的 dno 列。在表 emp_1 插入测试数据，验证外键约束的作用。

第 6 章　数据操作

学习目标

- 掌握 INSERT、UPDATE、DELETE 数据操纵语言的语法和用法。
- 掌握 COMMIT、ROLLBACK、SAVEPOINT 数据控制语言的语法和用法。
- 掌握 GRANT 、REVOKE 事务控制语言的语法和用法。
- 会区分共享锁和排他锁。
- 理解死锁的概念，并掌握避免出现死锁的原则和规范。

6.1　概述

概述

对于数据库中的数据操作，无非就是对数据进行增加、删除、修改等操作。

在完成一系列数据操作之前，先完成以下一系列准备工作。

（1）books 表结构的创建。

```
--初始化表
--books（编号，书名，出版日期，数量，进价，售价，种类）
CREATE TABLE books
(
isbn NUMBER(5) PRIMARY KEY,
bookname VARCHAR2(20) NOT NULL,
pubdate DATE NOT NULL,
quantity NUMBER(5)  DEFAULT 0,
bcost NUMBER(5),
bretail NUMBER(5),
bcategory VARCHAR2(20)
);
```

（2）books2 表结构的创建和表中数据的添加。

```
--初始化表
--books2（编号，书名，出版日期，数量，进价，售价，种类）
CREATE TABLE books2
(
isbn NUMBER(5) PRIMARY KEY,
bookname VARCHAR2(20) NOT NULL,
pubdate DATE NOT NULL,
quantity NUMBER(5)  DEFAULT 0,
bcost NUMBER(5),
bretail NUMBER(5),
bcategory VARCHAR2(20)
);
```

```
    INSERT INTO books2 VALUES(3,'C++语言',TO_DATE('2018-8-18','yyyy-mm-dd'),20,21.9,78.65,
'computer');
    INSERT INTO books2 VALUES(4,'XML语言',TO_DATE('2018-10-18','yyyy-mm-dd'),21,211,68.65,
'computer');
    INSERT INTO books2 VALUES(5,'HTML 语言',TO_DATE('2018-8-8','yyyy-mm-dd'),22,20,58.65,
'computer');
    INSERT INTO books2 VALUES(6,'CSS 语言',TO_DATE('2018-6-8','yyyy-mm-dd'),23,30,48.65,
'computer');
    INSERT INTO books2 VALUES(7,'JavaScript语言',TO_DATE('2018-4-3','yyyy-mm-dd'),24,40.9,
38.65,'computer');
    INSERT  INTO  books2  VALUES(8,'android',TO_DATE('2017-7-6','yyyy-mm-dd'),25,19,28,
'computer');
    INSERT  INTO  books2  VALUES(9,'Java 语言',TO_DATE('2018-8-8','yyyy-mm-dd'),26,29,65,
'computer');
    COMMIT;
```

6.2　数据操纵语言

数据操纵语言（DML）是用来操纵数据库中数据使用的语言，常见的操纵包括利用 INSERT 语句添加数据，使用 UPDATE 语句修改数据，使用 DELETE 语句删除数据。

6.2.1　INSERT 语句添加数据

INSERT 语句
添加数据

创建好数据库表之后，首先要完成的工作就是添加数据，在初始化表数据时，要与表中字段类型相匹配，添加数据的一般语法如下。

```
INSERT INTO 表名(列名1，列名2…) values (值1，值2…);
```

语法说明如下。

（1）列名可以省略。当省略列名时，默认是表中的所有列名，列名顺序为表定义中列的先后顺序。

（2）值的数量和顺序要与列名的数量和顺序一致。值的类型与列名的类型一致。

【示例 6.1】要求用户使用 INSERT 语句为 books 表中添加数据。

```
--插入 2 条数据
INSERT INTO books VALUES(1,'Python 语言',TO_DATE('2017-8-8','yyyy-mm-dd'),50,21,98.25,
'computer');
INSERT INTO books(isbn,bookname,pubdate) VALUES(2,'R 语言',TO_DATE('2017-10-8','yyyy-
mm-dd'));
COMMIT;
--查询
SELECT * FROM books;
```

注意事项如下。

（1）插入记录 1，books 表名后默认了列名，默认是表 books 中的所有列名，values 中的值要与表中列一一对应，包括顺序和数据类型的对应。也就是说如果 values 输入的数据与表中的列的顺序相同，可以忽略列名。

（2）插入记录 2 中，只输入了某些列或列出的列的顺序与表中列出的顺序不同，要求必须在INSERT INTO 后面提供这些列名称。

（3）在遇到存在默认值的列时，可以使用 DEFAULT 值代替，插入记录 2 中，QUANTITY 字段设置默认值，默认值为 0。

（4）在 Oracle 中，日期是国际化的，不同的区域安装的数据库，默认的日期格式不同，因此为了程序便于移植，日期的输入要使用 to_date 函数对日期格式化。采用格式化字符串对日期进行格式化时，格式化字符串中字符不区分大小写。

（5）COMMIT 是把用户操作（添加、删除、修改操作）提交，只有提交操作后，数据才能真正更新到表中，否则其他用户无法查询到当前用户操作的结果。

运行部分结果如图 6-1 所示。

	ISBN	BOOKNAME	PUBDATE	QUANTITY	BCOST	BRETAIL	BCATEGORY
1	1	Python语言 …	2017/8/8 ▼	50	21	98	computer …
2	2	R语言 …	2017/10/8 ▼	0			

图 6-1　示例 6.1 运行结果

使用 INSERT 把一个结果集一次性插入一个表中，具体语法如下。

```
INSERT INTO 表名 SELECT 子句;
```

语法说明：要求结果集中每一列的数据类型必须与表中的每一列的数据类型一致，结果集中的列的数量与表中的列的数量一致。

【示例 6.2】要求用户使用 INSERT 语句插入 books2 表的数据。books2 表的表结构与 books 表一致，将 books2 表中的所有记录一次性插入 books 表中。

```
INSERT INTO books SELECT * FROM books2;
COMMIT;
--查询
SELECT * FROM books;
```

运行部分结果如图 6-2 所示。

ISBN	BOOKNAME	PUBDATE	QUANTITY	BCOST	BRETAIL	BCATEGORY
1	Python语言 …	2017/8/8 ▼	50	21	98	computer
2	R语言 …	2017/10/8 ▼	0			
3	C++语言 …	2018/8/18 ▼	20	22	79	computer
4	XML语言 …	2018/10/18 ▼	21	211	69	computer
5	HTML语言 …	2018/8/8 ▼	22	20	59	computer
6	CSS语言 …	2018/6/8 ▼	23	30	49	computer
7	JavaScript语言 …	2018/4/3 ▼	24	41	39	computer
8	Android …	2017/7/6 ▼	25	19	28	computer
9	Java语言 …	2018/8/8 ▼	26	29	65	computer

图 6-2　示例 6.2 运行结果

如果表中某个字段要求不能为 NULL 值，向表中插入 NULL 值记录时会报错，具体案例如下。

【示例 6.3】要求用户使用 INSERT 语句向 books 表中插入 2 条记录，其中记录 1 中 PUBDATE 字段为 NULL，记录 2 中 ISBN 字段为 NULL。

```
INSERT INTO books values(10,'C++语言',NULL,28,39,33,'computer');
INSERT INTO books values(NULL,'C#语言',NULL,28,39,33,'computer');
```

注意事项如下。

（1）PUBDATE 字段设置了非空约束，因此该字段插入数据不能为 NULL。

（2）ISBN 字段设置了主键约束，因此该字段插入数据不能为 NULL。

运行结果如图 6-3 所示。

图 6-3　示例 6.3 运行结果

6.2.2　UPDATE 语句修改数据

在 Oracle 中，修改数据也是很常用的，修改数据的语法如下：

```
UPDATE 表名 SET 列名 1=值，列名 2=值…[ WHERE 条件]
```

UPDATE 语句
修改数据

语法说明：WHERE 条件可选，如果省略 WHERE 语句，默认修改表中该字段的所有数据，添加 WHERE 条件，可定位到要修改的字段信息。

【示例 6.4】要求用户使用 UPDATE 语句修改 books 表中 BOOKNAME 字段所有值。

```
UPDATE books SET BOOKNAME='Web';
COMMIT;
--查询
SELECT * FROM books;
```

【注意】修改表中指定字段的所有值，即将 books 表中 BOOKNAME 字段值全部修改为 "Web"。

运行部分结果如图 6-4 所示。

	ISBN	BOOKNAME		PUBDATE		QUANTITY	BCOST	BRETAIL
1	1	Web	…	2017/8/8	▼	50	21	98
2	2	R语言	…	2017/10/8	▼	0		
3	3	C++语言	…	2018/8/18	▼	20	22	79
4	4	XML语言	…	2018/10/18	▼	21	211	69
5	5	HTML语言	…	2018/8/8	▼	22	20	59
6	6	CSS语言	…	2018/6/8	▼	23	30	49
7	7	JavaScript语言	…	2018/4/3	▼	24	41	39
8	8	Android	…	2017/7/6	▼	25	19	28
9	9	Java语言	…	2018/8/8	▼	26	29	65

图 6-4　示例 6.4 运行结果

【示例 6.5】要求用户使用 UPDATE 语句将 books 表中 ISBN 为 1 的 BOOKNAME 修改为 "Web"，结合 WHERE 语句完成表中的数据修改。

```
UPDATE books SET BOOKNAME='web' WHERE ISBN=1;
COMMIT;
--查询
SELECT * FROM books;
```

运行部分结果如图 6-5 所示。

	ISBN	BOOKNAME		PUBDATE		QUANTITY	BCOST	BRETAIL
▶ 1	1	Web	…	2017/8/8	▼	50	21	98
2	2	R语言	…	2017/10/8	▼	0		
3	3	C++语言	…	2018/8/18	▼	20	22	79
4	4	XML语言	…	2018/10/18	▼	21	211	69

图 6-5　示例 6.5 运行结果

6.2.3 DELETE 语句删除数据

DELETE 语句
删除数据

当需要删除一些没有用的数据时，需要使用 DELETE 语句实现，删除数据的语法如下：

```
DELETE FROM 表名 [WHERE 条件];
```

语法说明：WHERE 条件可选，如果省略 WHERE 语句，默认删除表中所有数据，添加 WHERE 条件，可定位到要删除的记录。

【示例 6.6】要求用户使用 DELETE 语句删除 books 表所有数据。

```
DELETE FROM books;
COMMIT;
--查询
SELECT * FROM books;
```

运行部分结果如图 6-6 所示。

ISBN	BOOKNAME	PUBDATE	QUANTITY	BCOST	BRETAIL

图 6-6　示例 6.6 运行结果

【示例 6.7】要求用户使用 DELETE 语句将 books 表中 ISBN 为 1 的记录删除。

```
DELETE FROM books WHERE ISBN=1;
COMMIT;
--查询
SELECT * FROM books;
```

运行部分结果如图 6-7 所示。

	ISBN	BOOKNAME	PUBDATE	QUANTITY	BCOST	BRETAIL
1	2	R语言	2017/10/8	0		
2	3	C++语言	2018/8/18	20	22	79
3	4	XML语言	2018/10/18	21	211	69
4	5	HTML语言	2018/8/8	22	20	59
5	6	CSS语言	2018/6/8	23	30	49
6	7	JavaScript语言	2018/4/3	24	41	39
7	8	Android	2017/7/6	25	19	28
8	9	Java语言	2018/8/8	26	29	65

图 6-7　示例 6.7 运行结果

6.3 事务控制语言

事务控制语言

使用 INSERT INTO 和 UPDATE 等 DML 命令执行的操作都是对表的内部包含的数据进行的更改，而没有改变表的实际结构，用来修改数据的命令称为数据操纵语言（DML）。DML 命令对数据所做的更改并没有永久地保存到这个表中，用户可以执行"事务控制"语句，保存修改后的数据或者在出现问题时撤销更改。常见的事务控制语言包括利用 COMMIT 语句提交事务，利用 ROLLBACK 语句回滚事务、利用 SAVEPOINT 语句设置为回滚点。

在讲解事务控制语言之前，首先要明确事务的概念。数据库事务（Database Transaction），是指作为单个逻辑工作单元执行的一系列操作，要么完全执行，要么完全不执行。事务处理可以确保除非事务性单元内的所有操作都成功完成，否则不会永久更新面向数据的资源。通过将一组相关操作组合为一个要么全部成功要么全部失败的单元，可以简化错误恢复并使应用程序更加可靠。一个逻辑工作单元要成为事务，必须满足所谓的 ACID 属性，ACID 属性具体如下。

（1）原子性（Atomicity）：事务要么全部执行，要么全部不执行，不允许部分执行。

（2）一致性（Consistency）：事务把数据库从一个一致状态带入另一个一致状态。

（3）独立性（Isolation）：一个事务的执行不受其他事务的影响。

（4）持续性（Durability）：一旦事务提交，就永久有效，不受关机等情况的影响。

例如，网上转账就是要用事务来处理，用于保证数据的一致性的典型场景。

控制事务的方式有两种，一种方式是显式控制，在事务的最后放置一条 COMMIT 或 ROLLBACK 命令，将事务提交或回滚；另一种是隐式控制，数据库管理系统根据实际情况决定提交事务还是回滚事务。

6.3.1　显式控制

1．COMMIT 语句提交事务

DML 语句对表的操作在执行 COMMIT 之前不是永久性的操作。向表添加记录所执行的一系列 DML 语句被视为一组"事务"。在 Oracle 中，事务就是一系列已经发出但是还没有提交的语句，一个事务可以包含一个 SQL 语句，也可以包含在很长一段时间内发出的 2000 个 SQL 语句，事务的持续时间是由隐含或明确发生 COMMIT 的事件决定的。

COMMIT 是把用户操作（添加、删除、修改操作）提交，只有提交操作后，数据才能真正更新到表中，否则其他用户无法查询到当前用户操作的结果。

【示例 6.8】要求用户新建一个会话（SQL 窗口），该会话中的数据操作在同一个事务中，使用 INSERT 语句为 books 表中添加 3 条数据，并使用 COMMIT 语句将新添加的数据保存至数据库，使用 SELECT 查询语句查看运行结果。

```
--使用COMMIT语句将新添加的2条数据保存至数据库
INSERT INTO books VALUES(12,'MATLIB语言 ',TO_DATE('2018-8-12','yyyy-mm-dd'),10,11,9.25,
'computer');
INSERT INTO books(isbn,bookname,pubdate) VALUES(13,'Go语言 ',TO_DATE('2016-1-8','yyyy-
mm-dd'));
COMMIT;
--未使用COMMIT语句将新添加的1条数据保存至数据库
INSERT  INTO  books(isbn,bookname,pubdate)  VALUES(14,'Rust 语言 ',TO_DATE('2016-1-8',
'yyyy-mm-dd'));
--查询books表
SELECT * FROM books;
```

运行部分结果如图 6-8 所示。

	ISBN	BOOKNAME	PUBDATE	QUANTITY	BCOST	BRETAIL	BCATEGORY
1	2	R语言	2017/10/8	0			
2	3	C++语言	2018/8/18	20	22	79	computer
3	4	XML语言	2018/10/18	21	211	69	computer
4	5	HTML语言	2018/8/8	22	20	59	computer
5	6	CSS语言	2018/6/8	23	30	49	computer
6	7	JavaScript语言	2018/4/3	24	41	39	computer
7	8	Android	2017/7/6	25	19	28	computer
8	9	Java语言	2018/8/8	26	29	65	computer
9	12	MATLIB语言	2018/8/12	10	11	9	computer
10	13	Go语言	2016/1/8	0			
11	14	Rust语言	2016/1/8	0			

图 6-8　示例 6.8 运行结果

要求用户关闭原事务（关闭原 SQL 窗口），并开启新事务（新建一个 SQL 窗口）后，重新使用 SELECT 查询语句查看运行结果。

```
SELECT * FROM books;
```

运行部分结果如图 6-9 所示。

	ISBN	BOOKNAME	PUBDATE	QUANTITY	BCOST	BRETAIL	BCATEGO
1	2	R语言	··· 2017/10/8 ▾	0			
2	3	C++语言	··· 2018/8/18 ▾	20	22	79	computer
3	4	XML语言	··· 2018/10/18 ▾	21	211	69	computer
4	5	HTML语言	··· 2018/8/8 ▾	22	20	59	computer
5	6	CSS语言	··· 2018/6/8 ▾	23	30	49	computer
6	7	JavaScript语言	··· 2018/4/3 ▾	24	41	39	computer
7	8	Android	··· 2017/7/6 ▾	25	19	28	computer
8	9	Java语言	··· 2018/8/8 ▾	26	29	65	computer
9	12	MATLIB语言	··· 2018/8/12 ▾	10	11	9	computer
0	13	Go语言	··· 2016/1/8 ▾	0			

图 6-9　开启新会话查看运行结果

由以上案例结果，可以看出前两条记录真正更新到表中，第 3 条数据未提交成功。

2. ROLLBACK 语句回滚事务

回滚事务一般情况下将回滚到事务的开始，即对数据库不做任何修改。

ROLLBACK 把用户操作（添加、删除、修改操作）回滚，将数据库恢复到执行数据操作之前的状态。

【示例 6.9】要求用户新建一个会话（新建 SQL 窗口），该会话中的数据操作在同一个事务中，用户使用 INSERT 语句向 books 表中添加一条数据，并使用 ROLLBACK 语句回滚事务，使用 SELECT 查询语句查看运行结果。

```
INSERT INTO books VALUES(15,'iOS 开发技术',TO_DATE('2018-8-12','yyyy-mm-dd'),10,11,9.25,
'computer');
--查询 books 表
SELECT * FROM books;
```

运行部分结果如图 6-10 所示。

	ISBN	BOOKNAME	PUBDATE	QUANTITY	BCOST	BRETAIL	BCATEGOR
1	2	R语言	··· 2017/10/8 ▾	0			
2	3	C++语言	··· 2018/8/18 ▾	20	22	79	computer
3	4	XML语言	··· 2018/10/18 ▾	21	211	69	computer
4	5	HTML 语言	··· 2018/8/8 ▾	22	20	59	computer
5	6	CSS语言	··· 2018/6/8 ▾	23	30	49	computer
6	7	JavaScript语言	··· 2018/4/3 ▾	24	41	39	computer
7	8	Android	··· 2017/7/6 ▾	25	19	28	computer
8	9	Java语言	··· 2018/8/8 ▾	26	29	65	computer
9	15	iOS开发技术	··· 2018/8/12 ▾	10	11	9	computer
10	12	MATLIB语言	··· 2018/8/12 ▾	10	11	9	computer
11	13	Go语言	··· 2016/1/8 ▾	0			
12	14	Rust语言	··· 2016/1/8 ▾	0			

图 6-10　INSERT 语句运行后结果

```
ROLLBACK;--执行事务回滚
--查询 books 表
SELECT * FROM books;
```

运行部分结果如图 6-11 所示。

3. SAVEPOINT 设置保存点

保存点是事务中的一点。用于取消部分事务，当结束事务时，会自动删除该事务所定义的所有保存点。结合 ROLLBACK 命令，当执行 ROLLBACK 时，通过指定保存点可以回退到指定的点。

图 6-11　ROLLBACK 运行后查询结果

【**示例 6.10**】要求用户新建一个会话（新建 SQL 窗口），该会话中的数据操作在同一个事务中，用户使用 INSERT 语句向 books 表中添加 3 条数据，并使用 SAVEPOINT 设置 3 个保存点，分别为 a1、a2、a3，在同一事务下，结合 ROLLBACK 命令，可以回退到指定保存点。

```
INSERT INTO books VALUES(16,'组成原理 1',TO_DATE('2018-8-12','yyyy-mm-dd'),10,11,9.25,
'computer');
    SAVEPOINT a1;

    INSERT INTO books VALUES(17,'组成原理 2',TO_DATE('2018-8-12','yyyy-mm-dd'),10,11,9.25,
'computer');
    SAVEPOINT a2;

    INSERT INTO books VALUES(18,'组成原理 3',TO_DATE('2018-8-12','yyyy-mm-dd'),10,11,9.25,
'computer');
    SAVEPOINT a3;
    --同一事务下，查询 books 表
    SELECT * FROM books;
```

运行部分结果如图 6-12 所示。

图 6-12　INSERT 运行后结果

```
ROLLBACK TO a2;--返回到保存点 a2 之前
SELECT * FROM books;
```

运行部分结果如图 6-13 所示。

要求用户关闭原会话（关闭原 SQL 窗口），并开启新会话（新建一个 SQL 窗口）后，利用 SELECT 查询语句查看到数据已成功插入数据库。

```
--新会话下，查询 books 表
SELECT * FROM books;
```

	ISBN	BOOKNAME	PUBDATE	QUANTITY	BCOST	BRETAIL	BCATEGOR
1	2	R语言	2017/10/8	0			
2	3	C++语言	2018/8/18	20	22	79	computer
3	4	XML语言	2018/10/18	21	211	69	computer
4	5	HTML语言	2018/8/8	22	20	59	computer
5	6	CSS语言	2018/6/8	23	30	49	computer
6	7	JavaScript语言	2018/4/3	24	41	39	computer
7	8	Android	2017/7/6	25	19	28	computer
8	8	Java语言	2018/8/8	26	29	65	computer
9	16	组成原理1	2018/8/12	10	11	9	computer
10	12	MATLIB语言	2018/8/12	10	11	9	computer
11	13	Go语言	2016/1/8	0			
12	14	Rust语言		0			
13	17	组成原理2	2018/8/12	10	11	9	computer

图 6-13 ROLLBACK TO 运行结果

运行部分结果如图 6-14 所示。

	ISBN	BOOKNAME	PUBDATE	QUANTITY	BCOST	BRETAIL
1	2	R语言	2017/10/8	0		
2	3	C++语言	2018/8/18	20	22	79
3	4	XML语言	2018/10/18	21	211	69
4	5	HTML语言	2018/8/8	22	20	59
5	6	CSS语言	2018/6/8	23	30	49
6	7	JavaScript语言	2018/4/3	24	41	39
7	8	Android	2017/7/6	25	19	28
8	9	Java语言	2018/8/8	26	29	65
9	12	MATLIB语言	2018/8/12	10	11	9
10	13	Go语言	2016/1/8	0		
11	14	Rust语言	2016/1/8	0		

图 6-14 新建会话并查询

6.3.2 隐式控制

隐式控制指事务在遇到一条 DDL 命令（如 CREATE），或者遇到一条 DCL 命令（如 GRANT），或者从 PLSQL Developer 正常退出，即使没有发出 COMMIT 或 ROLLBACK 命令，这个事务也将被自动提交。例如，用户将一些记录添加到一个表中，然后创建一个新表，将自动提交在 DDL 命令之前添加的记录。如果从 PLSQL Developer 非正常退出或发生系统崩溃，那么系统将自动回滚事务。

【示例 6.11】在用户向 books 表中添加记录时，创建一个新表 books3，此时，将自动提交在 CREATE TABLE 之前添加的记录。

```
INSERT INTO books VALUES(19,'网络',
TO_DATE('2008-8-12','yyyy-mm-dd'),210,19,25, 'computer');
INSERT INTO books VALUES(20,'网络2',
TO_DATE('2009-1-21','yyyy-mm-dd'),190,93,92,'computer');
CREATE TABLE books3
(
isbn NUMBER(5) PRIMARY KEY,
bookname VARCHAR2(20) NOT NULL,
pubdate DATE NOT NULL,
quantity NUMBER(5)  DEFAULT 0,
bcost NUMBER(5),
bretail NUMBER(5),
bcategory VARCHAR2(20)
);
```

运行部分结果如图 6-15 所示。

	ISBN	BOOKNAME	PUBDATE	QUANTITY	BCOST	BRETAIL	BCATEGOR
1	2	R语言	2017/10/8	0			
2	3	C++语言	2018/8/18	20	22	79	computer
3	4	XML语言	2018/10/18	21	211	69	computer
4	5	HTML语言	2018/8/8	22	20	59	computer
5	6	CSS语言	2018/6/8	23	30	49	computer
6	7	JavaScript语言	2018/4/3	24	41	39	computer
7	8	Android	2017/7/6	25	19	28	computer
8	9	Java语言	2018/8/8	26	29	65	computer
9	19	网络	2008/8/12	210	19	25	computer
10	12	MATLIB语言	2018/8/12	10	11	9	computer
11	20	网络2	2009/1/21	190	93	92	computer
12	13	Go语言	2016/1/8	0			
13	14	Rust语言	2016/1/8	0			

图 6-15　插入记录并新建表格运行结果

数据控制语言

6.4　数据控制语言

　　数据控制语言（DCL）用来对数据库使用者赋予和撤销访问数据库权限的设置。常见的数据控制语言包括使用 GRANT 语句赋予权限，使用 REVOKE 语句收回权限。关于数据控制语言的详细说明请参见 16.2 节。

6.5　Oracle 中的锁

　　锁出现在数据共享环境中，它是一种机制，当同一时刻多个用户同时操作某个资源时，该机制可实现对并发访问的控制，消除多用户同时操作同一资源的隐患。例如，锁在保护正被修改的数据，直到用户 a 提交了或回滚了事务以后，其他用户才可以对表上的数据进行修改或更新，但是其他用户可以对该数据进行 SELECT 访问，如图 6-16 所示。锁有 3 个特性，具体如下。

　　（1）一致性：一次只允许一个用户修改数据。

　　（2）完整性：为所有用户提供正确的数据。如果一个用户进行了修改并保存，所做的修改将反映给所有用户。

　　（3）并行性：允许多个用户访问同一数据。

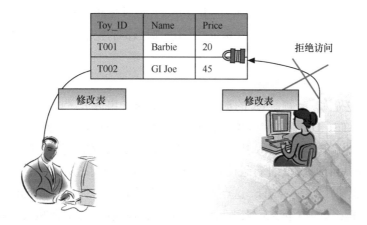

图 6-16　锁的概念

Oracle 中的锁按照操作对象来进行划分，可分为 DDL 锁和 DML 锁。

6.5.1　DDL 锁

DDL 锁

DDL 锁又称为数据字典锁，会被 Oracle 自动发布和释放，是为保护对象的结构而定义的。当执行 DDL 操作时，Oracle 会自动地隐式提交一次事务，自动为要处理的数据库对象加上锁，当操作结束时，也会自动地隐式提交一次事务并释放锁。DDL 锁定不能被显式地请求，只有当对象结构被修改或者被引用时，才会在对象上添加 DDL 锁定。可以将 DDL 锁分为排他 DDL 锁、共享 DDL 锁、分析锁。

在讲解排他 DDL 锁、共享 DDL 锁之前，先介绍是排他锁、共享锁的概念。Oracle 中有 2 种模式的锁，分别是排他锁、共享锁。排他锁（X 锁）又称为写锁。若事务 T 对数据对象 A 加上 X 锁，事务 T 可以读 A 也可以修改 A，其他事务不能再对 A 加任何锁，直到 T 释放 A 上的锁。这保证了其他事务在 T 释放 A 上的锁之前不能再读取和修改 A。共享锁（S 锁）又称读锁，若事务 T 对数据对象 A 加上 S 锁，则事务 T 可以读 A 但不能修改 A，其他事务只能再对 A 加 S 锁，而不能加 X 锁，直到 T 释放 A 上的 S 锁。这保证了其他事务可以读 A，但在 T 释放 A 上的 S 锁之前不能对 A 做任何修改。

（1）排他 DDL 锁：与排他锁的概念相同，只不过是使用 DDL 语句时获得必要的排他锁。如果对象加上该类型的锁，则对象不能被其他会话修改，也不能再增加其他类型的 DDL 锁。

（2）共享 DDL 锁：该类型的锁主要是保护对象的结构，其他会话不能修改该对象的结构，但允许修改数据。共享 DDL 锁的常见情形为创建存储过程时，会尝试为所有涉及的表添加共享 DDL 锁，这会允许类似的 DDL 操作并发，但也会阻止所有想要获取排他 DDL 锁的会话。

（3）分析锁：Oracle 使用共享池存储分析与优化过的 SQL 语句及 PL/SQL 程序，使运行相同语句的应用速度更快。一个在共享池中缓存的对象获得它所引用数据库对象的分析锁。分析锁是一种独特的 DDL 锁类型，Oracle 使用它追踪共享池对象及它所引用数据库对象之间的依赖关系。当一个事务修改或删除了共享池持有分析锁的数据库对象时，Oracle 使共享池中的对象作废，下次再引用这条 SQL 语句时，Oracle 重新分析编译此语句。

6.5.2　DML 锁

DML 锁

DML 锁是在事务处理开始时被施加，而事务处理完成时被释放（使用 COMMIT 或者 ROLLBACK 时被释放），主要作用是保证并发访问时数据的完整性，可以将 DML 锁细分为行级锁和表级锁。

1.　行级锁

行级（TX）锁也称为事务锁。TX 的本义是 Transaction（事务），当一个事务第一次执行数据更改（INSERT、UPDATE、DELETE）或使用 SELECT…FOR UPDATE 语句进行查询时，它即获得一个 TX（事务）锁，直至该事务结束（执行 COMMIT 或 ROLLBACK 操作）时，该锁才被释放。注意，自动获得 TX 锁是排他锁，因此行级锁属于排他锁。在同一个事务中，无论是锁定一行还是百万行，对于 Oracle 来说锁开销是一样的。这点可能与其他数据库不一样（例如 SQL Server），原因是针对 Oracle 的每行数据都有一个标志位来表示该行数据是否被锁定。这样就极大地减少了行级锁的维护开销，也不可能出现锁升级。数据行上的锁标志一旦被置位，就表明该行数据被加 X 锁。

行级锁只包含一种类型的锁，如表 6-1 所示。

表 6-1　行级锁

锁描述	解释	相关 SQL 操作
Exclusive row lock(X)	行级独占锁	INSERT、DELETE、UPDATE、SELECT...FOR UPDATE

如果用户使用 SELECT...FOR UPDATE 进行查询，在 SELECT 执行语句后加上 FOR UPDATE 就会实现加锁操作。注意，当使用 SELECT...FOR UPDATE 锁定某个表时，其他用户不可以再进行删除或修改操作，但是可以进行插入操作且该语句允许用户一次锁定多条记录进行更新。

【示例 6.12】当用户 b 想要修改的某一行已经被用户 a 加上了锁，那么用户 b 只能进入等待状态，直到用户 a 完成修改（COMMIT / ROLLBACK）才能执行用户 b 想要执行的操作。

为了避免用户 b 无限制地等待下去，有两种解决办法。

① 用户 b 在执行 SELECT...FOR UPDATE wait 时间（s） 就可以设定自己想要等待的时间，按秒计算，则：

```
SELECT * FROM books WHERE isbn=1 FOR UPDATE wait 5;
```

② 若不想等待（nowait），则：

```
SELECT * FROM books WHERE isbn=1 FOR UPDATE nowait;
```

2. 表级锁

表级（TM）锁主要是防止在修改表的数据时，表结构也发生改变，如会话 1 在修改表 A 的数据时会得到表 A 的 TM 锁，此时将不允许会话对该表进行变更和或删除等操作。

【示例 6.13】新建会话 1，用户实现修改 books 表中的某个记录。

```
UPDATE books
SET bookname ='ASP 语言'
WHERE isbn =2
```

此时已经锁定了 book 表，表级锁不允许在事务结束之前其他会话对 books 表进行 DDL 操作。

新建会话 2，用户删除 books 表操作。

```
DROP TABLE books
```

执行后表级锁起作用，提示错误信息，如图 6-17 所示。

表级锁包含以下类型的锁，如表 6-2 所示。

图 6-17　表级锁效果

表 6-2　表级锁

锁描述	解释	相关 SQL 操作
NONE	不存在锁	
NULL	空锁，不与其他任何锁发生冲突	Select
Row Share(RS)	行级共享锁，该模式下不允许其他的并行会话对同一个表使用排他锁，但允许其利用 DML 语句和 lock 命令锁定同一个表的其他记录	lock table in row share mode、lock table in share update mode
Row Exclusive Table lock(RX)	行级排他锁，该模式下允许并行会话对同一个表的其他数据进行修改，但不允许并行会话对同一个表使用排他锁	insert、delete、update、select...for update、lock table in row exclusive mode

续表

锁描述	解释	相关 SQL 操作
Share Table Lock(S)	表级共享锁，该模式下，不允许会话更新表，但允许对表添加 RS 锁	create index、lock table in share mode
Share Row Exclusive Table lock(SRX)	共享行级排他锁，该模式下，不能对同一个表进行 DML 操作，也不能添加 S 锁	lock table in share row exclusive table
Exclusive Table lock(X)	表级排他锁，该模式下，其他的并行会话不能对表进行 DML 和 DDL 操作，该表只能读	lock table in exclusive mode、alter/drop table、drop index、truncate table

表级锁不同模式之间相互的兼容关系，如表 6-3 所示，其中 Y 表示兼容，N 表示冲突。

表 6-3　表级锁 6 种模式之间的兼容关系

模式	RS	RX	S	SRX	X	NULL
RS	Y	Y	Y	Y	N	Y
RX	Y	Y	N	N	N	Y
S	Y	N	Y	N	N	Y
SRX	Y	N	N	N	N	Y
X	N	N	N	N	N	Y
NULL	Y	Y	Y	Y	Y	Y

在 Oracle 中除了执行 DML 时，自动为表添加 TM 锁外，还可以手动为表添加 TM 锁。具体语法如下：

```
LOCK TABLE [schema.] table  IN
[EXCLUSIVE]
  [SHARE]
  [ROW EXCLUSIVE ]
[SHARE ROW EXCLUSIV]
[ROW SHARE* |  SHARE UPDATE*]
MODE [NOWAIT]
```

如果要释放表，需要使用 ROLLBACK 命令。

6.5.3　锁冲突和死锁

锁冲突和死锁

1. 锁冲突

在某种情况下，由于占用的资源不能及时释放，从而造成锁冲突，也叫锁等待，这会严重影响数据库性能和日常工作。例如，当一个会话修改表 A 的记录时，它会对记录加锁，而此时如果另一个会话也来修改此记录，那么第二个会话得不到排他锁，而会一直等待，此时执行 SQL 会出现数据库长时间没有响应，直到第一个会话提交事务，释放锁，第二个会话才能对数据进行操作。

【示例 6.14】新建会话 1，用户实现修改 books 表中的某个记录。

```
UPDATE books
SET bookname ='ASP 语言'
WHERE isbn =2
```

执行成功，但事务未提交，另外新建会话 2，同样执行上方 SQL 语句。此时将一直等待，直至会话 1 事务结束。

2. 使用 SQL 语句解决锁冲突问题

（1）先查找持有锁的对象：

```
SELECT a.sid, b.spid
FROM
(select s.sid, s.paddr from v$session s,v$lock l WHERE l.sid = s.sid and l.block=1) a,
v$process b where a.paddr=b.addr
```

（2）kill（杀掉）相应的 session（会话）进程，从而解决死锁问题。

```
alter system kill session 'sid,serial#';
```

具体执行过程如图 6-18 所示。

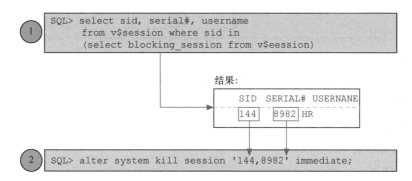

图 6-18　解决锁冲突过程

3. 死锁

当两个事务相互等待对方释放资源时，就会形成死锁，Oracle 会自动检测死锁，并通过结束其中的一个事务来解决死锁。

一旦出现死锁现象，Oracle 会提示错误信息，并记录在数据库的日志文件 alertSID.log 中。

4. 预防死锁

死锁不能避免，但可预防，以最大程度地保证数据库的可用性。以下是一些常用的预防死锁的措施。

（1）经常提交以避免长时间锁定行。

（2）避免使用 LOCK 命令锁定表。

（3）在非高峰期间执行 DDL 操作。

（4）在非高峰期间执行长时间运行的查询或者事务。

（5）仔细设计防止锁争用事务。

（6）监控死锁发生的频率并解决。

（7）当死锁发生时通过回滚事务 ROLLBACK 或者终止会话解决。

本 章 小 结

本章主要讲解 DML、TCL、DCL 的常用命令和 Oracle 中常用的锁。向现有表中添加记录使用 INSERT 命令、修改表中现有的行使用 UPDATE 命令、删除记录使用 DELETE 命令，执行事务控制语句 COMMIT、ROLLBACK、SAVEPOINT 命令，常用的数据控制语言包括 GRANT、REVOKE。Oracle 中常用的锁按照操作对象划分，可以分为 DDL 锁和 DML 锁，熟练运用锁机制，尽量避免锁冲突和死锁问题是关键。在本章的学习中，读者应尽可能多地运用以上知识练习，加强记忆，以达到熟能生巧的目的。

习 题

一、选择题

1. 在 Oracle 中，通过命令（　　　）可以释放锁。
   A. INSERT
   B. DELETE
   C. ROLLBACK
   D. UNLOCK
2. 在 Oracle 中，关于锁，下列描述不正确的是（　　　）。
   A. 锁用于在用户之间控制对数据的并发访问
   B. 可以将锁归类为行级锁和表级锁
   C. INSERT、UPDATE、DELETE 语句自动获得行级锁
   D. 同一时间只能有一个用户锁定一个特定的表

二、填空题

1. 常用的 DML 有_____、_____、_____。
2. 常用的 TCL 有_____、_____、_____。
3. 常用的 DCL 有_____、_____。

三、简答题

1. 创建一个表，该表和 employees 表有相同的表结构，但为空表。
2. 把 employees 表中 80 号部门的所有数据复制到 emp2 表中。
3. 删除 108 号员工所在部门中工资最低的员工。

上 机 指 导

根据要求创建表并进行相关操作。

（1）按如下要求创建表 class1 和 student1，将建表语句和添加约束的语句写在题目后面。

Class1 表

属性	类型（长度）	默认值	约束	注释
classno	数值（2）	无	主键	班级编号
cname	变长字符（10）	无	非空	班级名称

student1 表

属性	类型（长度）	默认值	约束	注释
stuno	数值（8）	无	主键	学号
sname	变长字符（12）	无	非空	姓名
sex	字符（2）	男	无	性别
birthday	日期	无	无	生日
email	变长字符（20）	无	唯一	电子邮件
score	数值（5，2）	无	检查（0<=成绩<=100）	成绩
classno	数值（2）	无	外键	关联到表 class1 的 classno 主键 班级

（2）将以下数据加入 class1 表中。

classno	cname
1	一班
2	二班
3	三班
4	四班

（3）向 student1 中插入如下数据。

stuno	sname	sex	birthday	email	score	classno
1	tom	男	1995-2-3	tom@163.net	89.5	1
2	jerry	默认值			88	2
3	alice	女	1992-2-5	alice@163.com		3

（4）修改表 student1 的数据，将一班所有的学生成绩加 10 分。

（5）删除表 student1 的数据，将三班所有出生日期小于 1991 年 5 月 12 日的学生记录删除，并执行回滚操作。

（6）将 student1 表中的字段名 sname 修改为 stuname。

（7）查询 student1 表中三班所有成绩为空的学生记录。

07

第7章 基本 SQL 查询

学习目标

- 掌握简单 SQL 查询的方法。
- 掌握 WHERE 子句的使用方法。
- 掌握 ORDER BY 子句的使用方法。
- 理解伪列的概念和使用方法。
- 掌握多种聚合函数的使用方法。
- 掌握 GROUP BY 子句的使用方法。
- 掌握 HAVING 子句的使用方法。

7.1 简单 SQL 查询

在 SQL 语句中，数据查询语句 SELECT 是使用频率最高、用途最广泛的语句。它由许多子句组成，通过这些子句可以完成选择、投影、连接等各种运算，达到用户所需的最终数据结果。例如，选择运算是通过 WHERE 子句来完成的，投影运算是通过在 SELECT 子句中指定列名称完成的。

7.1.1 SELECT 语句的基本语法

SELECT 语句中最主要的部分是 SELECT 和 FROM 关键字，这两项是查询中必需的，其他子句是可选项。SELECT 语句的主要语法结构如下，其中大写单词是 Oracle 关键字（如 SELECT、FROM、WHERE 等），关键字开始的每一部分都称为一个子句，具体语法如下。

```
SELECT [DISTINCT|UNIQUE](*,columnname[AS alias],…)
FROM tablename
[WHERE condition]
[GROUP BY group_by_expression]
[HAVING group_condition]
[ORDER BY columnname];
```

SELECT 语句的参数说明如下（方括号内是可选项）。

- SELECT：查询动作关键字，也是必需关键字。
- [DISTINCT|UNIQUE]：描述列表字段中的数据是否去除重复记录。
- (*,columnname[AS alias],…)：需要查询的字段列表，也可以是占位符，可以是一个字段，也可以是多个字段。

SELECT 语句的
基本语法

- FROM：必需关键字，表示数据的来源。
- [WHERE condition]：查询的 WHERE 条件部分。
- [GROUP BY group_by_expression]：GROUP BY 子句部分，用来进行分组。
- [HAVING group_condition]：HAVING 子句部分，通常与 GROUP BY 子句一起使用，限制搜索条件。
- [ORDER BY columnname]：排序子句部分，用于对查询结果进行排序。

仅含有 SELECT 子句和 FROM 子句的查询是简单 SQL 查询，SELECT 子句和 FROM 子句是查询语句的必选项。其中，SELECT 子句用于查询所需字段，可以指定具体列名或使用 "*" 标识查询所有列；FROM 子句则指定数据来源，后面跟随表名或是视图名。下面配合案例说明 SELECT 语句的基本用法。

1. 选择表中所有数据

使用 "*" 标识可以查询所有列。

【示例 7.1】查询 books 表中所有数据。(books 表结构和数据请参见 6.1 节)

```
SELECT * FROM books;
```

运行结果如图 7-1 所示。

	ISBN	BOOKNAME	PUBDATE	QUANTITY	BCOST	BRETAIL	BCATEGORY
1	1	Python语言	2017/8/8	50	21	98	computer
2	2	R语言	2017/10/8	0			
3	3	C++语言	2018/8/18	20	22	79	computer
4	4	XML语言	2018/10/18	21	211	69	computer
5	5	HTML语言	2018/8/8	22	20	59	computer
6	6	CSS语言	2018/6/8	23	30	49	computer
7	7	JavaScript语言	2018/4/3	24	41	39	computer
8	8	Android	2017/7/6	25	19	28	computer
9	9	Java语言	2018/8/8	26	29	65	computer

图 7-1 查询 books 表中所有数据的列表

其中，SELECT 子句中的 "*" 代表表中所有的列，该语句将 FROM 子句中指定的 books 表的所有数据检索出来。

2. 查询表中指定的列

在 Oracle 中，可以只在结果中返回特定的列。SELECT 语句中选择特定列被称为 "投影" (Projection)。可以选择表中的一列，也可以选择多个列或者所有的列。

【示例 7.2】查看所有图书的名称。

```
SELECT BOOKNAME FROM books;
```

运行结果如图 7-2 所示。

3. 从表中选择多列

SELECT 语句的 SELECT 子句中需要指定多个列时，多个列之间使用逗号分隔。列与列之间可以加入空格来提高可读性。

【示例 7.3】查看 books 表中所有图书的名称和出版日期。

```
SELECT BOOKNAME,PUBDATE FROM books;
```

运行结果如图 7-3 所示。

	BOOKNAME	
1	Python语言	...
2	R语言	...
3	C++语言	...
4	XML语言	...
5	HTML语言	...
6	CSS语言	...
7	JavaScript语言	...
8	Android	...
9	Java语言	...

	BOOKNAME	PUBDATE	
1	Python语言	2017/8/8	▼
2	R语言	2017/10/8	▼
3	C++语言	2018/8/18	▼
4	XML语言	2018/10/18	▼
5	HTML语言	2018/8/8	▼
6	CSS语言	2018/6/8	▼
7	JavaScript语言	2018/4/3	▼
8	Android	2017/7/6	▼
9	Java语言	2018/8/8	▼

图 7-2 查询 books 表中所有图书的名称   图 7-3 查询 books 表中所有图书的名称和出版日期

7.1.2 FROM 子句指定数据源

SELECT 语句指定要从数据源（如表或视图）返回的数据。SELECT 语句使用 FROM 子句指定查询中包含的行和列所在的数据源。FROM 子句的语法格式如下：

```
[FROM {table_name1|view_name1}[(optimizer_hints)]
[,{table_name2|view_name2}[(optimizer_hints)]
[...,{table_name5|view_name5}[(optimizer_hints)]
```

所有的数据库对象（包含表）都隶属于某一个模式的对象，如果查询当前模式下的数据库表时，直接使用表名即可，默认查询的就是当前模式下的数据库对象，如示例 7.4 所示。如果查询其他模式下的对象，则需要指定该模式对象名称。

【示例 7.4】查询模式 scott 下 EMP 表中的所有数据。

```
SELECT * FROM scott.emp;
```

运行结果如图 7-4 所示。

	EMPNO	ENAME	JOB	MGR	HIREDATE	SAL	COMM	DEPTNO
1	7369	SMITH	CLERK	7902	1980/12/17 ▼	800.00		20
2	7499	ALLEN	SALESMAN	7698	1981/2/20 ▼	1600.00	300.00	30
3	7521	WARD	SALESMAN	7698	1981/2/22 ▼	1250.00	500.00	30
4	7566	JONES	MANAGER	7839	1981/4/2 ▼	2975.00		20
5	7654	MARTIN	SALESMAN	7698	1981/9/28 ▼	1250.00	1400.00	30
6	7698	BLAKE	MANAGER	7839	1981/5/1 ▼	2850.00		30
7	7782	CLARK	MANAGER	7839	1981/6/9 ▼	2450.00		10
8	7788	SCOTT	ANALYST	7566	1987/4/19 ▼	3000.00		20
9	7839	KING	PRESIDENT		1981/11/17 ▼	5000.00		10
10	7844	TURNER	SALESMAN	7698	1981/9/8 ▼	1500.00	0.00	30
11	7876	ADAMS	CLERK	7788	1987/5/23 ▼	1100.00		20
12	7900	JAMES	CLERK	7698	1981/12/3 ▼	950.00		30
13	7902	FORD	ANALYST	7566	1981/12/3 ▼	3000.00		20
14	7934	MILLER	CLERK	7782	1982/1/23 ▼	1300.00		10

图 7-4 查询模式 scott 下 EMP 表中的数据

在实际应用中，有时需要多表联合查询，所以 FROM 子句中需同时指定多个表，表名之间使用逗号（,）分隔。多表联合查询将在第 8 章详细讲解，具体案例请参见第 8 章。

7.1.3 SELECT 语句中的运算符

下面以使用算术运算符为例讲解，其他运算符讲解详见第 9 章。

在使用 SELECT 语句时，对于数字数据和日期数据都可以使用算术表达式。在 SELECT 子句中可以使用+、-、*、/这样的算术运算，Oracle 中遵循以下算术运算规则。

SELECT 语句中的运算符

（1）乘法和除法优先级较高，加法和减法优先级较低，同优先级则从左向右依次进行计算。

（2）可以使用括号“( )”改变计算顺序。企业应用中经常把先做的运算用括号括起来。

【示例 7.5】 获取每本书所产生的利润。

books 表包含两个可以用来计算利润的字段：BCOST 和 BRETAIL。一本书的利润是书店为该书支付的金额（成本）与书的销售价格（零售价）之间的差值。

```
SELECT BOOKNAME,BRETAIL-BCOST FROM books;
```

运行结果如图 7-5 所示。

当使用 SELECT 语句查询数据库时，其查询结果集中的数据列名默认为表中的列名。为了提高查询结果集的可读性，可以在查询结果集中为列指定别名。例如在示例 7.5 中，计算出每本书的利润后，结果集中利润的列名为“BRETAIL-BCOST”，为了提高结果集的可读性，可以使用关键字 AS 为它指定一个别名“PROFIT”（AS 关键字可以省略）。

【示例 7.6】 为示例 7.5 中的“BRETAIL-BCOST”列指定别名“PROFIT”。

使用 AS 关键字指定别名：

```
SELECT BOOKNAME,BRETAIL-BCOST AS PROFIT FROM books;
```

省略 AS 关键字指定别名：

```
SELECT BOOKNAME,BRETAIL-BCOST PROFIT FROM books;
```

运行结果如图 7-6 所示。

	BOOKNAME	BRETAIL-BCOST
1	Python语言	77
2	R语言	
3	C++语言	57
4	XML语言	-142
5	HTML语言	39
6	CSS语言	19
7	JavaScript语言	-2
8	Android	9
9	Java语言	36

图 7-5　获取每本书所产生的利润

	BOOKNAME	PROFIT
1	Python语言	77
2	R语言	
3	C++语言	57
4	XML语言	-142
5	HTML语言	39
6	CSS语言	19
7	JavaScript语言	-2
8	Android	9
9	Java语言	36

图 7-6　为列指定别名

7.1.4　DISTINCT 关键字

DISTINCT 关键字

在默认情况下，结果集中会包含所检索到的所有数据行，而这些数据行中有些数据行可能完全一样。有时结果集中的重复行不仅没有有价值的信息，而且还会影响程序的运行，例如查询所有的书的分类，就会出现大量的重复结果。如果希望删除结果集中重复的行，可以在 SELECT 子句中使用 DISTINCT 关键字。

【示例 7.7】 查询 books 表中书的分类信息。

由于同一分类有多本书，相应在 books 表的 BCATEGORY 列中就会出现重复的值。假设现在要检索该表中出现的所有书分类，这时不希望有重复的书分类出现，就可以在 BCATEGORY 列前面加上关键字 DISTINCT，确保不出现重复的书分类，SQL 语句如下。

```
SELECT DISTINCT BCATEGORY FROM books;
```

查询结果如图 7-7 所示。

若不使用关键字 DISTINCT，则将在查询结果中集中显示表中每一行的书分类，包括重复的书分类，如图 7-8 所示。

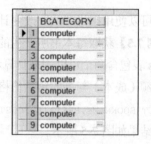

图 7-7　使用 DISTINCT 关键字检索 books 表中的书分类　　图 7-8　不使用 DISTINCT 关键字检索 books 表中的书分类

7.2　WHERE 子句

WHERE 子句用于筛选符合条件的数据。使用 WHERE 子句后，将对查询结果行进行条件判断，只有满足 WHERE 子句中的判断条件才会被显示，而不满足 WHERE 条件的行将不出现在结果集中。在 SELECT 语句中，WHERE 子句位于 FROM 子句之后，其语法格式如下所示。

```
SELECT columnlist
FROM tablename
WHERE condition;
```

其中，CONDITION 为查询结果应满足的判断条件，即条件表达式。

7.2.1　条件表达式

在 CONDITION 中可以用运算符对值进行比较，可用的运算符如下所示。

（1）A=B：表示如果 A 和 B 的值相等，结果为 TRUE。

（2）A>B：表示如果 A 大于 B 的值，结果为 TRUE。

（3）A<B：表示如果 A 小于 B 的值，结果为 TRUE。

（4）A!=B 或者 A<>B：表示如果 A 不等于 B 的值，结果为 TRUE。

（5）A LIKE B：LIKE 是匹配运算符。表示，如果 A 的值匹配 B 的值，则该判断条件为 TRUE。在 LIKE 表达式中可以使用通配符。Oracle 支持的通配符为："%"表示任意多个字符，"_"表示任意一个字符。

（6）NOT<条件表达式>：NOT 运算符用于对结果取反。

【示例 7.8】查询所有 BOOKNAME 列以"j"开头的图书信息。

```
SELECT * FROM books WHERE BOOKNAME LIKE 'j%';
```

查询结果如图 7-9 所示。

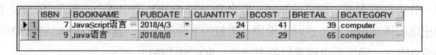

图 7-9　BOOKNAME 列以"j"开头的图书信息

7.2.2　连接运算符

在 WHERE 子句中可以使用连接运算符将各个表达式关联起来，组成复合判断条件。常用的连接运算符有 AND 和 OR。使用 AND 运算符时只有当运算符两边的表达式都为 TRUE 时，运算结果才为 TRUE。

【示例 7.9】查询出所有库存量（QUANTITY）大于 25 册且售价（BRETAIL）不低于 50 元的书。

```
SELECT * FROM books WHERE QUANTITY>25 AND BRETAIL>=50;
```

查询结果如图 7-10 所示。

	ISBN	BOOKNAME	PUBDATE	QUANTITY	BCOST	BRETAIL	BCATEGORY
▶ 1	1	Python语言	2017/8/8	50	21	98	computer
2	9	Java语言	2018/8/8	26	29	65	computer

图 7-10 使用 AND 连接符进行查询

如果使用 OR 运算符，则表达式两边任意一个为 TRUE，运算结果值就为 TRUE。

【示例 7.10】查询出所有库存量（QUANTITY）大于 25 册或者售价（BRETAIL）不低于 50 元的书。

```
SELECT * FROM books WHERE QUANTITY>25 OR BRETAIL>=50;
```

查询结果如图 7-11 所示。

	ISBN	BOOKNAME	PUBDATE	QUANTITY	BCOST	BRETAIL	BCATEGORY
▶ 1	1	Python语言	2017/8/8	50	21	98	computer
2	3	C++语言	2018/8/18	20	22	79	computer
3	4	XML语言	2018/10/18	21	211	69	computer
4	5	HTML语言	2018/8/8	22	20	59	computer
5	9	Java语言	2018/8/8	26	29	65	computer

图 7-11 使用 OR 连接符进行查询

7.2.3 NULL 值

在数据库中，NULL 是保留字，是一个特定的术语，用来描述记录中没有内容的字段值，通常也称之为“空”（注意与空格进行区分）。在 Oracle 中，判断某个条件的值时，返回值可能是 TRUE、FALSE，也有可能是 UNKNOWN。例如，查询一个列的值是否等于 20，而该列的值为 NULL，则将 NULL 与 20 进行比较时结果就会为 UNKNOWN。

【示例 7.11】对 books 表插入一条带 NULL 值的记录（前提是该字段值可以为 NULL），当前设置库存量（QUANTITY）为 NULL。

```
INSERT INTO books
  (ISBN, BOOKNAME, PUBDATE, QUANTITY, BCOST, BRETAIL, BCATEGORY)
VALUES
  (10,
  'flume',
  to_date('2018-10-8', 'yyyy-mm-dd'),
  null,
  '40',
  '68',
  'computer');
```

在数据库中 NULL 值是一个特殊的取值，使用“=”对 NULL 值进行查询条件判断是不能得到正确结果的。Oracle 为 NULL 值的判断提供了两个 SQL 运算符，分别是 IS NULL 和 IS NOT NULL，用来判断表达式是否为 NULL。

【示例 7.12】 查询 books 表中库存量（QUANTITY）为 NULL 的记录。

```
SELECT * FROM books WHERE QUANTITY IS NULL;
```

查询结果如图 7-12 所示。

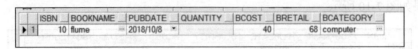

	ISBN	BOOKNAME	PUBDATE	QUANTITY	BCOST	BRETAIL	BCATEGORY
▶ 1	10	flume	2018/10/8		40	68	computer

图 7-12　通过 IS NULL 进行条件查询

7.3　ORDER BY 子句

ORDER BY 子句

在前面介绍的数据查询技术中，只是把数据库中的数据直接从表中取出来。但在某些情况下，我们需要对查询结果集进行排序，例如查询所有学生信息的时候，可能会需要查询出来的所有学生信息按学号从小到大的顺序进行排序。而结果集中数据的排序往往是由数据的存储顺序决定的。特别是当查询结果集比较大的时候，数据的排序显示显得尤为重要。因此对查询结果值进行排序是非常重要的一个任务。

在 Oracle 中，可以使用 ORDER BY 子句实现对查询结果集的排序。其语法格式如下：

```
SELECT columnlist
FROM tablename
ORDER BY [(ORDER_BY_EXPRESSION [ASC|DESC])];
```

其中，ORDER_BY_EXPRESSION 表示待排序的列名，关键字 ASC 表示按照升序排序，DESC 表示按照降序排序，默认升序排序。

【示例 7.13】 查询所有售价（BRETAIL）大于等于 50 元的书，并且按照售价从高到低进行排序。

```
SELECT * FROM books WHERE BRETAIL>=50 ORDER BY BRETAIL DESC;
```

查询结果如图 7-13 所示。

	ISBN	BOOKNAME	PUBDATE	QUANTITY	BCOST	BRETAIL	BCATEGORY
▶ 1	1	Python语言	2017/8/8	50	21	98	computer
2	3	C++语言	2018/8/18	20	22	79	computer
3	4	XML语言	2018/10/18	21	211	69	computer
4	10	Flume	2018/10/8		40	68	computer
5	9	Java语言	2018/8/8	26	29	65	computer
6	5	HTML语言	2018/8/8	22	20	59	computer

图 7-13　使用 ORDER BY 子句对结果集进行排序

ORDER BY 子句只指定一列时称为"主排序"。如果对多个列进行排序，需要在 ORDER BY 子句后指定多个列名并用逗号隔开。这样当输出排序结果时，首先根据第一列进行排序，当第一列的值相同时，再对第二列进行比较排序，依次类推。

【示例 7.14】 查询所有售价（BRETAIL）大于等于 50 元的书，并且按照出版日期（PUBDATE）升序排序，出版日期相同时按售价从高到低进行排序。

```
SELECT * FROM books WHERE BRETAIL>=50 ORDER BY PUBDATE ASC, BRETAIL DESC;
```

查询结果如图 7-14 所示。

	ISBN	BOOKNAME	PUBDATE	QUANTITY	BCOST	BRETAIL	BCATEGORY
1	1	Python语言	2017/8/8	50	21	98	computer
2	9	Java语言	2018/8/8	26	29	65	computer
3	5	HTML语言	2018/8/8	22	20	59	computer
4	3	C++语言	2018/8/18	20	22	79	computer
5	10	Flume	2018/10/8		40	68	computer
6	4	XML语言	2018/10/18	21	211	69	computer

图 7-14　使用 ORDER BY 子句对多个列进行排序

【注意】如果待排序列中同时有数字、字符和 NULL 这三种类型的值时，按升序排序的情况下，值将按"数字→字符值→NULL 值"的顺序列出。降序反之。

7.4　伪列

Oracle 中伪列就像一个表列，但是它并没有存储在表中。伪列可以从表中查询，但不能插入、更新和删除它们的值。常用的伪列有 ROWNUM 和 ROWID。下面分别介绍这两种伪列。

7.4.1　ROWNUM 伪列

ROWNUM 伪列

ROWNUM 是查询返回的结果集中行的序号，可以使用它来限制查询返回的行数。

【示例 7.15】使用 ROWNUM 为查询结果添加序号。

```
SELECT ISBN, BOOKNAME, ROWNUM FROM books;
```

查询结果如图 7-15 所示。

从图 7-15 可以看到，使用 ROWNUM 给查询结果添加了一列从 1 开始的序号，这一列并没有真实存在于表数据当中。那么伪列的作用是什么呢？伪列最常见的用法就是提取部分数据，如下例所示。

【示例 7.16】提取 books 表中前 5 条数据。

```
SELECT ISBN, BOOKNAME, ROWNUM FROM books WHERE ROWNUM<=5;
```

查询结果如图 7-16 所示。

	ISBN	BOOKNAME	ROWNUM
1	1	Python语言	1
2	2	R语言	2
3	3	C++语言	3
4	4	XML语言	4
5	5	HTML语言	5
6	6	CSS语言	6
7	7	JavaScript语言	7
8	8	Android	8
9	9	Java语言	9
10	10	Flume	10

图 7-15　使用 ROWNUM 为查询结果添加序号

	ISBN	BOOKNAME	ROWNUM
1	1	Python语言	1
2	2	R语言	2
3	3	C++语言	3
4	4	XML语言	4
5	5	HTML语言	5

图 7-16　提取 books 表中前 5 条数据

在总记录数非常大，而实际需求只希望查询出部分记录时，ROWNUM 就可以派上用场了，即 ROWNUM 可以用来限制查询返回的总行数。在示例 7.16 中查询了 ROWNUM<=5 的数据，那同理是不是可以查询 ROWNUM=5 或者 ROWNUM>5 的数据呢？具体如下例所示。

【示例 7.17】查询 books 表中 ROWNUM=5 或者 ROWNUM>5 的数据。

```
SELECT ISBN, BOOKNAME, ROWNUM FROM books WHERE ROWNUM=5;
SELECT ISBN, BOOKNAME, ROWNUM FROM books WHERE ROWNUM>5;
```

两条 SQL 语句查询结果都如图 7-17 所示。

books 表中的数据记录数是大于 5 的，所以示例 7.17 并没有达到原本预定想要的结果。这是为什么呢？因为，ROWNUM 是对结果集加的一个伪列，即先查到结果集之后再加上去的一个列（强调先要有结果集）。简单来说，ROWNUM 是对符合条件结果的序列号总是从 1 开始排起的。换一种说法，ROWNUM 是一个序列，是 Oracle 数据库从数据文件或缓冲区中读取数据的顺序。它取得第一条记录，则 ROWNUM 值为 1，第二条为 2，依次类推。如果用>、>=、=这些条件是查询不到数据的，因为从缓冲区或数据文件中得到的第一条记录的 ROWNUM 为 1，不符合查询条件，所以被删除，接着取下条，可是它的 ROWNUM 还是 1，又被删除，依次类推，便没有了数据。

如果想要使示例 7.17 有满足条件的结果集，必须使用子查询。

【示例 7.18】查询 books 表中 ROWNUM>5 的数据。

```
SELECT * FROM (SELECT ISBN, BOOKNAME,ROWNUM NUM FROM books ) WHERE NUM>5;
```

查询结果如图 7-18 所示。

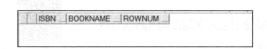

	ISBN	BOOKNAME	NUM
▶ 1	6	CSS语言 ⋯	6
2	7	JavaScript语言 ⋯	7
3	8	Android	8
4	9	Java语言	9
5	10	Flume	10

图 7-17 查询 books 表中 ROWNUM=5 或者 ROWNUM>5 的数据　　图 7-18 使用子查询查询 books 表中 ROWNUM>5 的数据

【注意】子查询的方式暂时还没有介绍，故先针对示例 7.18 做一个简单的解释。首先，查询子句"SELECT ISBN, BOOKNAME,ROWNUM NUM FROM books"的结果，以该结果作为数据集再次进行查询"SELECT * FROM (子结果集) WHERE NUM>5"。后续内容会详细介绍。

在企业应用中 ROWNUM 经常用于分页，通过下面示例进行说明。

【示例 7.19】对 books 查询结果进行分页，5 条记录为一页，请查询第 2 页结果（如果需要查询其他页的数据，将 2 改成其他数字即可）。

```
select *
from (select ROWNUM RM, a.* from books a where ROWNUM <= 2*5 ) b
where b.RM > (2-1)*5;
```

查询结果如图 7-19 所示。

	RM	ISBN	BOOKNAME	PUBDATE	QUANTITY	BCOST	BRETAIL	BCATEGORY
▶ 1	6	6	CSS语言 ⋯	2018/6/8 ▾	23	30	49	computer ⋯
2	7	7	JavaScript语言 ⋯	2018/4/3 ▾	24	41	39	computer
3	8	8	Android	2017/7/6 ▾	25	19	28	computer
4	9	9	Java语言	2018/8/8 ▾	26	29	65	computer
5	10	10	Flume	2018/10/8 ▾	40		68	computer

图 7-19 使用 ROWNUM 进行分页查询

7.4.2 ROWID 伪列

ROWID 用于定位数据库中一条记录的一个相对唯一地址值。通常情况下，该值在该行数据插入到数据库表时即被确定且唯一。ROWID 是一个伪列，并不实际

ROWID 伪列

存在于表中。它是 Oracle 在读取表中数据行时，根据每一行数据的物理地址信息编码而成的一个伪列，所以根据一行数据的 ROWID 能找到一行数据的物理地址信息，从而快速地定位到数据行。与 ROWNUM 不同的是，它是物理存在的，ROWID 是一种数据类型，它使用基于 64 位编码的 18 个字符来唯一标识一条记录物理位置的一个 ID，类似 Java 中一个对象的散列码，都是为了唯一标识对应对象的物理位置。需要注意的是，ROWID 虽然可以在表中进行查询，但是其值并未存储在表中，所以不支持增删改操作。ROWID 的格式如图 7-20 所示。

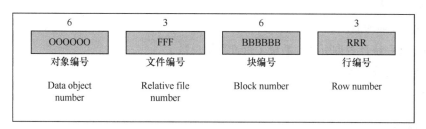

图 7-20　ROWID 的格式

（1）第一部分 6 位表示：该行数据所在的数据对象的 data_object_id。
（2）第二部分 3 位表示：该行数据所在的相对数据文件的 id。
（3）第三部分 6 位表示：该数据行所在的数据块的编号。
（4）第四部分 3 位表示：该行数据的行的编号。

【注意】索引就是保存了 ROWID 后三个部分的信息。索引是物理存在的，而 ROWID 是伪列。所以索引可以用来快速地定位到数据行。

【示例 7.20】查询 books 表中的 ROWID 伪列。

```
SELECT b.*,ROWID FROM books b;
```

查询结果如图 7-21 所示。

	ISBN	BOOKNAME	PUBDATE	QUANTITY	BCOST	BRETAIL	BCATEGORY	ROWID
1	1	Python语言	2017/8/8	50	21	98	computer	AAAR7LAAEAAAACrAAA
2	2	R语言	2017/10/8	0				AAAR7LAAEAAAACrAAB
3	3	C++语言	2018/8/18	20	22	79	computer	AAAR7LAAEAAAACrAAC
4	4	XML语言	2018/10/18	21	211	69	computer	AAAR7LAAEAAAACrAAD
5	5	HTML语言	2018/8/8	22	20	59	computer	AAAR7LAAEAAAACrAAE
6	6	CSS语言	2018/6/8	23	30	49	computer	AAAR7LAAEAAAACrAAF
7	7	JavaScript语言	2018/4/3	24	41	39	computer	AAAR7LAAEAAAACrAAG
8	8	Android	2017/7/6	25	19	28	computer	AAAR7LAAEAAAACrAAH
9	9	Java语言	2018/8/8	26	29	65	computer	AAAR7LAAEAAAACrAAI
10	10	Flume	2018/10/8		40	68	computer	AAAR7LAAEAAAACrAAJ

图 7-21　查询 ROWID 伪列

【示例 7.21】根据 ROWID 值查询唯一记录。

```
SELECT b.* FROM books b WHERE ROWID='AAAR7LAAEAAAACrAAA';
```

查询结果如图 7-22 所示。

	ISBN	BOOKNAME	PUBDATE	QUANTITY	BCOST	BRETAIL	BCATEGORY
1	1	Python语言	2017/8/8	50	21	98	computer

图 7-22　根据 ROWID 值查询唯一记录

7.5 聚合函数

聚合函数也叫组函数，有的地方也叫集合函数，它的数据源一般来自多组数据，但返回的时候一般是一组数据。聚合函数对一组行中的某个列执行计算并返回单一的值。常用的聚合函数有以下几种。

（1）SUM：求和。

（2）AVG：求平均值。

（3）COUNT：统计查询所得行数量（查询数据总数）。

（4）MAX：求最大值。

（5）MIN：求最小值。

7.5.1 SUM 函数

SUM 函数用来计算存储在一组记录的某个数字字段中的总数量，语法格式如下：

SUM 函数

```
SUM([DISTINCT |ALL] 列名)
```

【注意】DISTINCT 关键字表示先去重再计算，ALL 关键字表示对所有记录进行计算，不指定时 Oracle 默认使用 ALL。

【示例 7.22】查询 books 表中的书本总库存量（QUANTITY）。

```
SELECT SUM(QUANTITY) FROM books;
```

查询结果如图 7-23 所示。

7.5.2 AVG 函数

AVG 函数用来计算指定列中的数值的平均值，语法格式如下：

AVG 函数

```
AVG ([DISTINCT |ALL] n)
```

【示例 7.23】获取 books 表中图书的平均售价（BRETAIL）。

```
SELECT AVG (BRETAIL) FROM books;
```

查询结果如图 7-24 所示。

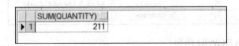

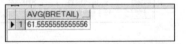

图 7-23　使用 SUM 函数查询 books 表中的书本总库存量　　　图 7-24　books 表中图书的平均售价

7.5.3 COUNT 函数

返回指定字段中包含一个值的行数。如果字段中包含 NULL 值的行不会包括在结果中。要想计算包含 NULL 值的行，参数使用 "*" 而不是字段名称。语法格式如下：

COUNT 函数

```
COUNT (*|[DISTINCT |ALL] c)  --c 表示任何类型的列（数字或非数字）
```

【示例 7.24】使用 COUNT 统计 books 表中记录数。

因为在原来的 **books** 表中 QUANTITY 列有一个 NULL 记录，所以使用 "*" 作为 COUNT 参数统计一次，使用列名称 QUANTITY 作为参数统计一次。

```
SELECT COUNT (*) FROM books;
SELECT COUNT (QUANTITY) FROM books;
```

查询结果如图 7-25 所示。

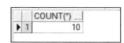 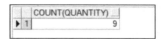

图 7-25　使用 COUNT 函数统计 books 表中记录数

根据查询结果图 7-25 可知，使用 COUNT 函数可以统计表中记录数。COUNT 函数的参数是 "*" 的时候统计所有的记录，不管其值是否为 NULL；COUNT 参数为具体列名的时候，如果该列存在 NULL 空值，则该条记录将不会被统计。

在 COUNT 语法格式中还有一个 DISTINCT 参数，该参数使用时可以放在 COUNT 函数内部，也可以放在 COUNT 函数外部，得到的结果不一样。放在 COUNT 函数内部时先去重再统计，放在 COUNT 函数外部会先统计再去重。下面通过两个示例进行说明。

【**示例 7.25**】在 COUNT 函数内部使用 DISTINCT 参数。

```
SELECT COUNT (DISTINCT BCATEGORY) FROM books;
```

查询结果如图 7-26 所示。

【**示例 7.26**】在 COUNT 函数内部使用 DISTINCT 参数。

```
SELECT DISTINCT COUNT (BCATEGORY) FROM books;
```

查询结果如图 7-27 所示。

图 7-26　在 COUNT 函数内部使用 DISTINCT 参数　　图 7-27　在 COUNT 函数外部使用 DISTINCT 参数

7.5.4　MAX 函数

MAX 函数

MAX 函数用于返回在指定列中存储的最大值。语法格式如下：

```
MAX ([DISTINCT |ALL] c)
```

【**示例 7.27**】查询 books 表中售价最高的价格。

```
SELECT MAX (BRETAIL) FROM books;
```

查询结果如图 7-28 所示。

【**示例 7.28**】查询 books 表中最晚的出版日期。

```
SELECT MAX (PUBDATE) FROM books;
```

查询结果如图 7-29 所示。

图 7-28　查询 books 表中售价最高的价格　　图 7-29　查询 books 表中最晚的出版日期

7.5.5 MIN 函数

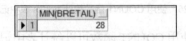

MIN 函数 = 用于返回在指定列中存储的最小值。语法格式如下：

```
MIN ([DISTINCT |ALL] c)
```

【示例 7.29】查询 books 表中售价最低的价格。

```
SELECT MIN (BRETAIL) FROM books;
```

查询结果如图 7-30 所示。

	MIN(BRETAIL)
▶ 1	28

图 7-30　查询 books 表中售价最低的价格

7.6　GROUP BY 子句

GROUP BY 子句用于在查询结果集中对记录进行分组，以汇总数据或者为
整个分组显示单行的汇总信息。为了方便查看测试结果，建议给 books 表添加其他分类的书本信息。

样例数据准备。先向 books 中插入数据，具体 SQL 如下：

```
insert into books (ISBN, BOOKNAME, PUBDATE, QUANTITY, BCOST, BRETAIL, BCATEGORY)
values (11, '鲁滨逊漂游记', to_date('25-4-1719', 'dd-mm-yyyy'), 30, 20, 48, 'novel');
insert into books (ISBN, BOOKNAME, PUBDATE, QUANTITY, BCOST, BRETAIL, BCATEGORY)
values (12, '水浒传', to_date('1-1-0700', 'dd-mm-yyyy'), 20, 40, 80, 'novel');
insert into books (ISBN, BOOKNAME, PUBDATE, QUANTITY, BCOST, BRETAIL, BCATEGORY)
values (13, '爱弥儿', to_date('1-1-1800', 'dd-mm-yyyy'), 40, 40, 60, 'educology');
```

添加后的 books 表信息如图 7-31 所示。

	ISBN	BOOKNAME	PUBDATE	QUANTITY	BCOST	BRETAIL	BCATEGORY
▶ 1	1	Python语言	2017/8/8	50	21	98	computer
2	2	R语言	2017/10/8	0			
3	3	C++语言	2018/8/18	20	22	79	computer
4	4	XML语言	2018/10/18	21	211	69	computer
5	5	HTML语言	2018/8/8	22	20	59	computer
6	6	CSS语言	2018/6/8	23	30	49	computer
7	7	JavaScript语言	2018/4/3	24	41	39	computer
8	8	Android	2017/7/6	25	19	28	computer
9	9	Java语言	2018/8/8	26	29	65	computer
10	10	Flume	2018/10/8		40	68	computer
11	11	鲁滨逊漂游记	1719/4/25	30	20	48	novel
12	12	水浒传	0700/1/1	20	40	80	novel
13	13	爱弥儿	1800/1/1	40	40	60	educology

图 7-31　books 表数据信息

在实际应用当中 GROUP BY 子句一般和统计函数同时使用，可以实现对查询结果中每一组数据
进行分类统计。所以，在查询结果中每组数据都有一个与之对应的统计值。

【示例 7.30】使用 GROUP BY 子句对书本种类进行分组，使用 SQL 函数计算每个书本种类拥有
的书本总数（COUNT）、每个书本分类中最高成本价（MAX）、每个书本分类中平均售价（AVG）、
每个书本分类中利润最大值。

```
SELECT b.BCATEGORY,
```

```
        count(b.ISBN) 数量,
        max(b.BCOST) 最高成本,
        avg(b.BRETAIL) 平均售价,
        max(b.BRETAIL - b.BCOST) 最高利润
    FROM books b
 GROUP BY b.BCATEGORY;
```

结果如图 7-32 所示。

	BCATEGORY		数量	最高成本	平均售价	最高利润
▶	1	...	1			
	2	novel	...	2	40	64	40
	3	educology	...	1	40	60	20
	4	computer	...	9	211	61.5555555555556	77

图 7-32　使用 GROUP BY 和统计函数进行查询

使用 GROUP BY 子句时要注意以下内容。

（1）如果在 SELECT 子句中使用一个组函数，那么在 SELECT 子句中列出的任何单独的列必须在 GROUP BY 子句中列出。

（2）用来在 GROUP BY 子句中分组数据的列不必在 SELECT 子句中列出，在 SELECT 子句中包括它们只是为了在输出中指定组。

（3）不能在 GROUP BY 子句中使用列别名。

（4）从包括 GROUP BY 子句的 SELECT 语句返回的结果将以在 GROUP BY 子句中列出的列的升序显示结果，要想以不同的顺序显示结果，可以使用 ORDER BY 子句。

【示例 7.31】下面是一个错误的查询，由于在 SELECT 子句后面出现了 BOOKNAME 列，而该列并没有出现在 GROUP BY 子句中，违反了 GROUP BY 子句的规则，所以数据库将会提示错误信息。

```
SELECT b.BCATEGORY,
       b.BOOKNAME,
       count(b.ISBN) 数量,
       max(b.BCOST) 最高成本,
       avg(b.BRETAIL) 平均售价,
       max(b.BRETAIL - b.BCOST) 最高利润
    FROM books b
 GROUP BY b.BCATEGORY
```

运行结果如图 7-33 所示。

图 7-33　非法 GROUP BY 子句报错

7.7　HAVING 子句

HAVING 子句

HAVING 子句和 WHERE 子句的相似之处就是都定义搜索条件，不同的是 HAVING 子句与组有关，而 WHERE 子句仅与单个的行有关。HAVING 子句通常与 GROUP BY 子句一起使用，在完成对分组结果的统计后，可以使用 HAVING 子句对分组的结果做进一步的筛选。如果不使用 GROUP BY 子句，HAVING 子句的功能与 WHERE 子句一样，此时整个输出将被看作一个组。如果在 SELECT 语句中既没有指定 WHERE 子句，也没有指定 GROUP BY 子句，那么 HAVING 子句将应用于 FROM 子句的输出，并且将其看作一个组。

如果需要使用组函数来限制组，那么必须使用 HAVING 子句，因为 WHERE 子句不能包含组函数。HAVING 子句指定了哪些组将显示在结果中。换句话说，HAVING 子句充当了组的 WHERE 子句。

【**示例 7.32**】列出最高利润大于 30 元的统计信息，统计信息包括图书数量、最高成本、平均售价、最高利润。

```
SELECT b.BCATEGORY,
       count(b.ISBN) 数量,
       max(b.BCOST) 最高成本,
       avg(b.BRETAIL) 平均售价,
       max(b.BRETAIL - b.BCOST) 最高利润
  FROM books b
 GROUP BY b.BCATEGORY
 HAVING MAX(b.BRETAIL - b.BCOST)>30
```

运行结果如图 7-34 所示。

	BCATEGORY		数量	最高成本	平均售价	最高利润
▶ 1	novel	...	2	40	64	40
2	computer	...	9	211	61.5555555555556	77

图 7-34　求最高利润大于 30 元的统计信息

从查询结果可以看出，SELECT 语句使用 GROUP BY 子句对 books 表进行分组统计，然后再由 HAVING 子句根据统计值做进一步筛选。

通常情况下，HAVING 子句与 GROUP BY 子句一起使用，这样可以在汇总相关数据后再进一步筛选汇总的数据。

本 章 小 结

本章主要介绍了查询相关内容，包括 SELECT 子句、WHERE 子句、ORDER BY 子句的使用、伪列、聚合函数（组函数）、GROUP BY 子句和 HAVING 子句。

在 SQL 语句中，数据查询语句 SELECT 是使用频率最高、用途最广泛的语句。在简单 SQL 查询部分主要介绍了 SELECT 语句的基本语法、FROM 子句、DISTINCT 和 UNIQUE 关键字；然后在 WHERE 子句部分主要介绍了 WHERE 子句的书写格式和用法、条件之间的连接运算符 AND 和 OR、NULL 值在 Oracle 数据库中的使用方式；最后对 ORDER BY 子句的使用、伪列、聚合函数（组函数）、GROUP BY 子句和 HAVING 子句相关内容做了详细的介绍，其中聚合函数又包括 SUM 函数、AVG 函数、COUNT 函数和 MAX 函数。通过本章的学习，相信读者对基本 SQL 查询能有较深刻的理解。

习　题

1. 编写 SQL 语句：查询 books 表中包含的所有数据的列表。
2. 编写 SQL 语句：查询 books 表中存储的每一本书的名称以及每本书所属种类的列表（颠倒列

的顺序，先列出每本书的种类，再列出每本书的名称)。

3．已知 Publisher 表，表结构为 **(pubid,pubname,contact,phone)**，查询包含各个出版社的名称、通常的联系人以及出版社电话号码的列表。重新命名包含联系人的列，在显示的结果中命名为 Contact_Person。

4．根据 books 表信息确定当前库存的书都有哪些种类，每一个种类只能列出一次，不能有重复。

上 机 指 导

执行以下 SQL 语句创建 Students、Courses、Enrollment 三个表，并插入测试数据。

1．Students 表

```
CREATE TABLE Students
  (
  Sno    CHAR (10 )  PRIMARY KEY,
  Sname   CHAR ( 8 )  NOT NULL,
  Ssex    CHAR (1)    NOT NULL CHECK (Ssex = 'F' OR Ssex = 'M'),
  Sage   INT  NULL,   Sdept   CHAR (20 )  DEFAULT 'Computer'
  );
```

2．Courses 表

```
CREATE TABLE Courses
(
  Cno     CHAR (6 )    PRIMARY KEY,
  Cname    CHAR ( 20 )   NOT NULL,
  PreCno   CHAR (6) ,
  Credits    INT
 );
```

3．Enrollment 表

```
CREATE TABLE Enrollment
(
  Sno   CHAR(10)  NOT NULL,
  Cno  CHAR(6)   NOT NULL,
  Grade  INT,
  CONSTRAINT EPK  PRIMARY KEY ( Sno, Cno ),
  CONSTRAINT ESlink FOREIGN KEY (Sno) REFERENCES Students ( Sno ),
  CONSTRAINT EClink FOREIGN KEY (Cno ) REFERENCES Courses ( Cno )
 );
INSERT INTO Students VALUES ('20010101', 'Jone', 'M', 19, 'Computer');
INSERT INTO Students VALUES ('20010102', 'Sue', 'F', 20, 'Computer');
INSERT INTO Students VALUES ('20010103', 'Smith', 'M', 19, 'Math');
INSERT INTO Students VALUES ('20030101', 'Allen', 'M', 18, 'Automation');
INSERT INTO Students VALUES ('20030102', 'Deepa', 'F', 21, 'Art');

INSERT INTO Courses VALUES ('c1', 'English', '', 4);
INSERT INTO Courses VALUES ('c2', 'Math', 'c5',2);
INSERT INTO Courses VALUES ('c3', 'Database','c2',2);

INSERT INTO Enrollment VALUES ('20010101','c1',90);
INSERT INTO Enrollment VALUES ('20010102','c1',88);
INSERT INTO Enrollment VALUES ('20010102','c2',94);
```

```
INSERT INTO Enrollment VALUES ('20010102','c3',62);
```

利用以上三个表，编写 SQL 语句完成以下简单查询练习。

（1）查询全体学生的学号与姓名。

（2）查询全体学生的学号、姓名、性别、年龄、所在系。

（3）查询全体学生的选课情况，即学号、课程号、成绩，成绩值都加 5。

（4）显示所有选课学生的学号。

（5）显示所有选课学生的学号，并去掉重复行。

（6）查询数学系全体学生的学号、姓名。

（7）查询学生选课成绩在 80～90 分之间的学生学号、课程号、成绩。

（8）查询无考试成绩（即成绩为空值）的学生的学号和相应的课程号。

（9）查询有考试成绩（即成绩不为空值）的学生的学号、课程号。

（10）查询计算机系年龄在 18 岁以上的学生学号、姓名。

（11）求学生的总人数。

（12）求选修了 c1 课程的学生的平均成绩。

（13）求选修了 c1 课程的学生的最高分和最低分。

（14）求选修每门课程的学生人数。

（15）求每个学生的学号和各门课程的总成绩。

（16）求选修课程超过 2 门课的学生的学号、平均成绩、选修的门数。

（17）查询所有学生的行，并按学生的年龄值从小到大排序。

（18）查询选修了 c1 课程的学生的学号和成绩，查询结果按成绩降序排列。

（19）求选修课程超过 2 门课的学生的学号、平均成绩和选课门数，并按平均成绩降序排列。

08 第 8 章 Oracle 多表连接与子查询

学习目标

- 掌握多表查询中的等值连接、非等值连接、内连接、左外连接、右外连接、全外连接、自连接以及自然连接的使用方法。
- 了解交叉连接的原理。
- 掌握单行子查询、多行子查询以及嵌套子查询的方法。
- 了解子查询空值/多值的内容。

第 7 章重点介绍了 Oracle 基本查询的相关知识，其内容局限于查询源表是单一表的情况。本章开始继续深入介绍查询的相关知识，内容重点突出查询数据所在的数据源表不是单一表的情况。

8.1 Oracle 表连接原理

鉴于关系数据库的优势，用户在建立表结构时往往不会把不同主题的数据硬性放到一起，这样既不符合数据库的设计范式，也会产生大量的数据冗余。这就要求用户在操作数据表时掌握一个同时操作多表关联数据的技巧。这就是本章涉及的多表连接以及子查询的内容。

Oracle 表连接主要有两种书写方式。

（1）连接的表用逗号分隔，可选用 WHERE 子句进行关联条件的设定。具体如下：

```
SELECT * FROM t1,t2 [WHERE t1.id = t2.id];--方括号内为可选
```

（2）连接的表用 JOIN 子句分隔，可选用 ON 子句或者 USING 子句进行关联条件的设定。具体如下：

```
SELECT * FROM t1 JOIN t2 [ON t1.id = t2.id];--方括号内为可选
SELECT * FROM t1 JOIN t2 [USING (id)];--方括号内为可选
```

从以上示例可以看出，2 种书写方式格式很接近。如果相关联的 row source 之间直接用逗号分隔，那么后面可以用 WHRER 子句；一旦使用了 JOIN 关键字，如有必要的话就可以使用 ON 子句或者 USING 子句。

虽然这两者的运行结果是一样的，但是处理的流程完全不同。使用 WHERE 子

句的 row source 关联处理流程等同于一般的带查询条件或者过滤器查询的流程，也就是说 WHERE 后面描述的是过滤条件，整个过程没有任何数据库系统临时表的创建，当数据量很大时，使用这种模式的效率会比较低。而如果使用 JOIN 子句和 ON 子句或者 USING 子句，这个过程中数据库系统会创建一个排序好的临时表服务于 row source 连接，当数据量很大时，这种方式的效率会更高。所以一般推荐 Oracle 的表连接使用 JOIN 子句模式。

SELECT FROM 依旧为 row source 连接的主体语句，这与单一查询是一致的，row source 连接的重要特征之一就是在 SELECT FROM 语句后的 WHERE 或者 ON 子句中指定连接条件，连接条件即为 row source1 和 row source2 中相关的字段。当被连接的多个表中存在同名字段时，必须在该字段前加上"表名"作为前缀以区分字段的来源表，上例中采用*，全部字段作为示例，也可以根据实际情况只列出部分字段，下面的例子中大多数是对列出部分字段的情况进行的讲解。JOIN 是一种试图将两个表结合在一起的语句，将两个表的内容融合到一起处理或者展示的过程。连接一次只能连接两个表，表连接也可以称为表关联。在后面的叙述中，将会使用"row source"来代替"表"这种描述，因为使用 row source 更严谨一些，参与连接的 2 个 row source 分别称为 row source1 和 row source 2。JOIN 过程的各个步骤经常是并行操作，即使相关的 row source 可以被并行访问，也就是说可以并行地读取进行 JOIN 连接的两个 row source 的数据，但在将表中符合限制条件的数据读入到内存形成 row source 后，JOIN 的其他步骤一般是串行的。也就是说 Oracle 可以对两个 row source 并行执行数据过滤的操作，但是在两个 row source 数据过滤完毕后，只能单步逐一去操作两个 row source 中的一个，如进行数据扫描类的工作。至于串行操作的具体顺序和方式，不同的 JOIN 有不同的设定，后续将会进行讲解。图 8-1 所示为表连接的示意图。

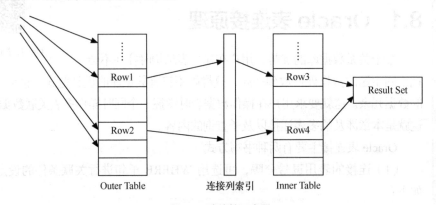

图 8-1　表连接示意图

与 JOIN 配合使用的 ON 子句和 USING 子句的使用场景和区别如下。

1. ON 子句

ON 子句是使用 JOIN 子句时可选的一个子句。这个子句可以设置与两个表相关的关联关系，也可以设置只与两个表中的一个表相关的独立的过滤条件。关联关系或过滤条件可以有多个，且设置比较灵活。但是需要编码者有一定的编码经验。

2. USING 子句

USING 子句也是使用 JOIN 子句时可选的一个子句。这个子句的使用环境比较固定，即两个表中具有同名字段，且业务逻辑确实需要用这个同名字段进行表连接的情况时可以使用。这个子句使用起来不够灵活，必须关联表有同名字段，但是如果确实出现了这种场景，不妨采用 USING 子句。

Oracle 理论上会自动选择以下三种 JOIN 方式中的一种运行 row source 连接，但在实际的数据环境中用户一般会强制使用下面某种方式进行优化。

（1）NESTED LOOP

对于被连接的数据子集较小的情况，NESTED LOOP 连接是个较好的选择。NESTED LOOP 就是扫描一个表，每读到一条记录，就根据索引去另一个表里查找匹配的数据，如果没有索引的建立，就不会是 NESTED LOOP 方式的 row source 连接。

一般在 NESTED LOOP 连接方式中，假设 row source1 满足条件结果集不大，row source2 的连接字段有索引，使用 NESTED LOOP 连接会更加合适。如果 row source1 返回记录太多，就不适合使用 NESTED LOOP 方式进行连接了。如果连接字段没有索引，则适合使用 HASH JOIN 连接。

（2）HASH JOIN

HASH JOIN 是 Oracle 优化器做大数据集连接时的常用方式。这里假设 row source1 的数据量大于 row source2，那么 Oracle 优化器扫描 row source2，并利用连接键在内存中建立 HASH 表，然后扫描 row source1，每读到一条记录就来探测 HASH 表一次，找出与 HASH 表匹配的行。

当 row source2 可以全部放入内存中，其成本接近全扫描两个 row source 的成本之和。如果 row source2 很大，不能完全放入内存，这时优化器会将它分割成若干不同的分区，不能放入内存的部分就把该分区写入磁盘的临时段，此时要有较大的临时段从而尽量提高输入/输出的性能。临时段中的分区都需要换进内存做 HASH JOIN。这时候成本接近于全扫描 row source2+分区数×全扫描 row source1 的代价和。

至于两个表都进行分区，其好处是可以使用 parallel query，就是多个进程同时对不同的分区进行 JOIN，然后再合并，是一个并行的操作步骤。这种模式比较复杂，这里就不赘述了。另外，使用 HASH JOIN 时，HASH_AREA_SIZE 的初始化参数必须足够大。

以下条件下使用 HASH JOIN 有明显的优势。

① 两个巨大的表之间的连接。

② 一个巨大的表和一个小表之间的连接。

（3）SORT MERGE JOIN

SORT MERGE JOIN 的操作通常分三步：①对连接的每个 row source 做全扫描；②对全扫描的结果进行排序；③通过 MERGE JOIN 对排序结果进行合并。SORT MERGE JOIN 性能开销几乎都在前两步。一般在没有索引的情况下，因为其排序成本高，大多被 HASH JOIN 替代了。

通常情况下 HASH JOIN 的效果都比 SORT MERGE JOIN 要好，然而如果行源已经被排过序，在执行 SORT MERGE JOIN 时不需要再排序了，这时 SORT MERGE JOIN 的性能就会优于 HASH JOIN。

全扫描比索引范围扫描在通过 ROWID 进行表访问更有优势的前提下，SORT MERGE JOIN 会比 NESTED LOOP 性能更佳。

有多种方法可以将 2 个表连接起来，当然每种方法都有自己的优缺点，每种连接类型只有在特定的条件下才会发挥出其最大优势。一般的 row source 连接流程如图 8-2 所示。row source 之间的连接顺序对于查询的效率有非常大的影响。换句话说，即使确定了要进行 row source 的对象，也要进一步确定哪个表来充当 row source1，哪个表来充当 row source2。选择不当将会对表连接的效率产生很大影响。通过首先存取特定的表，即将该表作为驱动 row source，这样可以先应用某些限制条件，从而得到一个较小的 row source，使连接的效率较高，这就是我们常说的要先执行限制条件的原因。

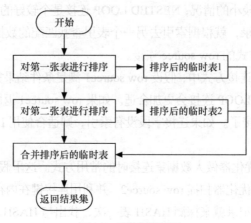

图 8-2　表连接流程图

Oracle 多表连接

8.2　Oracle 多表连接

为了方便知识的讲解，先创建两张测试表并插入数据（省略建表语句，可以参考其他内容）：

`SELECT * FROM t_student;`

SQL 命令运行结果如图 8-3 所示。

这里 S_ID 代表的是学生编号，S_NAME 代表的是学生名字，C_ID 代表的是院系编号，S_COURSE 代表学生已修课程数，S_PID 为该学生所在班班长的编号。

`SELECT * FROM t_college;`

SQL 命令运行结果如图 8-4 所示。

S_ID	S_NAME	C_ID	S_COURSE	S_PID
1	孙一	1	19	
2	张二	1	28	1
3	刘三	3	23	
4	王四	3	11	3
5	冯五	5	19	
6	侯六	5	23	5

图 8-3　t_student 表信息

C_ID	C_NAME		C_COURSE_AVG
1	学院一	...	20
2	学院二	...	19
3	学院三	...	21

图 8-4　t_college 表信息

这里 C_ID 代表的是院系编号，C_NAME 代表的是院系名称，C_COURSE_AVG 代表的是院系平均已修课程数。

下面根据上面建立的两个简单的表为环境来介绍表连接。

8.2.1　交叉连接

交叉连接产生了一个笛卡儿集，在两个表进行连接时未限定连接条件。

```
SELECT * FROM t_student t1,t_college t2;
SELECT * FROM t_student t1 CROSS JOIN t_college t2;
```

上述两条 SQL 命令的执行结果一致，一种是逗号分隔的写法，另一种是 JOIN 的写法，具体的运行结果如图 8-5 所示。

S_ID	S_NAME	C_ID	S_COURSE	S_PID	C_ID	C_NAME		C_COURSE_AVG
1	孙一	1	19		1	学院一	…	20
2	张二	1	28	1	1	学院一	…	20
3	刘三	3	23		1	学院一	…	20
4	王四	3	11	3	1	学院一	…	20
5	冯五	5	19		1	学院一	…	20
6	侯六	5	23	5	1	学院一	…	20
1	孙一	1	19		2	学院二	…	19
2	张二	1	28	1	2	学院二	…	19
3	刘三	3	23		2	学院二	…	19
4	王四	3	11	3	2	学院二	…	19
5	冯五	5	19		2	学院二	…	19
6	侯六	5	23	5	2	学院二	…	19
1	孙一	1	19		3	学院三	…	21
2	张二	1	28	1	3	学院三	…	21
3	刘三	3	23		3	学院三	…	21

图 8-5　交叉连接运行结果

从结果集能够看出，交叉连接由于不使用表连接关联条件，所以交叉连接实现的是 row source1 和 row source2 的逐行匹配。即 t_student 表第一行的记录与 t_college 表第一行的记录直接连接起来作为结果集的一行；t_student 表的第一行记录与 t_college 表的第二行记录做同样的操作，如此遍历形成了最后的结果集。

交叉连接的行数为两个连接表行数之积。这种连接是最原始的最基本的连接，可以认为是两个表脱离业务逻辑的前提下的最原生态的连接。虽然在实际使用场景中出现的情况不多，但是对于理解表连接的基础原理有重要的作用。

8.2.2　按源表关联关系运算符的表连接分类

1. 等值连接

顾名思义，当两个表的连接条件中的比较运算符是等于符号的时候，就是等值连接。例如，需要查询学生与院系的关联信息，具体逻辑如下：

```
SELECT t1.s_id, t1.s_name,t2.c_name FROM t_student t1, t_college t2 WHERE t1.c_id = t2.c_id;
```

SQL 命令运行结果如图 8-6 所示。

由以上示例的操作可以看出就是把两个表的数据放在一个结果集里输出，关联条件是学生表的院系编号字段与院系表的院系编号字段相等。

2. 非等值连接

当两个表的连接条件中的比较运算符不是等于符号的时候，就是非等值连接。

实现查询自修课程数大于院系平均自修课程数的学生与院系的相关信息，逻辑如下：

```
SELECT t1.s_id, t1.s_name, t2.c_name, t1.s_course FROM t_student t1, t_college t2 WHERE
t1.s_course > t2.c_course_avg AND t1.c_id = t2.c_id;
```

SQL 命令运行结果如图 8-7 所示。

S_ID	S_NAME	C_NAME	
1	孙一	学院一	…
2	张二	学院一	…
3	刘三	学院三	…
4	王四	学院三	…

图 8-6 等值连接运行结果

S_ID	S_NAME	C_NAME		S_COURSE
2	张二	学院一	…	28
3	刘三	学院三	…	23

图 8-7 非等值连接运行结果

由以上示例的操作可以看出，只有学院一的张二和学院三的刘三两个人的所修课程数超过了他们各自所在院系的平均所修课程数。这里的条件中的学生所修课程数与院系平均所修课程数之间的比较是一个非等值的关系。

8.2.3 按源表关联关系模式的表连接分类

1. 内连接

内连接按规范书写为 INNER JOIN，常缩写为 JOIN，或者直接在 from 后面增加要连接的 row source，并用逗号分隔。在内连接中的 row source1 和 row source2 是没有主次之分的，按照连接关键字段取出两个表共有的，或者说匹配的行作为结果输出。实现取出学生信息与院系信息相关联的查询结果集，要求只查询关联上的数据，具体如下所示。

```
SELECT t1.s_id, t1.s_name,t1.c_id,t2.c_name FROM t_student t1,t_college t2 WHERE t1.c_id
= t2.c_id;
```

SQL 命令运行结果如图 8-8 所示。

可以使用 JOIN 子句和 ON 子句的模式来实现。

```
SELECT t1.s_id, t1.s_name,t1.c_id,t2.c_name FROM t_student t1 INNER JOIN t_college t2
ON t1.c_id = t2.c_id;
```

SQL 命令运行结果如图 8-9 所示。

可以使用 JOIN 子句和 USING 子句的模式来实现。

```
SELECT t1.s_id, t1.s_name,c_id,t2.c_name FROM t_student t1 INNER JOIN t_college t2 USING
(c_id);
```

SQL 命令运行结果如图 8-10 所示。

S_ID	S_NAME	C_ID	C_NAME	
1	孙一	1	学院一	…
2	张二	1	学院一	…
3	刘三	3	学院三	…
4	王四	3	学院三	…

图 8-8 内连接运行结果 1

S_ID	S_NAME	C_ID	C_NAME	
1	孙一	1	学院一	…
2	张二	1	学院一	…
3	刘三	3	学院三	…
4	王四	3	学院三	…

图 8-9 内连接运行结果 2

S_ID	S_NAME	C_ID	C_NAME	
1	孙一	1	学院一	…
2	张二	1	学院一	…
3	刘三	3	学院三	…
4	王四	3	学院三	…

图 8-10 内连接运行结果 3

从这三个 SQL 的结果也可以看出，它们的作用是一样的。都可以查询出 t_student 和 t_college 表中关联条件 c_id 相同的数据记录，并对不同来源表的字段进行整合输出。值得注意的是，在 t_student 中有两个学生来自编号是 5 的院系，但是编号是 5 的院系并没有维护在 t_college 表中，所以这两个学生没有在内连接的最终输出结果中体现。同样在 t_college 表中有一个学院二，编码是 2，在 t_student 表中并没有维护在学院二里的学生，所以学院二的信息也没有在最终输出结果中体现。这就是内连接的作用，只查出可以根据关联条件成功匹配的记录，并将它们合并为一条记录。

2. 外连接

外连接分为左外连接、右外连接、全外连接 3 种，按规范书写分别为 LEFT OUTER JOIN、RIGHT

OUTER JOIN、FULL OUTER JOIN，又可缩写为 LEFT JOIN、RIGHT JOIN、FULL JOIN。

左外连接中产生连接的 row source1 和 row source2 是有主从关系的，row source1 为左外连接的主 row source，而 row source2 为左外连接的从 row source。在左外连接的模式中 row source1 是会被提取全部符合条件的记录的，而 row source2 是用于补充 row source1 信息的，只有与 row source1 能匹配上的记录内的相关信息才会被提取。

右外连接中产生连接的 row source1 和 row source2 是有主从关系的，row source1 为右外连接的从 row source，而 row source2 为右外连接的主 row source。在右外连接的模式中 row source2 是会被提取全部符合条件的记录的，而 row source1 是用于补充 row source2 信息的，只有与 row source2 能匹配上的记录内的相关信息才会被提取。

全外连接中产生连接的 row source1 和 row source2 是没有主从关系的，一般认为最终输出的记录数是 row source1 和 row source2 共同决定的，其记录数为 row source1 和 row source2 根据关联关系能够建立关联的记录数，与 row source1 和 row source2 根据关联关系不能建立关联的 row source1 的记录数以及 row source2 的记录数的三者之和。

外连接也可以用"（+）"来表示。使用（+）的一些注意事项如下。

- （+）操作符只能出现在 WHERE 子句中，并且不能与 outer JOIN 语法同时使用。
- 当使用（+）操作符执行外连接时，如果在 WHERE 子句中包含有多个条件，则必须在所有条件中都包含（+）操作符。
- （+）操作符只适用于列，而不能用在表达式上。
- （+）操作符不能与 or 和 in 操作符一起使用。
- （+）操作符只能用于实现左外连接和右外连接，而不能用于实现完全外连接。

用方式（+）实现的表连接，也是常用的一种表连接的书写。加号可以这样来理解：+表示补充，即哪个 row source 有加号，这个 row source 就是 row source2，没有加号的为 row source1。

（1）左外连接

取出学生信息与院系信息相关联的查询结果集，要求学生信息是全部的，院系信息作为补充，逻辑如下：

```
SELECT t1.s_id, t1.s_name,t2.c_id,t2.c_name FROM t_student t1,t_college t2 WHERE t1.c_id = t2.c_id(+);
```

SQL 命令运行结果如图 8-11 所示。

可以使用 JOIN 子句和 ON 子句的模式来实现：

```
SELECT i1.u_id,i1.u_age,i1.u_name,i2.u_shortname FROM info1 i1 LEFT JOIN info2 i2 ON i1.u_id=i2.u_id;
```

SQL 命令运行结果如图 8-12 所示。

可以使用 JOIN 子句和 USING 子句的模式来实现：

```
SELECT t1.s_id, t1.s_name,c_id,t2.c_name FROM t_student t1 LEFT OUTER JOIN t_college t2 USING (c_id);
```

SQL 命令运行结果如图 8-13 所示。

从这三个 SQL 的结果也可以看出，它们的作用是一样的。与内连接不同的是，左外连接 t_student 中的记录数是全的，用 t_college 表去补充 t_student 表中的信息，可以匹配上的，就直接补充上，无法匹配上的直接 null 处理。根据表数据能够看出冯五和侯六所在院系的编号为 5，而这个信息在院系表中并未体现，两条数据没有院系补充信息，所以直接以 null 处理。

	S_ID	S_NAME	C_ID	C_NAME	
1	1	孙一	1	学院一	⋯
2	2	张二	1	学院一	⋯
3	3	刘三	3	学院三	⋯
4	4	王四	3	学院三	⋯
5	5	冯五			⋯
6	6	侯六			⋯

图 8-11　左外连接运行结果 1

	S_ID	S_NAME	C_ID	C_NAME	
1	1	孙一	1	学院一	⋯
2	2	张二	1	学院一	⋯
3	3	刘三	3	学院三	⋯
4	4	王四	3	学院三	⋯
5	5	冯五			⋯
6	6	侯六			⋯

图 8-12　左外连接运行结果 2

	S_ID	S_NAME	C_ID	C_NAME	
1	1	孙一	1	学院一	⋯
2	2	张二	1	学院一	⋯
3	3	刘三	3	学院三	⋯
4	4	王四	3	学院三	⋯
5	5	冯五			⋯
6	6	侯六			⋯

图 8-13　左外连接运行结果 3

（2）右外连接

取出学生信息与院系信息相关联的查询结果集，要求院系信息是全部的，学生信息作为补充，逻辑如下：

```
SELECT t1.s_id, t1.s_name,t2.c_id,t2.c_name FROM t_student t1,t_college t2 WHERE t1.c_id(+) = t2.c_id;
```

SQL 命令运行结果如图 8-14 所示。

可以使用 JOIN 子句和 ON 子句的模式来实现：

```
SELECT t1.s_id, t1.s_name,t2.c_id,t2.c_name FROM t_student t1 RIGHT OUTER JOIN t_college t2 ON t1.c_id = t2.c_id;
```

SQL 命令运行结果如图 8-15 所示。

可以使用 JOIN 子句和 USING 子句的模式来实现：

```
SELECT t1.s_id, t1.s_name,c_id,t2.c_name FROM t_student t1 RIGHT OUTER JOIN t_college t2 USING (c_id);
```

SQL 命令运行结果如图 8-16 所示。

	S_ID	S_NAME	C_ID	C_NAME	
1	1	孙一	1	学院一	⋯
2	2	张二	1	学院一	⋯
3	3	刘三	3	学院三	⋯
4	4	王四	3	学院三	⋯
5			2	学院二	⋯

图 8-14　右外连接运行结果 1

	S_ID	S_NAME	C_ID	C_NAME	
1	1	孙一	1	学院一	⋯
2	2	张二	1	学院一	⋯
3	3	刘三	3	学院三	⋯
4	4	王四	3	学院三	⋯
5			2	学院二	⋯

图 8-15　右外连接运行结果 2

	S_ID	S_NAME	C_ID	C_NAME	
1	1	孙一	1	学院一	⋯
2	2	张二	1	学院一	⋯
3	3	刘三	3	学院三	⋯
4	4	王四	3	学院三	⋯
5			2	学院二	⋯

图 8-16　右外连接运行结果 3

从这三个 SQL 的结果也可以看出，它们的作用是一样的。与内连接不同的是，右外连接 t_college 中的记录数是全的，用 t_student 表去补充 t_college 表中的信息，可以匹配上的，就直接补充上，无法匹配上的直接 null 处理。根据表数据能够看出学院二中没有任何学生，而这个信息在学生表中并未体现，这一条数据没有学生补充信息，所以直接以 null 处理。

（3）全外连接

取出学生信息与院系信息相关联的查询结果集，要求不管院系信息还是学生信息，都要全部的，可以用 JOIN 子句配合 ON 子句来实现，逻辑如下：

```
SELECT t1.s_id, t1.s_name,t2.c_id,t2.c_name FROM t_student t1 FULL OUTER JOIN t_college t2 ON t1.c_id = t2.c_id;
```

SQL 命令运行结果如图 8-17 所示。

可以使用 JOIN 子句和 USING 子句的模式来实现：

```
SELECT t1.s_id, t1.s_name,c_id,t2.c_name FROM t_student t1 FULL OUTER JOIN t_college t2 USING (c_id);
```

SQL 命令运行结果如图 8-18 所示。

图 8-17　全外连接运行结果 1

图 8-18　全外连接运行结果 2

从这两个 SQL 的结果也可以看出，它们的作用是一样的。与内连接以及左右外连接不同的是，全外连接输出所有的信息，两个表中根据关联条件可以匹配上的记录合并为一条记录在结果中输出，两个表中根据关联条件匹配不上的记录分别作为独立的记录输出在结果集内。这是一种信息绝对完整的关联模式。

8.2.4　特殊表连接

1. 自连接

自连接是一种特殊的连接，它与前面讲解的内外连接和等值非等值连接并不冲突。它的重要特征就是 row source1 和 row source2 是同一个 row source。自连接是 SQL 语句中经常要用的连接方式，使用自连接可以将自身 row source 的一个镜像当作另一个 row source 来对待，从而能够得到一些特殊场景的特殊数据。如查询出学生所在班级的班长，逻辑如下：

```
SELECT t1.s_id, t1.s_name,t2.s_id,t2.s_name FROM t_student t1 INNER JOIN t_student t2
ON t1.s_pid = t2.s_id;
```

SQL 命令运行结果如图 8-19 所示。

由以上示例中的操作可以看出，此效果是使用内连接操作完成，根据实际业务场景也可以使用各种外连接，自连接的突出特点还是 row source1 和 row source2 为同一个 row source，但是关联条件一般不是这个 row source 的同一个字段。

2. 自然连接

NATURAL JOIN 基于 row source1 和 row source2 中的全部同名属性字段建立连接，从两个表中选出同名列的值均对应相等的所有记录。如果两个表中的同名列的所有数据类型不同，则无法使用，不允许在参照属性字段上使用 row source 名或者别名作为前缀。可以再做一次上文内连接的例子，具体如下：

```
SELECT t1.s_id, t1.s_name,c_id,t2.c_name FROM t_student t1 NATURAL INNER JOIN t_college t2;
```

SQL 命令运行结果如图 8-20 所示。

图 8-19　自连接运行结果

图 8-20　自然连接运行结果

能够看到与图 8-8 结果一致，这里也可以使用外连接。

这种 row source 连接的主要特征就是在 select 和 from 关键字中间的属性字段罗列时不要指定属性字段的具体来源表，因为这种连接默认就是将 row source1 和 row source2 相同的字段进行关联，剩下的字段一定是不同名的，无须指定属性字段的 row source 来源。

自然连接可以与内连接组合形成自然内连接（NATURAL JOIN，默认），也可以结合左外连接和右外连接以及全外连接组成自然左连接（NATURAL LEFT JOIN）和自然右连接（NATURAL RIGHT JOIN）以及自然全外连接（NATURAL FULL JOIN）。

自然连接与内连接和外连接最大的区别如下。

（1）自然连接要求连接的字段必须同名，而内外连接对此不做要求。

（2）自然连接要求连接的字段在同名的前提下，还要求数据相等，也就是前面介绍的等值连接，而内外连接可以进行非等值连接。

（3）自然连接由于采用 row source1 和 row source2 的同名字段作为连接字段，row source1 和 row source2 中非同名属性字段必然不同，这样无须标明字段的来源 row source，而内外连接必须严格标明某一个属性字段源于哪一个表。

（4）自然连接既然已经限定两个连接表的同名字段等值连接，自然不需要在 SQL 语句的最后指定连接条件。而内外连接在绝大多数情况下都需要详细描述连接条件是什么。

8.2.5　主要表连接总结

几种表连接的情况总结如表 8-1 所示。

表 8-1　主要表连接情况

连接类型	定义	图示	例子
内连接	只连接匹配的行		select A.c1,B.c2 from A join B on A.c3=B.c3;
左外连接	包含左边表的全部行（不管右边的表中是否存在与它们匹配的行）以及右边表中全部匹配的行		select A.c1,B.c2 from A left join B on A.c3=B.c3;
右外连接	包含右边表的全部行（不管左边的表中是否存在与它们匹配的行）以及左边表中全部匹配的行		select A.c1,B.c2 from A right join B on A.c3=B.c3;
全外连接	包含左、右两个表的全部行，不管在另一边的表中是否存在与它们匹配的行		select A.c1,B.c2 from A full join B on A.c3=B.c3;

（1）内连接：两表的交集。

（2）左外连接：左表全集，右表补充。

（3）右外连接：右表全集，左表补充。

（4）全外连接：两表的并集。

子查询

8.3　子查询

在 SQL 语句中一个 SELECT-FROM-WHERE 可以称作一个查询体,但是往往只使用一个查询体是无法直接得出想要的查询结果的。例如查询条件中的条件集合未知,需要再做一遍查询,又例如想查询的某个表目前不存在,又没必要去新建表存放数据的,用户需要先在一个查出结果集中再次查询的时候。子查询为查询语句的嵌套体,即在主查询语句里嵌套了一个或者多个子查询。这种查询的数据库执行流程是先执行子查询,子查询的执行结果不作为最终输出结果输出,而是直接提供给主查询进行使用,由主查询将最后的查询结果输出。

在使用主查询时查询条件无法直接使用而需要进一步计算处理时,一般考虑使用子查询。这种模式又叫作条件子查询。具体语法如下:

```
SELECT field1,field2,field3 FROM table1 WHERE field1 OPERATER (SELECT field4 FROM table2);
```

在使用主查询时查询的表无法直接使用,而需要先使用其他 SQL 语句处理时,同样考虑使用子查询,这种模式又叫作嵌套子查询。具体语法如下:

```
SELECT t.f1,t.f2,t.f3 FROM (SELECT t2.*, t3.* FROM t2 JOIN t3 ON t2.f=t3.f) t;
```

使用子查询的注意事项如下。

(1)子查询必须包含在括号内。

(2)主查询中用于与子查询匹配的字段数要一致。

(3)推荐将子查询放在比较运算符的右侧,以增强可读性。

(4)一个主查询中不仅包括一个子查询。

(5)对单行子查询使用单行运算符。

(6)对多行子查询使用多行运算符,单行运算符可以配合使用,但不可独立使用。

8.3.1　单行子查询

子查询返回单行结果则称为单行子查询。对单行子查询可使用单行记录比较运算符,如:等于(=)、大于(>)、大于等于(>=)、小于(<)、小于等于(<=)、不等于(!=)。

实现查询学院一里的所有学生的全部信息,逻辑如下:

```
SELECT * FROM t_student WHERE c_id = (SELECT c_id FROM t_college WHERE c_name = '学院一');
```

SQL 命令运行结果如图 8-21 所示。

S_ID	S_NAME	C_ID	S_COURSE	S_PID
1	孙一	1	19	
2	张二	1	28	1

图 8-21　单行子查询运行结果

由于院系名称记录是学院一的只有一条,也就是说是单行,院系名称肯定也是一个,所以这就符合单行子查询的条件。注意,这里由于主查询中只有一个匹配字段,即院系名称,那么,在子查询中也至少要查出与之对应的字段。子查询中查出的字段除了要求保证正确性,数量还需要不少于主查询的关联字段的数量,一般来说这两者字段的数量是相等的。

8.3.2　多行子查询

多行子查询，子查询返回多行结果。对多行子查询可以使用多行记录比较运算符，或者单行记录比较运算符配合使用，但是不可以单独使用单行记录比较运算符。常用的多行子查询子句如下。

- in：等于列表中的任何一个。
- exists 等于列表中的任何一个。
- any：和子查询返回的任意一个值比较，一般用子查询中的函数替代了。
- all：和子查询返回的所有值比较，一般用子查询中的函数替代了。

1. in 多行子查询

广泛使用的一种多行子查询模式，即子查询返回结果为多行，而主查询中的关联条件字段通过操作运算符 in 进行关联，意思就是关联条件字段里的数据只要在查询的查询结果里存在即为匹配成功，并非一对一的关系，而是一对多。not in 为 in 的逻辑非用法。实现查询学院一和学院三中的学生信息，逻辑如下：

```
SELECT * FROM t_student WHERE c_id IN (SELECT c_id FROM t_college WHERE c_name IN ('学
院一','学院三'));
```

SQL 命令运行结果如图 8-22 所示。

可以看到，子查询的结果是两个院系的记录值，也就是子查询记录结果为多行，符合多行子查询的定义。下面再结合主查询一起使用。注意单行子查询时也可以使用 in 子句，但是一般推荐用=运算符即可，如果对子查询的结果返回记录数不明确的话，可以直接统一用 in 子句即可。

2. exists 多行子查询

exists 的作用与 in 大体相似，书写语法略有不同，同样为多行子查询的应用。not exists 为 exists 的逻辑非用法。依旧使用刚才的查询逻辑，逻辑如下：

```
SELECT * FROM t_student t1 WHERE EXISTS (SELECT c_id FROM t_college t2 WHERE c_name IN ('学
院一','学院三') AND t1.c_id = t2.c_id);
```

SQL 命令运行结果如图 8-23 所示。

S_ID	S_NAME	C_ID	S_COURSE	S_PID
1	孙一	1	19	
2	张二	1	28	1
3	刘三	3	23	
4	王四	3	11	3

图 8-22　in 多行子查询运行结果

S_ID	S_NAME	C_ID	S_COURSE	S_PID
1	孙一	1	19	
2	张二	1	28	1
3	刘三	3	23	
4	王四	3	11	3

图 8-23　exists 多行子查询运行结果

能够看到用 exists 的写法与用 in 的写法得到的结果是一致的，这两者书写时最大的区别是主查询与子查询的关联关系是定位在主查询里还是子查询里。

3. exists 与 in 的对比

in 是把外表和内表作 HASH JOIN，而 exists 是对外表作 loop，每次 loop 再对内表进行查询。每次循环查的时候，与 in 模式不一样的地方是：根据返回值是真或假的情况进行区分，是真就输出。就实用场景来说，当子查询表数据量较主查询表少很多时，使用 in 进行子查询效率更高，而当子查询表的数据量远大于主查询表时，使用 exists 更有效率。如果主查询表和子查询表数据量接近，则两者的效率同样接近。

4. any 多行子查询

any 多行子查询是一个基本被函数替代的一种子查询，顾名思义，它是子查询的多个结果中的任意一个。这种多行子查询运算允许配合单行子查询的运算符一起使用。查询出任意一个学生所修课程数高于院系平均课程数的院系信息，逻辑如下：

```
SELECT  c_id,c_name FROM t_college WHERE  c_course_avg < ANY(SELECT  s_course  FROM
t_student);
```

SQL 命令运行结果如图 8-24 所示。

可以看到三个学院里都存在任意一个学生个人所修课程数大于院系平均数的情况。注意，这里突出任意一个，如果这里主查询中使用的是非等值表连接，使用的是小于号，那么小于结果集中最大的一个数值即可认为小于这个结果集的任意一个数值。同理，如果使用的是大于号，那么大于结果集中最小的一个数值即可认为大于这个结果集中任意一个数值。如果是等值表连接，则符合结果集中任意一个数值就算条件符合。所以基于上面的这个分析，就有了对上面 any 子查询的一个改造 SQL 语句：

```
SELECT  c_id,c_name FROM t_college WHERE  c_course_avg < (SELECT MAX(s_course)  FROM
t_student);
```

SQL 命令运行结果与图 8-24 是一致的，如图 8-25 所示，而且此方法现在被更广泛的使用。

	C_ID	C_NAME	
1	2	学院二	...
2	1	学院一	...
3	3	学院三	...

	C_ID	C_NAME	
1	2	学院二	...
2	1	学院一	...
3	3	学院三	...

图 8-24　any 多行子查询运行结果　　　　　　图 8-25　函数取代 any 多行子查询

5. all 多行子查询

all 多行子查询同样是基本被函数替代的一种子查询，顾名思义，它是子查询的多个结果中的全部。这种多行子查询运算允许配合单行子查询的运算符一起使用。查询出全部学生所修课程数都要高于院系平均课程数的院系信息，逻辑如下：

```
SELECT  c_id,c_name FROM t_college WHERE  c_course_avg < ALL(SELECT  s_course  FROM
t_student);
```

SQL 命令运行结果如图 8-26 所示。

可以看到三个学院里全都不存在全部学生个人所修课程数大于院系平均数的情况。注意这里突出全部，少一个都算不符合，如果这里主查询中使用的是非等值表连接，如果使用的是小于号，那么小于结果集中最小的一个数值即可认为是小于这个结果集的全部数值。同理，如果使用的是大于号，那么大于结果集中最大的一个数值即可认为是大于这个结果集中全部数值。如果是等值表连接，除非所有结果集中数据一致，不然一定返回空结果，因为字段不可能既等于 a 又等于 b。所以基于上面的这个分析，就有了对上面 all 子查询的一个改造 SQL 语句：

```
SELECT c_id,c_name FROM t_college WHERE c_course_avg < ALL(SELECT MIN(s_course) FROM
t_student);
```

SQL 命令运行结果与图 8-26 是一致的，如图 8-27 所示，而且此方法现在被更广泛的使用。

C_ID	C_NAME

图 8-26　all 多行子查询运行结果

C_ID	C_NAME

图 8-27　函数取代 all 多行子查询

8.3.3　子查询空值/多值问题

子查询的结果除了单值与多值的区别，还有一种情况就是空值。这三种情况的处理方式的对比如下。

（1）如果子查询未返回任何行，则主查询也不会返回任何结果。

（2）如果子查询返回单行结果，则为单行子查询，可以在主查询中对其使用相应的单行记录比较运算符。

（3）如果子查询返回多行结果，则为多行子查询，此时不允许对其只使用单行记录比较运算符。

本 章 小 结

本章介绍了表连接与子查询的概念定义，以及使用方式。表连接的相关知识，包括：交叉连接-基础的表连接，主要用于理解表连接的原理；按关联字段使用的运算符分类的连接-等值连接与非等值连接；按关联字段连接模式的连接-内连接与外连接；以及特殊连接-自连接和自然连接。子查询的相关知识包括：根据子查询返回行分类-单行子查询和多行子查询、根据子查询出现的位置-条件子查询和嵌套子查询。

习 题

1. 对比描述等值表连接与非等值表连接的区别与联系。
2. 对比描述几种外连接之间的区别与联系。
3. 对比描述自连接与自然连接的特殊性。
4. 对比描述单行子查询与多行子查询的区别与联系。
5. 子查询根据出现的位置包括_____和_____。

上 机 指 导

执行以下 SQL 语句创建 students、courses、enrollment 三个表，并插入测试数据。

1. students 表

```
CREATE TABLE students
  (
    sno    CHAR (10) PRIMARY KEY,
    sname  CHAR (8)  NOT NULL,
    ssex   CHAR (1)   NOT NULL CHECK (ssex = 'F' OR ssex = 'M'),
    sage   INT    NULL,   sdept  CHAR (20 ) DEFAULT 'Computer'
  );
```

2. courses 表

```
CREATE TABLE courses
```

```
(
   cno       CHAR (6)    PRIMARY KEY,
   cname     CHAR (20)    NOT NULL,
   precno    CHAR (6) ,
   credits    INT
);
```

3．enrollment 表

```
CREATE TABLE enrollment
(
   sno   CHAR(10)  NOT NULL,
   cno   CHAR(6)    NOT NULL,
   grade  INT,
   ConSTRAINT EPK  PRIMARY KEY (sno, cno),
   ConSTRAINT ESlink FOREIGN KEY (sno)  REFERENCES students (sno),
   ConSTRAINT EClink FOREIGN KEY (cno)  REFERENCES courses (cno)
);
INSERT INTO students VALUES('20010101', 'Jone', 'M', 19, 'Computer ');
INSERT INTO students VALUES('20010102', 'Sue', 'F', 20, 'Computer ');
INSERT INTO students VALUES('20010103', 'Smith', 'M', 19, 'Math');
INSERT INTO students VALUES ('20030101', 'Allen', 'M', 18, 'Automation');
INSERT INTO students VALUES ('20030102', 'Deepa', 'F', 21, 'Art');

INSERT INTO courses VALUES ('c1', 'English', '', 4);
INSERT INTO courses VALUES ('c2', 'Math', 'c5',2);
INSERT INTO courses VALUES ('c3', 'Database','c2',2);

INSERT INTO enrollment VALUES ('20010101','c1',90);
INSERT INTO enrollment VALUES ('20010102','c1',88);
INSERT INTO enrollment VALUES ('20010102','c2',94);
INSERT INTO enrollment VALUES ('20010102','c3',62);
```

利用以上三个表，编写 SQL 语句完成以下简单查询练习。

1．查询选修了课程的每个学生的基本信息及其选课的情况。

2．查询选修了课程的每个学生的学号、姓名、选修的课程名、成绩。

3．查询选修了 c2 且成绩大于 90 分的学生的学号、姓名、成绩。

4．查询既不是数学系、计算机系，也不是艺术系的学生的学号、姓名。

5．查询与 Sue 在同一个系学习的所有学生的学号和姓名。

6．查询所有学生的选修情况，要求包括选修了课程的学生和没有选修课程的学生，显示他们的学号、姓名、课程号、成绩。

7．查询选修了课程名为 English 的课程并且成绩大于 80 分的学生学号、姓名。

8．创建一个视图，从该视图可以查询选修了课程的每个学生的学号、姓名、选修的课程名、成绩。

9．求计算机系选修课程超过 2 门课的学生的学号、姓名、平均成绩，并按平均成绩从高到低排序。

10．查询选修了 c1 课程也选修了 c2 课程的学生学号。（使用子查询）

11．查找姓氏拼音以 S 开头的所有学生的学号、姓名。

12．求选修课程超过两门的学生的学号、平均成绩和选修的门数。

13．查询全体学生信息，查询结果按照所在系的系名升序排列。同一系的学生按照年龄降序排列。

14．求 20010102 号学生的考试成绩总和。

15．查询数学系、计算机系、艺术系学生的学号、姓名。

第9章 SQL 操作符及 SQL 函数

学习目标
- 掌握 SQL 操作符的使用方法。
- 掌握并熟练应用 SQL 函数。

9.1 SQL 操作符

Oracle 支持丰富的 SQL 操作符，如算术操作符、比较操作符、逻辑操作符、集合操作符、连接操作符等。每个操作符都是一个保留字，主要用于在 SQL 语句中执行各种操作，如比较运算和算术运算等。本节将向读者介绍这些操作符。

在学习 SQL 操作符之前，先完成建表及初始化表数据的操作，通过具体示例验证算术操作符、比较操作符、逻辑操作符、集合操作符、连接操作符等。下面进行建表及初始化表数据。

1. t_student 表

```
CREATE TABLE t_student(
    f_id CHAR(3) NOT NULL PRIMARY KEY,
    f_name CHAR(10) NOT NULL,
    f_sex CHAR(1) NOT NULL,
    f_birth DATE NULL,
    f_department CHAR(15) NULL,
    f_class NUMBER NULL
);
--向 t_student 中插入数据
insert into t_student values('001','张三','m','01-3 月-84','Engineering',1);
insert into t_student values('002','李四','f','11-5 月-86','Liberal Arts',3);
insert into t_student values('003','王五','f','01-3 月-84','MATHS',1);
insert into t_student values('004','马六','m','12-5 月-84','Law',4);
insert into t_student values('005','田七','m','11-3 月-84','Law',2);
insert into t_student values('006','赵六','f','01-3 月-86','MATHS',2);
insert into t_student values('007','陈九','f','01-3 月-87','Liberal Arts',4);
insert into t_student values('008','楚留香','f','01-11 月-99','Engineering',2);
insert into t_student values('009','陈世美','f','01-5 月-97','Commerce',3);
insert into t_student values('010','田富贵','m','01-10 月-95','Commerce',3);
insert into t_student values('011','刘备','m','01-3 月-94','Science',1);
insert into t_student values('012','张明','m','21-9 月-92','Science',1);
insert into t_student values('013','t富贵','m','01-10 月-95','Science',3);
```

```
insert into t_student values('014','田富','m','01-10 月-95','Art',3);
insert into t_student values('015','Mary','m','01-10 月-95','Art',3);
insert into t_student values('016','Tom','m','01-10 月-95','Commerce',3);
insert into t_student values('017','Jack','m','01-10 月-95','Engineering',3);
insert into t_student values('018','zhang_san','m','01-10 月-95','Law',3);
```

2. t_course 表

```
CREATE TABLE t_course(
     f_id CHAR(3) NOT NULL PRIMARY KEY,
     f_name CHAR(10) NULL ,
     f_teacher CHAR(8) NULL
);
```
--向 t_course 中插入数据
```
INSERT INTO t_course VALUES('01','C 语言','wang');
INSERT INTO t_course VALUES('02','Java','yang');
INSERT INTO t_course VALUES('03','SQL server','zhang');
INSERT INTO t_course VALUES('04','Oracle','qin');
INSERT INTO t_course VALUES('05','Android','ql');
INSERT INTO t_course VALUES('06','Web','wei');
INSERT INTO t_course VALUES('07','C++','huang');
INSERT INTO t_course VALUES('08','C#','zhang');
INSERT INTO t_course VALUES('09','English','hua');
```

3. t_grade 表

```
CREATE TABLE t_grade(
     f_stuid CHAR(3) NOT NULL REFERENCES t_student(f_id),
     f_courseid CHAR(3) NOT NULL REFERENCES t_course(f_id),
     f_grade integer NULL,
     PRIMARY KEY (f_stuid,f_courseid)
);
```
--向 t_grade 中插入数据
```
INSERT INTO t_grade VALUES('001','01',61);
INSERT INTO t_grade VALUES('001','02',69);
INSERT INTO t_grade VALUES('001','03',70);
INSERT INTO t_grade VALUES('001','04',79);
INSERT INTO t_grade VALUES('001','07',80);
INSERT INTO t_grade VALUES('002','01',97);
INSERT INTO t_grade VALUES('002','02',80);
INSERT INTO t_grade VALUES('002','03',86);
INSERT INTO t_grade VALUES('002','04',70);
INSERT INTO t_grade VALUES('002','05',70);
INSERT INTO t_grade VALUES('003','07',80);
INSERT INTO t_grade VALUES('003','08',86);
INSERT INTO t_grade VALUES('003','09',88);
INSERT INTO t_grade VALUES('003','01',44);
INSERT INTO t_grade VALUES('004','07',65);
INSERT INTO t_grade VALUES('004','08',90);
INSERT INTO t_grade VALUES('005','01',80);
```

4. t_teacher 表

```
CREATE TABLE t_teacher(
     f_id CHAR(3) NOT NULL PRIMARY KEY,
     f_name CHAR(10) NOT NULL,
     f_salary NUMBER NOT NULL
);
```

```
--向 t_teacher 中插入数据
INSERT INTO t_teacher VALUES('01','wang',1000);
INSERT INTO t_teacher VALUES('02','yang',2000);
INSERT INTO t_teacher VALUES('03','zhang',1000);
INSERT INTO t_teacher VALUES('04','qin',2500);
INSERT INTO t_teacher VALUES('05','ql',3500);
INSERT INTO t_teacher VALUES('06','wei',4000);
INSERT INTO t_teacher VALUES('07','huang',6000);
INSERT INTO t_teacher VALUES('09','hua',7000);
```

5. employees 表

```
CREATE TABLE employees(
    employee_id NUMBER(6),
    first_name VARCHAR2(20),
    last_name VARCHAR2(25) CONSTRAINT emp_last_name_nn NOT NULL,
    email VARCHAR2(25) CONSTRAINT emp_email_nn NOT NULL,
    phone_number VARCHAR2(20),
    hire_date DATE CONSTRAINT emp_hire_date_nn NOT NULL,
    salary NUMBER(8,2),
    commission_pct NUMBER(2,2)
    );
```
```
--向 employees 中插入数据
INSERT INTO employees VALUES(001, 'steven', 'kINg', 'skINg', '15090909090', TO_DATE('17-2
月-1987', 'dd-mon-yyyy'), 24000, NULL);
    INSERT INTO employees VALUES(002, 'alexANDer', 'hunold', 'ahunold', '15190909090',
TO_DATE('20-3 月-1987', 'dd-mon-yyyy'), 2000, NULL);
    INSERT INTO employees VALUES(003, 'jose', 'urman', 'jmurman', '15590909090', TO_DATE
('20-4 月-1995', 'dd-mon-yyyy'), 7800, NULL);
    INSERT INTO employees VALUES(004, 'john', 'russell', 'jrussel', '18890909090', TO_DATE
('20-5 月-1995', 'dd-mon-yyyy'), 7800, .25);
    INSERT INTO employees VALUES(005, 'karen', 'partners', 'kpartner', '13390909090', TO_DATE
('20-10 月-1995', 'dd-mon-yyyy'), 3000, .4);
    INSERT INTO employees VALUES(006, 'k', 'k', 'kk', '18890909090', TO_DATE('20-10 月-1993',
'dd-mon-yyyy'), 3000, NULL);
```

9.1.1 算术操作符

算术操作符主要用于执行数值计算，可以在 SQL 语句中使用算术操作符。由数值数据类型的列名、数值常量和连接它们的算术操作符共同组成算术表达式。Oracle 中支持的算术操作符包括+（加）、-（减）、*（乘）、/（除）。

算术操作符

算术操作符的描述如表 9-1 所示。

表 9-1　算术操作符

操作符	描述
+	相加：将符号两边的数值加起来
-	相减：从左边的操作数中减去右边的操作数
*	相乘：将两边的操作数相乘
/	相除：用左边的操作数除以右边的操作数

【注意】

（1）操作符+和–可作为数据正负符号，如+1、–2。

（2）在进行除法运算时，0 不能做除数。

【示例 9.1】 在查询中使用+运算。

要求从成绩表中查询选修 C 语言(01)课程的学生编号、学生成绩，其中学生成绩进行加 1 操作，形成新字段。

```
SELECT  f_stuid, f_grade + 1 AS new_grade
FROM  t_grade
WHERE f_courseid='01';
```

运行结果如图 9-1 所示。

【示例 9.2】 在查询中使用*运算。

要求从成绩表中查询选修 C 语言(01)课程的学生编号、学生成绩，其中学生成绩进行乘 1.1 操作，形成新字段。

```
SELECT  f_stuid, f_grade * 1.1 AS new_grade
FROM  t_grade
WHERE f_courseid='01';
```

运行结果如图 9-2 所示。

	F_STUID	NEW_GRADE
1	001	62
2	002	98
3	003	45
4	005	81

图 9-1 使用+运算的运行结果

	F_STUID	NEW_GRADE
1	001	67.1
2	002	106.7
3	003	48.4
4	005	88

图 9-2 使用*运算的运行结果

9.1.2 比较操作符

比较操作符

比较操作符主要用于比较两个表达式的值，Oracle 中支持的比较操作符包括=、!=、<、>、<=、>=、BETWEEN…AND、IN、LIKE 和 IS NULL 等。

比较操作符的描述如表 9-2 所示。

表 9-2 比较操作符

操作符	描述
=	等于：比较左方是否等于右方
>	大于：比较左方是否大于右方
>=	大于、等于：比较左方是否大于等于右方
<	小于：比较左方是否小于右方
<=	小于、等于：比较左方是否小于等于右方
<>	不等于

【注意】

（1）在 Oracle 中，比较运算符"等于"是"="，赋值使用":="符号，如 c_name CONSTANT CHAR(20):= "zhangsan"。

（2）"<>" 也可以使用 "!=" 代替。

【示例 9.3】 查询条件使用 "<"。

要求查询学生表中出生日期早于 1986 年 1 月 1 日的学生信息。

```
SELECT  f_id, f_name, f_birth
FROM  t_student
WHERE  f_birth <TO_DATE('1986-1-1','yyyy-mm-dd');
```

运行结果如图 9-3 所示。

其他比较操作符的描述如表 9-3 所示。

	F_ID	F_NAME	F_BIRTH	
▶ 1	001	张三	1984/3/1	▾
2	003	王五	1984/3/1	▾
3	004	马六	1984/5/12	▾
4	005	田七	1984/3/11	▾

图 9-3 使用 "<" 查询的运行结果

表 9-3 其他比较操作符

操作符	描述
BETWEEN...AND...	验证操作数是否在两个值之间
IN(set)	验证操作数等于值列表中的一个
LIKE	模糊查询
IS NULL	空值

【注意】

（1）"BETWEEN...AND..." 语句中 BETWEEN 后放置较小值，AND 后放置较大值，包含边界值。

（2）IN(set) 中的 set 是值列表，从值列表中选取匹配的信息。

（3）LIKE 操作符用于在 WHERE 子句中搜索列中的指定模式。一般结合两个通配符联合使用。

① _：可以代替一个字符。

② %：代表零个或多个字符（任意个字符）。

③ % 和 _ 可以同时使用。

④ 可以使用 ESCAPE 标识符选择 % 和 _ 符号，使用转义符回避特殊符号。例如，将 "%" 转化为 "\%"、将 "_" 转化为 "_"，然后再加上 "ESCAPE '\'" 即可。

【示例 9.4】 查询条件使用 BETWEEN...AND...。

要求查询学生表中出生日期为 1984 年 3 月 1 日至 1987 年 3 月 1 日的学生信息。

```
SELECT  *
FROM  t_student
WHERE f_birth  BETWEEN TO_DATE('1984-3-1','yyyy-mm-dd')  AND TO_DATE('1987-3-1','yyyy-
mm-dd') ;
```

运行结果如图 9-4 所示。

	F_ID	F_NAME	F_SEX	F_BIRTH	F_DEPARTMENT		F_
1	001	张三	m	1984/3/1 ▾	Engineering	...	
2	002	李四	f	1986/5/11	Liberal Arts	...	
3	003	王五	f	1984/3/1 ▾	MATHS	...	
4	004	马六	m	1984/5/12 ▾	Law	...	
5	005	田七	m	1984/3/11 ▾	Law	...	
6	006	赵六	f	1986/3/1	MATHS	...	
7	007	陈九	f	1987/3/1	Liberal Arts	...	

图 9-4 使用 BETWEEN...AND...的运行结果

【示例 9.5】 查询条件使用 IN(set)。

要求查询学生表中出生日期为 1984 年 3 月 1 日或 1987 年 3 月 1 日的学生信息。

```
SELECT  f_id,f_name,f_birth
FROM  t_student
WHERE f_birth IN (TO_DATE('1984-3-1','yyyy-mm-dd') ,TO_DATE('1987-9-1','yyyy-mm-dd'));
```

运行结果如图 9-5 所示。

【示例 9.6】查询条件使用 LIKE。

要求查询学生表中学生姓名的第二个字符为"富"的学生信息。

```
SELECT  f_id,f_name,f_sex,f_birth
FROM  t_student
WHERE f_name LIKE '_富%';
```

运行结果如图 9-6 所示。

【示例 9.7】查询条件使用 LIKE 结合 ESCAPE。

要求查询学生表中学生姓名以"zhang_"开头的学生信息。

```
SELECT  f_id,f_name
FROM  t_student
WHERE f_name LIKE 'zhang\_%' ESCAPE '\';
```

运行结果如图 9-7 所示。

	F_ID	F_NAME	F_BIRTH
▶ 1	001	张三	1984/3/1 ▼
2	003	王五	1984/3/1 ▼

图 9-5 使用 IN 的运行结果

	F_ID	F_NAME	F_SEX	F_BIRTH
▶ 1	010	田富贵	m	1995/10/1 ▼
2	013	富贵	m	1995/10/1 ▼
3	014	田富	m	1995/10/1 ▼

图 9-6 使用 LIKE 的运行结果

	F_ID	F_NAME
▶ 1	019	zhang_san

图 9-7 使用 LIKE 结合 ESCAPE 的运行结果

9.1.3 逻辑操作符

逻辑操作符主要用于组合多个比较运算的结果以生成一个或真或假的结果。
Oracle 支持的逻辑操作符包括与（AND）、或（OR）和非（NOT）。

逻辑操作符的描述如表 9-4 所示。

表 9-4 逻辑操作符

操作符	描述
AND	逻辑与
OR	逻辑或
NOT	逻辑非

【注意】AND 要求并的关系为真，OR 要求或的关系为真，记忆口诀为"AND 全真才真，OR 一真即真"。

【示例 9.8】查询条件使用 AND。

要求查询出生日期在 1980 年 1 月 1 日之后并在 1985 年 12 月 31 日之前的学生信息。

```
SELECT  * FROM  t_student
WHERE f_birth >= TO_DATE('1980-1-1','yyyy-mm-dd')
AND f_birth <= TO_DATE('1985-12-31','yyyy-mm-dd');
```

运行结果如图 9-8 所示。

	F_ID	F_NAME	F_SEX	F_BIRTH		F_DEPARTMENT	F_CLASS
▶ 1	001	张三	m	1984/3/1		cs	1
2	003	王五	f	1984/3/1	▼	MATHS	1
3	004	马六	m	1984/5/12	▼	java	4
4	005	田七	m	1984/3/11		php	2

图 9-8 使用 AND 的运行结果

【示例 9.9】查询条件使用 OR。

要求查询出生日期在 1980 年 1 月 1 日之后或在 1985 年 12 月 31 日之前的学生信息。

```
SELECT * FROM t_student
WHERE f_birth >= TO_DATE('1980-1-1','yyyy-mm-dd')
OR f_birth <= TO_DATE('1985-12-31','yyyy-mm-dd');
```

运行结果如图 9-9 所示。

	F_ID	F_NAME	F_SEX	F_BIRTH		F_DEPARTMENT		F_CLASS
1	001	张三	m	1984/3/1	▼	Engineering	···	1
2	002	李四	f	1986/5/11	▼	Liberal Arts	···	3
3	003	王五	f	1984/3/1	▼	MATHS	···	1
4	004	马六	m	1984/5/12	▼	Law	···	4
5	005	田七	m	1984/3/11	▼	Law	···	2
6	006	赵六	f	1986/3/1	▼	MATHS	···	2
7	007	陈九	m	1987/3/1	▼	Liberal Arts	···	4
8	008	楚留香	f	1999/11/1	▼	Engineering	···	2
9	009	陈世美	f	1997/5/1	▼	Commerce	···	3
10	010	田富贵	m	1995/10/1	▼	Commerce	···	3
11	011	刘备	m	1994/3/1	▼	Science	···	1
12	012	张明	m	1992/9/21	▼	Science	···	1
13	013	富贵	m	1995/10/1	▼	Science	···	3
14	014	田富	m	1995/10/1	▼	Art	···	3
15	015	Mary	m	1995/10/1	▼	Art	···	3
16	016	Tom	m	1995/10/1	▼	Commerce	···	3
17	017	Jack	m	1995/10/1	▼	Engineering	···	3
18	018	zhang_san	m	1995/10/1	▼	Law	···	3

图 9-9 示例 9.9 的运行结果

【示例 9.10】查询条件使用 NOT。

要求查询姓名不是"wang""yang""zhang"的教师信息。

```
SELECT f_teacher
FROM t_course
WHERE f_teacher NOT IN ('wang', 'yang', 'zhang');
```

运行结果如图 9-10 所示。

	F_TEACHER
▶ 1	qin
2	ql
3	wei
4	huang
5	hua

图 9-10 使用 NOT 的运行结果

9.1.4 集合操作符

集合操作符将两个查询的结果组合成一个结果。Oracle 支持的集合操作符包
括 UNION、UNION ALL、INTERSECT、MINUS。

集合操作符

（1）UNION：并集，所有内容全部查询，去除公共部分。

（2）UNION ALL：并集，所有内容全部查询，包含公共部分。

（3）INTERSECT：交集，只显示公共部分。

（4）MINUS：差集，显示除公共部分之外的内容。

集合运算中各个集合必须有相同的列数，且类型一致。集合运算的结果将采用第一个集合的表
头作为最终的表头，ORDER BY 必须放在每个集合后。

集合运算图示说明如图 9-11 所示。

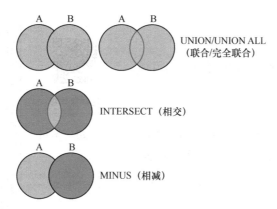

图 9-11　集合运算图示说明

【示例 9.11】要求分别统计 C 语言（01）和 Java（02）及格（60 分以上）的同学学号。

```
SELECT f_stuid FROM t_grade WHERE f_grade>=60 AND f_courseid = '01';
SELECT f_stuid FROM t_grade WHERE f_grade>=60 AND f_courseid = '02';
```

运行结果如图 9-12 所示。

		F_STUID
▶	1	001
	2	002
	3	005

		F_STUID
▶	1	001
	2	002

图 9-12　两门课程及格的同学学号

【示例 9.12】验证 INTERSECT。

要求统计 C 语言（01）和 Java（02）都及格（60 分以上）的同学学号。

```
SELECT f_stuid FROM t_grade WHERE f_grade>=60 AND f_courseid = '01'
INTERSECT
SELECT f_stuid FROM t_grade WHERE f_grade>=60 AND f_courseid = '02';
```

运行结果如图 9-13 所示。

【示例 9.13】验证 UNION。

要求统计 C 语言（01）或 Java（02）及格（60 分以上）的同学学号。

```
SELECT f_stuid FROM t_grade WHERE f_grade>=60 AND f_courseid = '01'
UNION
SELECT f_stuid FROM t_grade WHERE f_grade>=60 AND f_courseid = '02';
```

运行结果如图 9-14 所示。

【示例 9.14】验证 MINUS。

统计 C 语言（01）及格但 Java（02）不及格的同学学号。

```
SELECT f_stuid FROM t_grade WHERE f_grade>=60 AND f_courseid = '01'
MINUS
SELECT f_stuid FROM t_grade WHERE f_grade<=60 AND f_courseid = '02';
```

运行结果如图 9-15 所示。

图 9-13　验证 INTERSECT 的运行结果　　　图 9-14　验证 UNION 的运行结果　　　图 9-15　验证 MINUS 的运行结果

9.1.5 连接操作符

连接操作符用于将多个字符串或数据值合并成一个字符串，用"||"表示。

连接操作符

【示例 9.15】验证"||"。

要求查询结果格式为"学号为 xx 的同学姓名是 xx"，如"学号为 001 的同学姓名是张三"，并作为新字段 newINfo 显示。

```
SELECT  ('学号为' || f_id|| '的同学姓名是' ||f_name) AS
newINfo
FROM t_student;
```

运行结果如图 9-16 所示。

	NEWINFO
1	学号为001的同学姓名是张三 ...
2	学号为002的同学姓名是李四 ...
3	学号为003的同学姓名是王五 ...
4	学号为004的同学姓名是马六 ...
5	学号为005的同学姓名是田七 ...
6	学号为006的同学姓名是赵六 ...
7	学号为007的同学姓名是陈九 ...
8	学号为008的同学姓名是楚留香 ...
9	学号为009的同学姓名是陈世美 ...
10	学号为010的同学姓名是田富贵 ...
11	学号为011的同学姓名是刘备 ...
12	学号为012的同学姓名是张明 ...
13	学号为013的同学姓名是富贵 ...
14	学号为014的同学姓名是田富 ...
15	学号为015的同学姓名是Mary ...
16	学号为016的同学姓名是Tom ...
17	学号为017的同学姓名是Jack ...
18	学号为018的同学姓名是zhang_san ...

图 9-16 验证"||"的运行结果

9.1.6 操作符优先级

SQL 操作符的优先级决定了运算执行的先后顺序，表 9-5 所示为 Oracle 中操作符特定的优先级。

操作符优先级

表 9-5 操作符优先级

优先级	描述
1	算术运算符，即+、−、*、/
2	连接符，即||
3	比较符，即>、>=、<、<=、<>
4	is[NOT]NULL, LIKE, [NOT]IN
5	[NOT] BETWEEN
6	NOT
7	AND
8	OR

【注意】

（1）使用括号可以改变优先级的顺序，建议尽量使用括号来限定运算次序，以免产生错误。

（2）如果两个操作符有相同的优先级，那么就按从左至右的顺序进行运算。

9.2 SQL 函数

Oracle 提供一系列用于执行特定操作的函数，大大增强了 SQL 的功能。SQL 函数主要分为 3 大类，分别是单行函数、分组函数、分析函数。SQL 函数可以带有一个或多个参数并返回一个结果，图 9-17 简单演示了 SQL 函数的执行过程。

SOL 函数

9.2.1 单行函数

单行函数对于从表中查询的每一行只返回一个值，可以出现在 SELECT 子句和 WHERE 子句中，单行函数可以大致分为日期函数、数字函数、字符函数、转换函数、其他函数。单行函数的执行过程如图 9-18 所示。

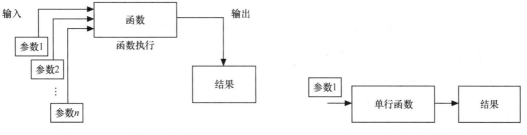

图 9-17 SQL 函数的执行过程   图 9-18 单行函数的执行过程

1. 日期函数的使用

日期函数可对日期值进行运算，并生成日期、时间类型或数值类型的结果。表 9-6 所示为常用的日期函数。

日期函数

表 9-6 日期函数

函数	描述
sysdate()	返回系统当前时间
systimestamp()	返回系统当前时间，精确到微秒，包含时区信息
add_months(date,integer)	向指定日期中加上若干月数，参数 date 为指定日期，integer 为要加的月份数，值为负数时，表示减去的月份数
months_between(date1,date2)	两个日期相差的月数，date1>date2，返回值为正数，反之返回负值
last_day(date)	返回本月的最后一天
next_day(date,char)	指定日期的下一个星期*对应的日期，参数 date 为指定日期，char 表示星期*，char 要求必须有效
round(date[,f])	日期四舍五入，将 date 处理到 f 指定的格式中，如果 f 省略，则四舍五入为最近的一天
trunc(date[,f])	日期截断，将 date 处理到 f 指定的格式中，如果 f 省略，则截断为最近的一天
extract(date)	日期、时间截取，提取指定日期、时间的指定部分，如年、月、日、小时、分钟等

【注意】

（1）在日期上加上或减去一个数字，结果仍为日期。

（2）两个日期相减，会返回日期之间相差的天数。

（3）日期不允许做加法运算，无意义。

【示例 9.16】 验证 sysdate()。

要求使用 sysdate()获取当前系统时间。

```
SELECT  sysdate
FROM dual;
```

【示例 9.17】 验证 systimestamp()。

要求使用 systimestamp()获取当前系统时间。

```
SELECT  systimestamp
FROM dual;
```

运行结果如图 9-19 和图 9-20 所示。

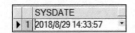

	SYSDATE
▶ 1	2018/8/29 14:33:57 ▾

图 9-19 验证 sysdate()运行结果

	SYSTIMESTAMP
▶ 1	29-8月 -18 02.34.19.661000 下午 +08:00 ···

图 9-20 验证 systimestamp()运行结果

【示例 9.18】验证 add_months(date,integer)。

要求查询 2018 年 8 月 29 日后 2 个月的日期。

```
SELECT  add_months ('29-8 月-2018',2)
FROM dual;
```

运行结果如图 9-21 所示。

【示例 9.19】验证 months_between(date1,date2)。

要求查询 1995 年 2 月 1 日至 1994 年 2 月 1 日之间相差的月份数。

```
SELECT  months_between('01-2 月-95','11-2 月-94')
FROM dual;
```

运行结果如图 9-22 所示。

	ADD_MONTHS('29-8月-2018',2)
▶ 1	2018/10/29 ▾

图 9-21 验证 add_months()运行结果

	MONTHS_BETWEEN('01-2月-95','11
▶ 1	11.6774193548387

图 9-22 验证 months_between(date1,date2)运行结果

【示例 9.20】验证 last_day(date)。

要求返回当月的最后一天。

```
assume sysdate = '29-8 月-18'
SELECT  last_day(sysdate)
FROM dual;
```

运行结果如图 9-23 所示。

【示例 9.21】验证 next_day(date,char)。

```
assume sysdate = '29-8 月-18'
SELECT  next_day(sysdate,'星期一')
FROM dual;
```

运行结果如图 9-24 所示。

	LAST_DAY(SYSDATE)
▶ 1	2018/8/31 20:19:47 ▾

图 9-23 验证 last_day()运行结果

	NEXT_DAY(SYSDATE,'星期一')
▶ 1	2018/9/3 20:25:23 ▾

图 9-24 验证 next_day()运行结果

【示例 9.22】验证 round(date[,f])。

将 2018 年 8 月 29 日的日期四舍五入至最近的一天，将该日期处理到月份。

```
assume sysdate = '29-8 月-18'
SELECT  round(sysdate,'month')
FROM dual;
```

将 2018 年 8 月 29 日的日期四舍五入至最近的一天，将该日期处理到年份。

```
assume sysdate = '29-8 月-18'
```

```
SELECT  round(sysdate,'year')
FROM dual;
```

运行结果如图 9-25 和图 9-26 所示。

图 9-25　验证 round()运行结果 1　　　　图 9-26　验证 round()运行结果 2

【示例 9.23】验证 trunc(date[,f])。

将 2018 年 8 月 29 日的日期截至最近的一天，将该日期处理到月份。

```
assume sysdate = '29-8 月-18'
SELECT  trunc(sysdate,'month')
FROM dual;
```

将 2018 年 8 月 29 日的日期截至最近的一天，将该日期处理到年份。

```
assume sysdate = '29-8 月-18'
SELECT  trunc(sysdate,'year')
FROM dual;
```

运行结果如图 9-27 所示。

【示例 9.24】验证 extract(date)。

将 2018 年 8 月 29 日提取指定年、月、日信息，并分别作为单独字段展示。

```
assume sysdate= '29-8 月-18'
SELECT
EXTRACT(YEAR FROM  SYSDATE) AS year,
EXTRACT(MONTH FROM  SYSTIMESTAMP) AS month,
EXTRACT(DAY FROM  SYSDATE) AS day
FROM  DUAL
```

运行结果如图 9-28 所示。

图 9-27　验证 trunc()运行结果　　　　　　图 9-28　验证 extract()运行结果

2. 数字函数的使用

数字函数接受数字参数，参数可以来自表中的一列，也可以是一个数字表达式并返回数值结果，表 9-7 所示为常用的数字函数。

数字函数

表 9-7　数字函数

函数	说明	示例
abs(x)	x 绝对值	abs(-3)=3
acos(x)	x 的反余弦	acos(1)=0
cos(x)	余弦	cos(1)=1.57079633
ceil(x)	大于或等于 x 的最小值	ceil(5.4)=6
floor(x)	小于或等于 x 的最大值	floor(5.8)=5
log(x,y)	x 为底 y 的对数	log(2,4)=2
mod(x,y)	x 除以 y 的余数	mod(8,3)=2

续表

函数	说明	示例
power(x,y)	x 的 y 次幂	power(2,3)=8
round(x[,y])	x 在第 y 位四舍五入	round(3.456,2)=3.46
sqrt(x)	x 的平方根	sqrt(4)=2
trunc(x[,y])	x 在第 y 位截断	trunc(3.456,2)=3.45

3. 字符函数的使用

字符函数接受字符输入并返回字符或数值，接受的字符参数可以是表中的列，也可以是一个字符串表达式。常用的字符函数如表 9-8 所示。

字符函数

表 9-8 字符函数

函数	说明
initcap(char)	首字母大写
lower(char)	小写
upper(char)	大写
ltrim(char,set)	除去 char 中左侧所含 set 中的字符，如果没有参数 set，则为除去左侧所含的空格
rtrim(char,set)	除去 char 中右侧所含 set 中的字符，如果没有参数 set，则为除去右侧所含的空格
translate(char, from , to)	字符对字符转化
replace(char, searchstring,[rep string])	字符串对字符串的替换
instr (char, m)	查找 m 在 char 首次出现的位置
substr (char, m, n)	字符截取，char 为需要截取的字符串，m 为截取字符串的开始位置，n 为要截取的字符串的长度
concat (expr1, expr2)	串连接
chr(number_code)	将 ASCII 码转换为字符
ascii(sINgle_character)	将字符转换为 ASCII 码
lpad(str1,count,str2)	在 str1 左侧填充 str2，使结果串长度为 count
rpad(str1,count,str2)	在 str1 右侧填充 str2，使结果串长度为 count
length()	获取指定字符串长度
trim()	删除指定前缀或后缀的字符，默认删除空格

具体示例及结果展示如表 9-9 所示。

表 9-9 字符函数示例及结果

示例	结果
SELECT initcap('hello') FROM dual;	hello
SELECT lower('fun') FROM dual;	fun
SELECT upper('sun')FROM dual;	sun
SELECT ltrim('xyzadams','xyz') FROM dual;	adams
SELECT rtrim('xyzadams','ams') FROM dual;	xyzad

续表

示例	结果
SELECT translate('jack','j','b') FROM dual;	back
SELECT replace('jack AND jue' ,'j','bl') FROM dual;	black AND blue
SELECT instr ('worldwide','d') FROM dual;	5
SELECT substr('abcdefg',3,2) FROM dual;	cd
SELECT concat ('hello',' world') FROM dual;	hello world
SELECT chr(116) FROM dual;	t
SELECT ascii('t') FROM dual;	116
SELECT lpad(100,10,'*') FROM dual;	*******100
SELECT rpad(100, 10, '*') FROM dual;	100*******
SELECT length('abcdefg') FROM dual;	7
SELECT length(trim(' abcdefg ')) FROM dual;	7

4. 转换函数的使用

转换函数将值从一种数据类型转换为另一种数据类型。它分为隐式转换函数
和显式转换函数 2 类。

转换函数

其中，隐式数据类型转换是指 Oracle 自动完成下列转换，如表 9-10 所示。

表 9-10 隐式数据类型转换

源数据类型	目标数据类型
VARCHAR2 OR CHAR	NUMBER
VARCHAR2 OR CHAR	DATE
NUMBER	VARCHAR2
DATE	VARCHAR2

显式数据类型转换常用的转换函数有：TO_CHAR()、TO_DATE()、TO_NUMBER()。简单来讲，
利用 TO_CHAR() 函数可以将日期或者数值转换成字符，利用 TO_DATE() 函数可以将字符转换成日
期，利用 TO_NUMBER() 函数可以将字符转换成数值。转换关系如图 9-29 所示。

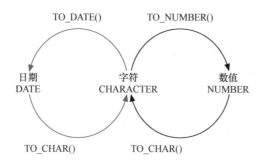

图 9-29 转换关系

下面具体介绍 3 个转换函数。

（1）TO_CHAR()函数

① TO_CHAR()函数对日期的转换。

具体语法规范为：

```
TO_CHAR(date, 'format_model')
```

将 data 日期转化成具体格式。其中，格式要求必须包含在单引号中而且大小写敏感，可以包含任意的有效的日期格式；日期之间用逗号隔开；最终得到的结果是特定格式的日期字符串。

常用日期格式如表 9-11 所示。

表 9-11　日期格式

格式	举例
yyyy	2018
year	two thousand AND eighteen
mm	02
month	july
mon	jul
Dy	mon
Day	monday
Dd	02
hh24:mi:ss am	16:45:32 pm

【示例 9.25】验证 TO_CHAR(date, 'format_model')。

要求将当前日期转换成"2019-09-30 10:30:12"的样式输出。

```
--assume sysdate= '30-8 月-18'
SELECT  TO_CHAR(sysdate,'yyyy-mm-dd hh:mi:ss')
FROM  dual;
```

运行结果如图 9-30 所示。

【示例 9.26】验证 TO_CHAR(date, 'format_model')。

要求使用双引号向日期中添加字符。

```
--assume sysdate= '30-8 月-18'
SELECT  TO_CHAR(sysdate,'dd "of" month') FROM dual;
```

运行结果如图 9-31 所示。

【示例 9.27】验证 TO_CHAR(date, 'format_model')。

要求查询出生日期为 1984 年 3 月 1 日的学生信息。

```
SELECT  f_id,f_name,f_birth
FROM  t_student
WHERE TO_CHAR(f_birth,'yyyy-mm-dd') = '1984-03-01';
```

运行结果如图 9-32 所示。

	TO_CHAR(SYSDATE,'YYYY-MM-DDHH:
▶ 1	2018-08-30 10:30:12

	TO_CHAR(SYSDATE,'DD"OF"MONTH')
▶ 1	30 of 8月

	F_ID	F_NAME	F_BIRTH
▶ 1	001	张三	1984/3/1
2	003	王五	1984/3/1

图 9-30　特定格式输出当前日期　　　图 9-31　利用双引号向日期中添加特定字符　　　图 9-32　学生信息查询结果

② TO_CHAR()函数对数字的转换。

具体语法规范为：

```
TO_CHAR(number, 'format_model')
```

常用数字格式如表 9-12 所示。

表 9-12　数字格式

格式	举例
9	数字
0	零
$	美元符
1	本地货币符号
.	小数点
,	千位符

【示例 9.28】 验证 TO_CHAR(number, 'format_model')。

要求按照格式输出小数。

```
SELECT  TO_CHAR(0.123,'0.999')
FROM  dual;
```

运行结果如图 9-33 所示。

【示例 9.29】 验证 TO_CHAR(number, 'format_model')。

要求按格式输出教师编号为 01 的教师工资。

```
SELECT  f_id,f_name,TO_CHAR(f_salary, '$99,999.00') salary
FROM    t_teacher
WHERE  f_id = '01';
```

运行结果如图 9-34 所示。

	TO_CHAR(0.123,'0.999')
1	0.123

图 9-33　按格式输出小数

	F_ID	F_NAME	SALARY
1	01	wang	$1,000.00

图 9-34　按格式输出教师编号为 01 的教师工资

（2）TO_DATE 函数

TO_DATE 函数将字符类型按一定格式转化为日期类型。

具体语法规范为：

```
TO_DATE(char[,'format_model'])
```

参数 char 表示要转换的字符，format_model 表示要转换的格式。

【示例 9.30】 验证 TO_DATE(char[, 'format_model'])。

要求将当前日期转换成“2019-09-30 10:30:12”的样式输出。

```
--assume sysdate= '30-8 月-18'
SELECT  TO_DATE('2018 年 8 月 30 日 08:10:21','yyyy"年"mm"月"dd"日"hh:mi:ss')
FROM  dual;
```

运行结果如图 9-35 所示。

（3）TO_NUMBER

TO_NUMBER 函数将字符类型按一定格式转化为数值类型。

具体语法规范为：

```
TO_NUMBER(char[, 'format_model'])
```

参数 char 表示要转换的字符，format_model 表示要转换的数值格式。

【示例 9.31】验证 TO_NUMBER(date, 'format_model')。

将字符串"100.001"按格式要求转换成数值。

```
SELECT  TO_NUMBER('100.001','999.999')
FROM  dual;
```

运行结果如图 9-36 所示。

	TO_CHAR(SYSDATE,'YYYY-MM-DDHH:
▶ 1	2018-08-30 10:30:12

图 9-35　按格式输出日期

	TO_NUMBER('100.001','999.999')
▶ 1	100.001

图 9-36　字符串转换数值结果

5. 其他函数的使用

除了前面介绍的函数外，还有一些通用函数，这些函数适用于任何数据类型，同时也适用于空值。

（1）NVL 函数：将空值转换成一个已知用来转换空值的函数的值，可以使用的数据类型有日期、字符、数字。函数的一般形式为 NVL(expr1, expr2)，如果 expr1 为 NULL 值，返回 expre2 的值，否则返回 expr1 的值。

【示例 9.32】验证 NVL(expr1, expr2)。

要求计算公司员工的年薪。

```
SELECT  last_name, salary * 12 * (1 + NVL(commission_pct, 0)) year_sal
FROM  employees
```

运行结果如图 9-37 所示。

（2）NVL 2 函数：与 NVL 函数类似，也是将空值转换成一个已知用来转换空值的函数的值，函数的一般形式为 NVL (expr1,expr2,expr3)，特殊在于如果 expr1 为 NULL 值，则返回 expre3 的值，否则返回 expr2 的值。

【示例 9.33】验证 NVL (expr1, expr2,expr3)。

要求计算公司员工的实际月收入。

```
SELECT  last_name,  salary, commission_pct,NVL2(commission_pct, salary*(1+commission_pct),
salary) INcome
FROM  employees;
```

运行结果如图 9-38 所示。

	LAST_NAME	YEAR_SAL
▶ 1	King	288000
2	Hunold	24000
3	Urman	93600
4	Russell	117000
5	Partners	50400
6	k	36000

图 9-37　示例 9.32 的运行结果

	LAST_NAME	SALARY	COMMISSION_PCT	INCOME
▶ 1	King	24000.00		24000
2	Hunold	2000.00		2000
3	Urman	7800.00		7800
4	Russell	7800.00	0.25	9750
5	Partners	3000.00	0.40	4200
6	k	3000.00		3000

图 9-38　运行 NVL 结果

（3）NULLIF 函数：该函数的一般形式为 NULLIF (expr1, expr2)，如果 expr1 和 expr2 相等，返回 NULL，不等则返回 expr1。

146

【**示例 9.34**】验证 NULLIF(expr1, expr2)。

```
SELECT  first_name, length(first_name) "expr1",
        last_name, length(last_name) "expr2",
        NULLIF(length(first_name), length(last_name)) result
FROM    employees;
```

运行结果如图 9-39 所示。

	FIRST_NAME	expr1	LAST_NAME	expr2	RESULT
1	Steven	6	King	4	6
2	Alexander	9	Hunold	6	9
3	Jose	4	Urman	5	4
4	John	4	Russell	7	4
5	Karen	5	Partners	8	5
6	K	1	k	1	

图 9-39　运行 NULLIF 结果

9.2.2　分组函数

分组函数又名聚合函数，详见第 7 章的相关内容，这里不再赘述。

9.2.3　分析函数

分析函数

分析函数是根据一组行来计算聚合值，用于计算完成聚集的累计排名、移动平均数等，为每组记录返回多个行。常用的分析函数有 ROW_NUMBER 函数、RANK 函数、DENSE_RANK 函数。

（1）ROW_NUMBER 函数将查询出来的每一行记录生成一个序号，依次排序且不会重复，在使用时必须要用 over 子句选择对某一列进行排序才能生成序号，即返回连续的排位，不论值是否相等。

（2）RANK 函数用于返回结果集的分区内每行的排名，行的排名是相关行之前的排名数加一，即具有相等值的行排位相同，序数随后跳跃。

（3）DENSE_RANK 函数与 RANK 函数类似，DENSE_RANK 函数在生成序号时是连续的，而 RANK 函数生成的序号有可能不连续，即具有相等值的行排位相同，序号是连续的。

以上三个分析函数常用于计算一个行在一组有序行中的排位。

【**示例 9.35**】验证 ROW_NUMBER()。

要求按照课程对学生的成绩进行排序。

```
SELECT  f_courseid,ROW_NUMBER() over (partition by f_courseid ORder by f_grade desc) RANK
FROM  t_grade;
```

运行结果如图 9-40 所示。

【**示例 9.36**】验证 RANK()。

要求按照课程对学生的成绩进行排序。

```
SELECT  f_courseid,RANK() over (partition by f_courseid ORder by f_grade desc) RANK FROM
t_grade;
```

运行结果如图 9-41 所示。

【**示例 9.37**】验证 DENSE_RANK()。

要求按照课程对学生的成绩进行排序。

```
SELECT  f_courseid,DENSE_RANK() over (partition by f_courseid ORder by f_grade desc) RANK
FROM t_grade;
```

运行结果如图 9-42 所示。

	F_COURSEID	RANK
1	01	1
2	01	2
3	01	3
4	01	4
5	02	1
6	02	2
7	03	1
8	03	2
9	04	1
10	04	2
11	05	1
12	07	1
13	07	2
14	07	3
15	08	1
16	08	2
17	09	1

图 9-40　验证 ROW_NUMBER()结果

	F_COURSEID	RANK
1	01	1
2	01	2
3	01	3
4	01	4
5	02	1
6	02	2
7	03	1
8	03	2
9	04	1
10	04	2
11	05	1
12	07	1
13	07	1
14	07	3
15	08	1
16	08	2
17	09	1

图 9-41　验证 RANK()运行结果

	F_COURSEID	RANK
1	01	1
2	01	2
3	01	3
4	01	4
5	02	1
6	02	2
7	03	1
8	03	2
9	04	1
10	04	2
11	05	1
12	07	1
13	07	1
14	07	2
15	08	1
16	08	2
17	09	1

图 9-42　验证 DENSE_RANK()运行结果

本 章 小 结

本章主要讲解了常用 SQL 操作符和 SQL 函数的使用。SQL 操作符包括算术、比较、逻辑、集合和连接操作符。SQL 函数可分为单行函数、分组函数、分析函数。正确使用 SQL 操作符和 SQL 函数可以帮助开发人员使用简化内容完成复杂业务。

习　题

一、填空题

1. 常用的 3 个转换函数有＿＿＿＿＿＿、＿＿＿＿＿＿、＿＿＿＿＿＿。

2. 函数 lpad('abcdef',10,'*')的运行结果为＿＿＿＿＿＿。

二、单项选择题

1. 在 Oracle 中，以下不属于集合操作符的是（　　）。

A. UNION　　　　　B. SUM　　　　　C. MINUS　　　　　D. INTERSECT

2. 在 Oracle 中，执行下面的语句：

```
SELECT ceil(-97.342),
floor(-97.342), -123.01 -124
round(-97.342),
trunc(-97.342)
FROM dual;
```

返回值不等于-97 的函数是（　　）。

A. ceil()　　　　　B. floor()　　　　　C. round(0)　　　　　D. trunc()

3. 在 Oracle 中，执行语句 SELECT address1||','||address2||','||address2 "Address" FROM employ;
将会返回（　　）列。

A. 0　　　　　B. 1　　　　　C. 2　　　　　D. 3

4. 查询语句中用来连接字符串的符号是（　　　）。

    A．"+"　　　　　　　B．"&"　　　　　　　C．"||"　　　　　　　D．"|"

5. 以下不属于逻辑运算符的操作符是（　　　）。

    A．and　　　　　　　B．or　　　　　　　C．no　　　　　　　D．not

三、判断题

1. "上海西北京" 可以通过 like '%上海_'查出来。（　　　）

2. Oracle 数据库中的字符串和日期必须使用双引号标识。（　　　）

3. Oracle 数据库中的字符串数据是区分大小写的。（　　　）

上 机 指 导

1. 打印出 "2018 年 8 月 30 日 10:15:12" 格式的当前系统的日期和时间。

2. 格式化数字 1234567.89 为 1,234,567.89。

10 第10章 数据库对象

学习目标

- 掌握同义词的用法。
- 掌握序列的用法。
- 理解并掌握视图的用法。
- 理解并掌握索引的用法。

数据库对象

Oracle 数据库对象又称方案对象，是逻辑结构的集合，前面介绍过的数据库对象有表、用户等，其中对象表是最基本的数据库对象，其他常见的数据库对象有同义词、序列、视图、索引等。本章将介绍这些常用的数据库对象。

10.1 同义词

同义词

同义词是现有数据库对象的一个别名。Oracle 可以为表、视图、序列、过程、函数、程序包等指定一个别名，起到简化 SQL 语句、隐藏对象的名称和所有者、提供对对象的公共访问的作用。

同义词有以下两种类型。

（1）私有同义词：拥有 CREATE SYNONYM 权限的用户（包括非管理员用户）可以创建私有同义词，创建的私有同义词只能由当前用户使用。

（2）公有同义词：系统管理员可以创建公有同义词，可被所有的数据库用户访问。

10.1.1 创建同义词

创建同义词只需掌握以下语法：

创建同义词

```
CREATE [OR REPLACE] [PUBLIC] SYNONYM [schema.]SYNONYM_name
FOR [schema.]object_name
```

语法说明如下。

（1）OR REPLACE：表示新建同义词时可以覆盖同名同义词，即如果该同义词已经存在，那么就用新创建的同义词代替旧同义词。

（2）PUBLIC：创建公有同义词时使用的关键字，一般情况下不需要创建公有同义词。

（3）[schema.]SYNONYM_name：表示同义词的所属方案名称和同义词名称。其中 Oracle 中一个用户可以创建表、视图等多种数据库对象，一个用户和该用户下的所有数据库对象的集合称为 schema（模式、方案），用户名就是 schema 名。一个数据库对象的全称是：用户名.对象名，即 schema.object_name。

创建同义词前，应先创建基表 employees，并初始化数据。

```
--创建 employees 表
CREATE TABLE employees(
employee_id NUMBER(6),
first_name VARCHAR2(20),
last_name VARCHAR2(25) CONSTRAINT emp_last_name_nn  NOT NULL ,
email VARCHAR2(25) CONSTRAINT emp_email_nn  NOT NULL ,
phone_NUMBER VARCHAR2(20),
hire_date DATE CONSTRAINT emp_hire_date_nn  NOT NULL ,
salary NUMBER(8,2),
commission_pct NUMBER(2,2)
);
--插入数据
INSERT INTO employees VALUES(001, 'steven', 'king', 'sking', '15090909090', TO_DATE('17-2
月-1987', 'dd-mon-yyyy'), 24000, null);
INSERT INTO employees VALUES(002, 'alexander', 'hunold', 'ahunold', '15190909090',
TO_DATE('20-3 月-1987', 'dd-mon-yyyy'), 2000, null);
INSERT INTO employees VALUES(003, 'jose', 'urman', 'jmurman', '15590909090', TO_DATE
('20-4 月-1995', 'dd-mon-yyyy'), 7800, null);
INSERT INTO employees VALUES(004, 'john', 'russell', 'jrussel', '18890909090', TO_DATE
('20-5 月-1995', 'dd-mon-yyyy'), 7800, .25);
INSERT INTO employees VALUES(005, 'karen', 'partners', 'kpartner', '13390909090', TO_DATE
('20-10 月-1995', 'dd-mon-yyyy'), 3000, .4);
INSERT INTO employees VALUES(006, 'k', 'k', 'kk', '18890909090', TO_DATE('20-10 月-1993',
'dd-mon-yyyy'), 3000, null);
--查询表信息
SELECT * FROM  employees;
```

employees 表查询结果部分展示，如图 10-1 所示。

	EMPLOYEE_ID	FIRST_NAME	LAST_NAME	EMAIL
1	1	Steven	King	SKING
2	2	Alexander	Hunold	AHUNOLD
3	3	Jose	Urman	JMURMAN
4	4	John	Russell	JRUSSEL
5	5	Karen	Partners	KPARTNER
6	6	K	k	KK

图 10-1　employees 表

【示例 10.1】要求 scott 用户创建私有同义词，利用同义词访问该用户下的 employees 表信息。

```
--创建私有同义词
CREATE SYNONYM emp FOR scott.employees;
```

运行结果如图 10-2 所示。

此时 scott 用户创建私有同义词失败，提示权限不足，即 scott 用户没有创建私有同义词的权限。

解决方案是为普通用户 scott 赋予创建同义词权限。

```
--赋予 scott 用户创建私有同义词权限
GRANT CREATE SYNONYM TO scott;
--赋予 scott 用户创建公有同义词权限
GRANT CREATE PUBLIC SYNONYM TO scott;
```

赋予 scott 用户创建私有同义词权限后，scott 用户利用同义词 emp 访问 employees 表。

```
SELECT employee_id,first_name,last_name FROM  scott.emp;
```

运行结果如图 10-3 所示。

图 10-2 权限不足错误

	EMPLOYEE_ID	FIRST_NAME	LAST_NAME
1	1	Steven ···	King ···
2	2	Alexander ···	Hunold ···
3	3	Jose ···	Urman ···
4	4	John ···	Russell ···
5	5	Karen ···	Partners ···
6	6	K ···	k ···

图 10-3　利用私有同义词访问 employees 表

赋予 scott 用户创建私有同义词权限后，system 用户利用同义词 emp 访问 employees 表。

```
SELECT employee_id,first_name,last_name FROM  scott.emp;
```

【注意】管理员用户可以访问任何用户的数据库对象，system 用户访问 scott 用户的 employees 表时，必须使用 scott.emp。

【示例 10.2】要求 scott 用户创建公有同义词，利用公有同义词访问 scott 用户下的 employees 表信息。

为 scott 用户添加公有同义词权限。

```
--赋予 scott 用户创建公有同义词权限
GRANT CREATE PUBLIC SYNONYM TO scott;
```

创建公有同义词。

```
--创建公有同义词
CREATE PUBLIC SYNONYM emp FOR scott.employees;
```

赋予 scott 用户创建公有同义词权限后，scott 用户利用公有同义词 emp 访问 employees 表。

```
SELECT employee_id,first_name,last_name FROM  scott.emp;
```

运行结果如图 10-4 所示。

10.1.2 删除同义词

删除同义词

删除同义词的语法格式如下：

```
DROP [PUBLIC] SYNONYM object_name;
```

【示例 10.3】要求删除 scott 用户创建的私有同义词 emp，并再次使用删除后的同义词访问 employees 表。

```
--删除私有同义词
DROP SYNONYM emp;
SELECT employee_id,first_name,last_name FROM  scott.emp;
```

运行结果如图 10-5 所示。

	EMPLOYEE_ID	FIRST_NAME	LAST_NAME
1	1	Steven ···	King ···
2	2	Alexander ···	Hunold ···
3	3	Jose ···	Urman ···
4	4	John ···	Russell ···
5	5	Karen ···	Partners ···
6	6	K ···	k ···

图 10-4　利用共有同义词访问 employees 表

图 10-5　同义词删除后效果

私有同义词已经删除成功，此时 scott 用户利用私有同义词访问 scott 用户下的 employees 表，并提示错误信息。

【示例 10.4】要求删除 scott 用户创建的公有同义词 emp，并再次使用删除后的同义词访问 employees 表。

```
--删除公有同义词
DROP PUBLIC SYNONYM emp;
```

此时 scott 用户删除公有同义词失败，系统提示权限不足，即 scott 用户没有删除公有同义词的权限。下面为普通用户 scott 赋予删除公有同义词权限。

```
--赋予 scott 用户删除公有同义词权限
GRANT DROP PUBLIC SYNONYM TO scott;
```

此时公有同义词已被删除，scott 用户利用公有同义词访问 scott 用户下的 employees 表，并提示错误信息。

10.2　序列

序列（Sequence）是用来生成连续的整数数据的对象，常用来作为主键中的增长列。序列可以是升序的，也可以是降序的。

10.2.1　创建序列

使用 CREATE SEQUENCE 语句创建序列的具体语法如下：

创建序列

```
CREATE SEQUENCE sequence_name
[START WITH num]
[INCREMENT BY increment]
[MAXVALUE num|NOMAXVALUE]
[MINVALUE num|NOMINVALUE]
[CYCLE|NOCYCLE]
[CACHE num|NOCACHE]
```

语法说明如下。

（1）START WITH：从某一个整数开始，升序默认值是 1，降序默认值是-1，建议填写。

（2）INCREMENT BY：增长数。如果是正数则升序生成，如果是负数则降序生成。升序默认值是 1，降序默认值是-1，建议填写。

（3）MAXVALUE：指最大值。

（4）NOMAXVALUE：这是最大值的默认值选项，升序默认值是 10^{27}，降序默认值是-1。

（5）MINVALUE：指最小值。

（6）NOMINVALUE：这是默认值选项，升序默认值是 1，降序默认值是-10^{26}。

（7）CYCLE：表示如果升序达到最大值后，从最小值重新开始；如果降序序达到最小值后，从最大值重新开始。

（8）NOCYCLE：表示不重新开始，当序列升序达到最大值、降序达到最小值时就报错。默认值为 NOCYCLE。

（9）CACHE：使用 CACHE 选项时，该序列会根据序列规则预生成一组序列号。当内存中的序列号用完时，系统会再生成一组新的序列号，并保存在缓存中，这样可以提高生成序列号的效率。Oracle 默认会生成 20 个序列号。

（10）NOCACHE：不预先在内存中生成序列号。

【示例 10.5】要求创建一个从 1 开始、最大值为 20、每次增长 2 的序列，CYCLE 循环，缓存中有 10 个预先分配好的序列号。

```
--创建序列
CREATE SEQUENCE seq1
START WITH 1
INCREMENT BY 2
MAXVALUE 20
CYCLE
CACHE 10;
```

运行结果如图 10-6 所示。

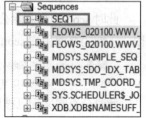

图 10-6　创建序列

10.2.2　使用序列

使用序列

序列创建成功后，可通过序列的伪列来访问序列的值。其中 NEXTVAL 表示返回序列的下一个值，CURRVAL 表示返回序列的当前值。

（1）使用 NEXTVAL 第一次访问一个序列时，在引用 sequence.CURRVAL 之前必须先引用 sequence.NEXTVAL。第一次引用 NEXTVAL 会返回序列的初始值，以后每次引用 NEXTVAL，则会用已定义的 step 增加序列值，并返回序列新的增加后的值。

在一个 SQL 语句中，只能为给定的序列增加一次。即使在一个语句中多次指定 sequence.NEXTVAL，序列也只增加一次，所以每次 sequence.NEXTVAL 出现在同一 SQL 语句中，都会返回相同的值。除了在同一语句中多次出现这种情况外，每个 sequence.NEXTVAL 表达式都会增加序列，无论后来是否提交或回滚当前事务。

（2）使用任何对 CURRVAL 的引用都会返回指定序列的当前值，该值是最后一次对 NEXTVAL 的引用所返回的值。用 NEXTVAL 生成一个新值以后，可以继续使用 CURRVAL 访问这个值，不管另一个用户是否增加这个序列。如果 sequence.CURRVAL 和 sequence.NEXTVAL 都出现在一个 SQL 语句中，则序列只增加一次。在这种情况下，每个 sequence.CURRVAL 和 sequence.NEXTVAL 表达式都会返回相同的值，不管在语句中 sequence.CURRVAL 和 sequence.NEXTVAL 的顺序。

【示例 10.6】要求创建一个从 1 开始，最大值为 10，最小值为 1，每次增长 2 的序列，使用 NOCYCLE，缓存中有 2 个预先分配好的序列号。

```
--序列值做主键
CREATE SEQUENCE seq_toys
START WITH 1
INCREMENT BY 2
MAXVALUE 10
MINVALUE 1
NOCYCLE
CACHE 2;
```

利用当前 seq_toys 序列为 toys 表设计主键。

```
--创建toys表
```

```
CREATE TABLE toys(
  toy_id NUMBER(5) primary key,
  toy_name VARCHAR2(20),
  toy_price NUMBER(5)
);
--利用序列设计 toys 表的主键
--NEXTVAL 指定序列下一个值
INSERT INTO toys VALUES(seq_toys.NEXTVAL,'玩具 1',100);
INSERT INTO toys VALUES(seq_toys.NEXTVAL,'玩具 2',200);
INSERT INTO toys VALUES(seq_toys.NEXTVAL,'玩具 3',300);
INSERT INTO toys VALUES(seq_toys.NEXTVAL,'玩具 4',400);
INSERT INTO toys VALUES(seq_toys.NEXTVAL,'玩具 5',500);
--查询 toys 表信息
SELECT * FROM  toys;
```

运行结果如图 10-7 所示。

检索序列 **seq_toys** 的当前值。

```
SELECT seq_toys.currval FROM  dual;
```

运行结果如图 10-8 所示。

图 10-7　设计 toys 表的主键　　　　　　　图 10-8　检索序列 seq_toys 的当前值

修改、删除序列

10.2.3　修改、删除序列

1. 修改序列

使用 ALTER SEQUENCE 语句可以修改序列，在修改序列时有如下限制。

（1）不能修改序列的初始值。

（2）最小值不能大于当前值。

（3）最大值不能小于当前值。

使用 ALTER SEQUENCE 语句修改序列的具体语法如下：

```
ALTER SEQUENCE  sequence_name ...;
```

【**示例 10.7**】要求修改示例 10.6 中的序列 seq_toys，最大值为 20，循环，不预先在内存中生成序列号。

```
ALTER SEQUENCE seq_toys MAXVALUE 20 CYCLE NOCACHE;
```

2. 删除序列

使用 DROP SEQUENCE 语句可删除序列，具体语法如下：

```
DROP SEQUENCE sequence_name;
```

【**示例 10.8**】要求删除示例 10.6 中的序列 seq_toys。

```
DROP SEQUENCE seq_toys;
```

视图

10.3 视图

视图是以经过定制的方式显示来自一个或多个表的数据，对这些表进行预定义查询，因此可以将视图视为"虚拟表"或"存储的查询"，通常将创建视图所依据的表称为"基表"。

视图的优点如下。

（1）提供了另外一种级别的表安全性。

（2）隐藏的数据的复杂性。

（3）简化的用户的 SQL 命令。

（4）隔离基表结构的改变。

（5）通过重命名列，从另一个角度提供数据。

10.3.1 创建视图

创建视图

使用 CREATE VIEW 语句创建序列的具体语法如下：

```
CREATE [OR REPLACE] [FORCE] VIEW view_name [(alias[, alias]...)]
AS
SELECT_statement
  [WITH CHECK OPTION]
  [WITH READ ONLY];
```

语法说明如下。

（1）OR REPLACE：如果视图已经存在，新创建的视图将替换旧视图。

（2）[NO] FORCE：表示强制创建视图，如果基表不存在时可以创建该视图，但这种情况下创建的视图是错误的，不能正常使用，当基表创建成功后，视图才能正常使用。默认值为 NOFORCE。

（3）WITH CHECK OPTION：一旦使用该限制，当对视图增加或修改数据时，必须满足子查询的条件。

（4）WITH READ ONLY：视图是只读视图，不能通过该视图进行增、删、改操作。

1. 创建单表视图

创建视图前，先创建基表 stud_details 和 sub_details 并初始化数据，以便与视图作对比。

```
--创建基表 stud_details
CREATE TABLE stud_details(
studno NUMBER(5),
studname VARCHAR2(20),
studmarks NUMBER(5),
subno NUMBER(5)
);

INSERT INTO stud_details VALUES(1,'rob',45,2);
INSERT INTO stud_details VALUES(2,'james',33,4);
INSERT INTO stud_details VALUES(3,'jesica',40,5);

SELECT * FROM stud_details;
```

stud_details 表数据如图 10-9 所示。

```
--创建基表 sub_details
CREATE TABLE sub_details(
subno NUMBER(5),
subname VARCHAR2(20)
);

INSERT INTO sub_details VALUES(2,'english');
INSERT INTO sub_details VALUES(4,'maths');
INSERT INTO sub_details VALUES(5,'science');

SELECT * FROM  sub_details;
```

sub_details 表数据如图 10-10 所示。

	STUDNO	STUDNAME	STUDMARKS	SUBNO
1	1	Rob	45	2
2	2	James	33	4
3	3	Jesica	40	5

图 10-9　stud_details 表数据

	STUDNO	STUDNAME	STUDMARKS	SUBNO
1	1	Rob	45	2
2	2	James	33	4
3	3	Jesica	40	5

图 10-10　sub_details 表数据

【示例 10.9】要求 scott 用户基于 stud_details 表创建单表视图，显示学生编号、学生姓名、学科编号等信息。

前提：赋予 scott 用户创建视图 CREATE VIEW 的权限。

```
--创建视图
CREATE VIEW stu_view
AS
SELECT studno,studname,subno
FROM  stud_details;
```

使用 SELECT 查询语句查看视图效果，其语法与查询表数据一致，具体语法如下。

```
--SELECT 查看视图效果
SELECT * FROM  stu_view;
```

运行结果如图 10-11 所示。

【示例 10.10】要求基于 stud_details 表创建视图 stu_view2，验证并使用 WITH CHECK OPTION。

```
--创建视图
CREATE VIEW stu_view2
AS
SELECT studno,studname,subno
FROM  stud_details
WHERE subno<5
WITH CHECK OPTION;
```

使用 SELECT 查询语句查看视图效果，其语法与查询表数据一致，具体语法如下。

```
--SELECT 查看视图效果
SELECT * FROM  stu_view2;
```

运行结果如图 10-12 所示。

	STUDNO	STUDNAME	SUBNO
1	1	Rob	2
2	2	James	4
3	3	Jesica	5

图 10-11　创建单表视图并查看

	STUDNO	STUDNAME	SUBNO
1	1	lisi	2
2	2	James	4

图 10-12　创建视图 stu_view2

通过 INSERT 语句操作 stu_view 视图，实现增加一条记录的效果。

插入一条 subno<5 的记录：

`INSERT INTO stu_view2 VALUES(4,'zhangsan',3);`

插入成功，查询 stu_view 视图的结果如图 10-13 所示。

插入一条 subno>5 的记录：

`INSERT INTO stu_view2 VALUES(9,'wangwu',100);`

插入失败，运行结果如图 10-14 所示。

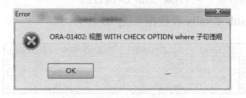

	STUDNO	STUDNAME		SUBNO
1	1	lisi	...	2
2	2	James	...	4
3	4	zhangsan	...	3

图 10-13　INSERT 语句操作 stu_view 视图　　　　图 10-14　视图只读验证

当用户设置视图为只读时，不能对其进行增、删、改操作，否则系统会提示错误，这样更具安全性。

【示例 10.11】要求基于 stud_details 表创建视图 stu_view3，验证并使用 WITH READ ONLY。

```
CREATE VIEW stu_view3
AS
SELECT studno,studname,subno
FROM  stud_details
WHERE subno<5
WITH READ ONLY;
```

使用 SELECT 查询语句查看视图效果，其语法与查询表数据一致，具体语法如下。

```
--SELECT 查看视图效果
SELECT * FROM  stu_view2;
```

运行结果如图 10-15 所示。

通过 UPDATE 语句操作 stu_view 视图，实现修改一条记录的效果。

```
UPDATE  stu_view3
SET  studname='james2'
WHERE studno='1';
```

修改失败，运行结果如图 10-16 所示。

	STUDNO	STUDNAME		SUBNO
1	1	lisi	...	2
2	2	James	...	4
3	4	zhangsan	...	3

图 10-15　查看 stu_view2 视图效果　　　图 10-16　只读模式下执行 UPDATE 操作时的提示错误信息

2. 创建连接视图

在实际应用中，更多的是基于多个表的视图。

【示例 10.12】要求 scott 用户基于 stud_details 和 sub_details 表创建连接视图，以便查看学生编号、学生姓名、学生成绩、学生科目名。

```
--创建视图
CREATE VIEW v_stud
AS
SELECT studno,studname,studmarks,subname
FROM  stud_details stud,sub_details sub
WHERE stud.subno=sub.subno;
```

使用 SELECT 查询语句查看视图效果，其语法与查询表数据一致，具体语法如下。

```
--SELECT 查看视图效果
SELECT * FROM  v_stud;
```

运行结果如图 10-17 所示。

	STUDNO	STUDNAME		STUDMARKS	SUBNAME	
1	1	lisi	...	45	English	...
2	2	James	...	33	Maths	...
3	3	Jesica	...	40	Science	...

图 10-17　多表连接视图效果

【示例 10.13】左外连接创建视图。要求使用左外连接实现 scott 用户基于 stud_details 和 sub_details 表创建连接视图，以便查看学生编号、学生姓名、学生成绩、学生科目名。

```
--创建视图
--方式1：特殊符号（+）
CREATE VIEW v_stud2
AS
SELECT studno,studname,studmarks,subname
FROM  stud_details stud,sub_details sub
WHERE stud.subno=sub.subno(+);

--方式2：left join...on
CREATE VIEW v_stud2
AS
SELECT studno,studname,studmarks,subname
FROM  stud_details stud left join sub_details sub
on stud.subno=sub.subno;
```

使用 SELECT 查询语句查看视图效果，其语法与查询表数据一致，具体如下。

```
--SELECT 查看视图效果
SELECT * FROM  v_stud2;
```

运行结果如图 10-18 所示。

	STUDNO	STUDNAME		STUDMARKS	SUBNAME	
1	1	lisi	...	45	English	...
2	2	James	...	33	Maths	...
3	3	Jesica	...	40	Science	...

图 10-18　左外连接创建视图

【示例 10.14】右外连接创建视图。要求使用右外连接实现 scott 用户基于 stud_details 和 sub_details 表创建连接视图，以便查看学生编号、学生姓名、学生成绩、学生科目名。

```
--创建视图
--方式1：特殊符号（+）
```

```
CREATE VIEW v_stud3
AS
SELECT studno,studname,studmarks,subname
FROM  stud_details stud,sub_details sub
WHERE stud.subno(+)=sub.subno;

--方式 2: right join...on
CREATE VIEW v_stud3
AS
SELECT studno,studname,studmarks,subname
FROM  stud_details stud right join sub_details sub
on stud.subno=sub.subno;
```

使用 SELECT 查询语句查看视图效果，其语法与查询表数据一致，具体如下。

```
--SELECT 查看视图效果
SELECT * FROM  v_stud2;
```

运行结果如图 10-19 所示。

	STUDNO	STUDNAME		STUDMARKS	SUBNAME	
▶ 1	1	lisi	...	45	English	...
2	2	James	...	33	Maths	...
3	3	Jesica	...	40	Science	...

图 10-19　右外连接创建视图

3. 创建带有错误的视图

这里错误的视图是指没有基表的视图。在开发过程中，很可能出现没有基表的情况表。先创建视图，使用 FORCE 强制创建一个没有基表的视图，视图可以创建成功，但不能查询，该视图的基表并不存在，因此将抛出编译错误。

【**示例 10.15**】创建没有基表的视图。

正常情况下，没有基表时创建视图系统会提示错误信息。

```
--创建没有基表的视图
CREATE VIEW v_FORCE
AS
SELECT stuname,stunum,stusex
FROM  notable;
```

运行结果如图 10-20 所示。

图 10-20　创建没有基表的视图提示错误

【**示例 10.16**】强制创建没有基表的视图。

```
--强制创建没有基表的视图
CREATE FORCE VIEW v_FORCE
AS
SELECT stunum,stuname,stusex
FROM  tb_notable;
```

视图创建成功，运行结果如图 10-21 所示。

使用 SELECT 查询语句查看视图效果，具体如下。

```
--SELECT 查看视图效果
SELECT * FROM v_FORCE;
```

执行完成后，系统提示有编译错误，如图 10-22 所示。

解决以上问题非常简单，为创建好的没有基表的视图 **v_FORCE** 补充创建基表，具体如下：

```
CREATE TABLE tb_notable(
stuname VARCHAR2(20),
stunum NUMBER(20),
stusex VARCHAR2(20)
);

INSERT INTO tb_notable VALUES('zhangsan',1,'男');

SELECT * FROM tb_notable;
```

基表创建成功后，重新查询运行结果，如图 10-23 所示。

  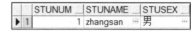

图 10-21　强制创建没有基表的视图　　图 10-22　强制创建没有基表的提示信息　　图 10-23　创建基表

10.3.2　视图上的 DML 语句

视图上的
DML 语句

在视图上也可以使用修改数据的 DML 语句，如 INSERT、UPDATE 和 DELETE。

视图上的 DML 语句有如下限制。

（1）只能修改一个底层的基表。

（2）如果修改违反了基表的约束条件，则无法更新视图。

（3）如果视图包含连接操作符、DISTINCT 关键字、集合操作符、聚合函数或 GROUP BY 子句，则将无法更新视图。

（4）如果视图包含伪列或表达式，则将无法更新视图。

【示例 10.17】在示例 10.9 创建好的 **stu_view** 视图的基础上，实现 INSERT、UPDATE 和 DELETE 操作。

（1）INSERT：使用 INSERT INTO 操作视图，增加一条数据，并查看视图效果，具体如下。

```
INSERT INTO stu_view VALUES(4,'zhangsan',6);
SELECT * FROM stu_view;
```

运行结果如图 10-24 所示。

此时使用 SELECT 语句查看 stud_details 基表效果，具体如下。

```
SELECT * FROM stud_details;
```

运行结果如图 10-25 所示。

	STUDNO	STUDNAME		SUBNO
1	1	Rob	...	2
2	2	James	...	4
3	3	Jesica	...	5
4	4	zhangsan	...	6

图 10-24　操作视图添加数据并查询

	STUDNO	STUDNAME		STUDMARKS	SUBNO
1	1	Rob	...	45	2
2	2	James	...	33	4
3	3	Jesica	...	40	5
4	4	zhangsan	...		6

图 10-25　查询 stud_details 基表

（2）UPDATE：使用 UPDATE 语句操作视图，修改学生编号为 1 的学生姓名为"lisi"，并查看视图效果，具体如下。

```
--修改
UPDATE  stu_view SET  studname ='lisi'
WHERE studno='1';
SELECT * FROM  stu_view;
```

运行结果如图 10-26 所示。

此时使用 SELECT 语句查看 stud_details 基表效果，运行结果如图 10-27 所示。

	STUDNO	STUDNAME	SUBNO
▶ 1	1	lisi ...	2
2	2	James ...	4
3	3	Jesica ...	5
4	4	zhangsan ...	6

图 10-26　修改数据并查看视图

	STUDNO	STUDNAME	STUDMARKS	SUBNO
▶ 1	1	lisi ...	45	2
2	2	James ...	33	4
3	3	Jesica ...	40	5
4	4	zhangsan ...		6

图 10-27　查询 stud_details 基表

（3）DELETE：使用 DELETE 语句操作视图，删除学生编号为 4 的学生信息，并查看视图效果，具体如下。

```
--删除
delete stu_view where studno='4';
```

运行结果如图 10-28 所示。

此时使用 SELECT 语句查看 stud_details 基表效果，运行结果如图 10-29 所示。

	STUDNO	STUDNAME	SUBNO
▶ 1	1	lisi ...	2
2	2	James ...	4
3	3	Jesica ...	5

图 10-28　删除数据并查看视图

	STUDNO	STUDNAME	STUDMARKS	SUBNO
▶ 1	1	lisi ...	45	2
2	2	James ...	33	4
3	3	Jesica ...	40	5

图 10-29　查询 stud_details 基表

【注意】视图上的 DML 语句并非修改了视图中的数据，而是通过对视图的操作最终修改了基表的数据。

10.3.3　视图中的函数

在视图中，还可以使用单行函数、分组函数和表达式等。

【示例 10.18】要求创建视图时使用分组函数 MAX()，查询 employees 表中所有员工工资的最高值。

视图中的函数

```
CREATE VIEW emp_view
AS
SELECT MAX(salary) as "maxsalary"
FROM  employees;
--查询
SELECT * FROM emp_view;
```

运行结果如图 10-30 所示。

	MaxSalary
▶ 1	24000

图 10-30　创建视图时使用分组函数 MAX()

10.3.4　删除视图

使用 DROP view 语句删除视图，具体语法如下：

```
DROP VIEW view_name;
```

【示例 10.19】要求删除示例 10.9 中的 stu_view 视图。

```
DROP VIEW stu_view;
```

10.4　索引

索引

索引是与表相关的一个可选结构，用以提高 SQL 语句执行的性能。索引和表是独立存在的，在表中建立、更改和删除数据时，Oracle 会自动地维护索引。

索引有各种类型，除了标准索引外，还有一些特殊类型的索引，包括唯一索引、组合索引、位图索引、基于函数的索引、反向键索引等。

10.4.1　创建索引

创建索引语法如下：

```
CREATE [UNIQUE] INDEX index_name
ON table_name(column_name[,column_name…])
```

创建索引

语法说明如下。

（1）UNIQUE：指定索引列上的值必须是唯一的，我们可称之为唯一索引。唯一索引可确保在定义索引的列中没有重复值，使用 CREATE UNIQUE INDEX 语句可以创建唯一索引。特别注意，当建立 Primary Key（主键）或者 Unique constraint（唯一约束）时，唯一索引将被自动建立。

（2）table_name：指定要为哪个表创建索引。

（3）column_name：指定要为哪个列创建索引。我们也可以为多列创建索引，这种索引称为组合索引。组合索引是在表的多个列上创建的索引，索引中列的顺序是任意的，如果 SQL 语句的 WHERE 子句中引用了组合索引的所有列或大多数列，则可以提高检索速度。当两个或多个列经常一起出现在 where 条件中时，则可在这些列上同时创建组合索引，组合索引中列的顺序是任意的，也无须相邻，但是建议将最频繁访问的列放在列表的最前面。

【示例 10.20】要求为 employees 表的 salary 列创建普通索引，为 first_name 列创建唯一索引，然后把 last_name 列先变为大写后再创建索引。

```
--创建普通索引
CREATE INDEX idx_sal ON employees(salary);
--创建唯一索引
CREATE UNIQUE INDEX uq_name_idx ON employees(first_name);
--把 last_name 列先变为大写后再创建索引
CREATE INDEX idx_lname_lower ON employees(upper(last_
name));
--创建组合索引
CREATE INDEX idx_name ON employees((first_name,last_name);
```

运行结果如图 10-31 所示。

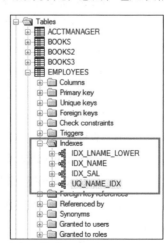

图 10-31　创建索引

10.4.2 重建、删除索引

重建、删除索引

重建索引的语法格式如下：

```
alter INDEX x_name rebuild;
```

删除索引的语法格式如下：

```
DROP INDEX x_name;
```

【示例 10.21】要求删除为 employees 表的 salary 列创建的普通索引。

```
--删除普通索引
DROP INDEX idx_sal ;
```

本 章 小 结

本章主要讲解了常用的数据库对象——同义词、序列、视图、索引。同义词是现有数据库对象的别名；序列用于生成唯一、连续的序号；视图是基于一个或多个表的虚拟表；索引是与表相关的一个可选结构，使用这些数据库对象可以提高 SQL 语句执行的性能。

习 题

一、填空题

1. 常用的数据库对象有：表、_____、_____、_____、_____。

2. 删除视图的关键字为_____。

3. 要以自身的模式创建私有同义词，用户必须拥有_____系统权限。

4. 使用_____定义只读视图。

5. 在基表不需要时，可以使用_____语句撤销。在一个基表撤销后，所有的数据都会被丢弃，所有相关的索引都会被删除。

6. _____类似字典和课本的目录，是为了加快对数据的搜索速度而设立的。

二、选择题

1. 带有错误的视图可使用（　　）来创建。

　　A. FORCE

　　B. WITH CHECK OPTION

　　C. CREATE VIEW WITH ERROR

　　D. CREATE ERROR VIEW

2. 在 Oracle 中，需要创建索引提高薪水审查的性能，该审查要对员工薪水提高 12 个百分点后进行分析处理，下面（　　）能解决此问题。

　　A. CREATE INDEX my_idx_1 ON employee(salary*1.12);

　　B. CREATE UNIQUE INDEX my_idx_1 ON employee(salary);

　　C. CREATE BITMAP INDEX my_idx_1 ON employee(salary);

D. CREATE INDEX my_idx_1 ON employee(salary) REVERSE;

3. 在 Oracle 中，有一个名为 seq 的序列对象，以下语句能返回序列值但不会引起序列值增加的是（　　）。

A. elect seq.ROWNUM from dual;

B. elect seq.ROWID from dual;

C. select seq.CURRVALfrom dual;

D. select seq.NEXTVALfrom dual;

4. 在 Oracle 中，使用以下语句创建视图。

```
CREATE OR REPLACE VIEW MyView
AS SELECT * FROM orders
Where status='p';
```

假定 orders 表中包含 10 条 status='p'的记录，用户试图执行以下语句：

```
UPDATE MyView SET status='o' WHERE status='p';
```

下列描述正确的是（　　）。

A. Oracle 不执行更新操作，并返回错误信息

B. Oracle 成功执行更新操作，再次查看视图时返回 0 行记录

C. Oracle 成功执行更新操作，再次查看视图时返回 10 行记录

D. Oracle 执行更新操作，但提示错误信息

上 机 指 导

1. 创建序列 dept_id_seq，开始值为 200，每次增长 10，最大值为 10000。

2. 使用序列向表 dept 中插入数据。

3. 使用表 employees 创建视图 employee_vu，其中包括姓名（last_name）、员工号（employee_id）、部门号（department_id）。

4. 将视图中的数据限定在部门号 80 的范围内。

第 11 章　PL/SQL

学习目标

- 理解 PL/SQL 的优点。
- 掌握 PL/SQL 块的使用方法。
- 掌握错误处理的方法。
- 了解 PL/SQL 数据类型及其用法。

PL/SQL 是一种高级数据库程序设计语言，它是 Oracle 对标准数据库语言的扩展，是过程语言（Procedural Language，PL）与结构化查询语言（SQL）结合而成的编程语言。它支持多种数据类型，如大对象和集合类型，可使用条件和循环等控制结构，可用于创建存储过程、触发器和程序包，还可以处理业务规则、数据库事件或给 SQL 语句的执行添加程序逻辑。PL/SQL 还支持许多增强的功能，包括面向对象的程序设计和异常处理等。

PL/SQL 程序单元由 Oracle 数据库服务器编译并存储在数据库中。在运行时，PL/SQL 和 SQL 都在同一服务器进程中运行，从而带来最佳效率。PL/SQL 自动继承 Oracle 数据库的稳健性、安全性和可移植性。

11.1　PL/SQL 的优点

1. 与 SQL 紧密集成

（1）PL/SQL 允许使用所有 SQL 数据操作、游标控制和事务控制语句，以及所有 SQL 函数、运算符和伪列。

（2）PL/SQL 完全支持 SQL 数据类型。无须在 PL/SQL 和 SQL 数据类型之间进行转换。例如，如果 PL/SQL 程序从 SQL 类型 VARCHAR2 的列中检索值，则它可以将该值存储在 VARCHAR2 类型的 PL/SQL 变量中。可以为 PL/SQL 数据项提供数据库表的列（"%TYPE 属性"）或行（"%ROWTYPE 属性"）的数据类型，而无须显式地指定该数据类型。

（3）PL/SQL 允许将 SQL 查询的结果集进行逐行处理。PL/SQL 支持静态和动态 SQL。静态 SQL 是其全文在编译时是确定的，动态 SQL 是在运行时才确定。动态 SQL 可以使应用程序更加灵活和通用。

2. 高性能

PL/SQL 允许向数据库发送一个语句块，从而显著减少应用程序和数据库之间的

PL/SQL 的优点

流量。

（1）绑定变量

当在 PL/SQL 代码中直接嵌入 INSERT、UPDATE、DELETE、MERGE 或 SELECT 等 SQL 语句时，PL/SQL 编译器会将 WHERE 和 VALUES 子句中的变量转换为绑定变量。每次运行相同的代码时，Oracle 数据库都可以重用这些 SQL 语句，从而提高性能。

（2）子程序

PL/SQL 子程序以可执行的形式存储，可以重复调用。由于存储的子程序在数据库服务器中运行，因此通过网络进行的单次调用可以启动大型作业。这种分工可以减少网络流量并缩短响应时间。存储的子程序在用户之间进行缓存和共享，从而降低了内存需求和调用开销。

（3）优化器

PL/SQL 编译器有一个优化器，可以重新编排代码以获得更好的性能。

3. 高效

PL/SQL 操作数据的代码简洁紧凑。如同 PERL 的脚本语言可以读取、转换和写入文件一样，PL/SQL 也可以查询、转换和更新数据库中的数据。

PL/SQL 具有许多可以节省设计和调试时间的功能，并且在所有环境中使用方式都相同。

4. 可移植性

用户可以在运行 Oracle 数据库的任何操作系统和平台上运行 PL/SQL 应用程序。

5. 可扩展性

PL/SQL 子程序通过在数据库服务器上集中应用程序处理来提高可扩展性。共享服务器的共享内存功能使 Oracle 数据库可以在单个节点上支持数千个并发用户。

6. 可管理性

PL/SQL 子程序具备较高的可管理性，因为只能在数据库服务器上维护子程序的一个副本，而不是每个客户端系统上的一个副本。任意数量的应用程序都可以使用子程序，用户可以更改子程序，而不会影响调用它们的应用程序。

11.2 PL/SQL 的主要特性

PL/SQL 结合了 SQL 的数据操作功能和过程语言的处理能力。用户无须学习新的 API，即能通过 PL/SQL 程序执行 SQL 语句来解决一些问题。与其他编程语言一样，PL/SQL 允许声明常量和变量，控制程序流，定义子程序和捕获运行时的错误。用户还可以将复杂问题分解为多个易于理解的子程序，并在多个应用程序中重复使用这些子程序。

11.2.1 PL/SQL 的体系结构

PL/SQL 编译和运行系统是一个编译和运行 PL/SQL 单元的引擎。引擎可以安装在数据库中。PL/SQL 引擎接受任何有效的 PL/SQL 单元作为输入。引擎运行过程语句，将 SQL 语句发送到数据库中的 SQL 语句执行器，如图 11-1 所示。

PL/SQL 的体系结构

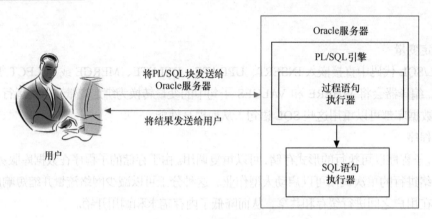

图 11-1　PL/SQL 引擎

11.2.2　PL/SQL 块

PL/SQL 源程序的基本单元是块，它由相关的一些声明和语句组成。

PL/SQL 块由关键字 DECLARE、BEGIN、EXCEPTION 和 END 定义。这些关键字将块分为声明部分、可执行部分和异常处理部分，其中可执行部分是必需的。块可以有标签。

```
<< label >>（可选）
DECLARE    -- 声明部分（可选）
-- 本地类型，变量和子程序的声明
BEGIN      -- 可执行部分（必需）
-- 语句（可以使用声明部分中声明的项目）
[EXCEPTION -- 异常处理部分（可选）
-- 可执行部分中引发异常（错误）的异常处理程序
END;
```

其中，声明是块的本地声明，当块执行后，声明的内容不再有效，这有助于避免变量和子程序的命名空间混乱。

每个 PL/SQL 语句都以分号（;）结尾。PL/SQL 块可以使用 BEGIN 和 END 嵌套在其他 PL/SQL 块中，这样它就可以出现在另一个块中被调用。

用户可以将块提交给交互式工具（例如 SQL * Plus 或 Enterprise Manager），也可以将其嵌入 Oracle 预编译器或 OCI 程序中。但是，该块未存储在数据库中，因此它被称为匿名块（即使它具有标签）。

【示例 11.1】下面创建 PL/SQL 的第一个程序：Hello World，它定义了一个 PL/SQL 匿名块，功能是输出字符串 "Hello World!"。代码如下所示。

```
DECLARE
   message  varchar2(20):= 'Hello, World!';
BEGIN
   dbms_output.put_line(message);
END;
/
```

END;语句表示 PL/SQL 块的结尾。要从 SQL 命令行运行代码，用户需要在代码的最后一行之后的第一个空白行的开头键入 "/"。在 SQL 提示符下执行上述代码时，会产生以下结果，如图 11-2 所示。

```
Hello, World!
PL/SQL procedure successfully completed
```

图 11-2　Hello World 程序

变量和常量

11.2.3　变量和常量

PL/SQL 允许用户声明变量和常量，然后在任何可以使用表达式的地方使用它们。随着程序的运行，变量的值可以改变，但常量的值不能改变。声明为指定数据类型的值分配存储空间，并命名存储位置以便可以引用它。必须先声明对象，然后才能引用它们。声明可以出现在任何块、子程序或包的声明部分中。

1. 变量

变量声明可以指定变量的名称和数据类型。对于大多数数据类型而言，变量声明也可以指定初始值。变量声明的语法为：

```
variable_name [CONSTANT] datatype [NOT NULL] [:= | DEFAULT initial_value]
```

变量名称必须是有效的用户定义标识符。数据类型可以是任何 PL/SQL 数据类型。PL/SQL 数据类型包含了 SQL 数据类型。数据类型分为标量类型（没有内部组件）和复合类型（带有内部组件）。以下示例声明了标量类型的变量，运行结果如图 11-3 所示。

```
DECLARE
part_number       NUMBER(6);
part_name         VARCHAR2(20);
in_stock          BOOLEAN;
part_price        NUMBER(6,2);
part_description  VARCHAR2(50);
BEGIN
NULL;
END;
/
```

```
PL/SQL procedure successfully completed
```

图 11-3　声明标量类型的变量

2. 变量的初始化

每当用户声明一个变量时，PL/SQL 都会为其指定一个默认值 NULL。如果要用 NULL 以外的值初始化变量，可以在声明期间使用以下任意方法执行此操作。

① DEFAULT 关键字。

② 赋值操作符。

以下示例分别使用 DEFAULT 关键字和赋值操作符对变量进行了初始化。

```
counter binary_integer := 0;
greeting varchar2(30) DEFAULT 'Have a Good Day';
```

用户还可以使用 NOT NULL 约束来指定变量不应具有 NULL 值。如果使用 NOT NULL 约束，则必须显式地指定变量的初始值。变量进行初始化，这是一个很好的编程习惯，否则程序会产生意想不到的结果。如下示例，使用 NOT NULL 约束定义了一个变量 abc。

```
abc varchar2(20) not null:='abcd';
```

3. 变量的范围

PL/SQL 允许嵌套块，即每个程序块可以包含另一个内部块。如果在内部块中声明变量，则外部块无法访问它。但是，如果在外部块中声明了一个变量，那么所有嵌套的内部块也可以访问它。变量范围有两种类型。

① 局部变量。在内部块中声明且外部块无法访问的变量。

② 全局变量。在最外面的块或包中声明的变量。

以下示例以简单的形式显示了局部和全局变量的用法，在外部块和内部块中同时声明了变量 num1 和 num2，在内部块中输出打印的是局部变量的值。运行结果如图 11-4 所示。

```
DECLARE
  --全局变量
  num1 number := 95;
  num2 number := 85;
BEGIN
  dbms_output.put_line('Outer Variable num1: ' || num1);
  dbms_output.put_line('Outer Variable num2: ' || num2);
  DECLARE
    --局部变量
    num1 number := 195;
    num2 number := 185;
  BEGIN
    dbms_output.put_line('Inner Variable num1: ' || num1);
    dbms_output.put_line('Inner Variable num2: ' || num2);
  END;
END;
/
```

```
Outer Variable num1: 95
Outer Variable num2: 85
Inner Variable num1: 195
Inner Variable num2: 185
PL/SQL procedure successfully completed
```

图 11-4　全局和局部变量

4. 将 SQL 查询结果赋值给变量

可以使用 SQL 的 SELECT INTO 语句为 PL/SQL 变量赋值。对于 SELECT 列表中的每个项目，INTO 列表中必须存在相应的类型兼容的变量。以下示例就说明了此概念：创建一个名为 CUSTOMER 的表，并插入一条记录。

```
CREATE TABLE CUSTOMER(
  ID   INT NOT NULL,
  NAME VARCHAR (20) NOT NULL,
  AGE INT NOT NULL,
  ADDRESS CHAR (25),
  SALARY   DECIMAL (18, 2),
  PRIMARY KEY (ID)
);
INSERT INTO CUSTOMER(ID,NAME,AGE,ADDRESS,SALARY)
VALUES (1, 'Ramesh', 32, 'Ahmedabad', 2000.00 );
```

以下程序使用 SQL 的 SELECT INTO 子句将 CUSTOMER 表中的值分配给 PL/SQL 变量。

```
DECLARE
   c_id customer.id%type := 1;
   c_name  customer.name%type;
   c_addr customer.address%type;
   c_sal  customer.salary%type;
BEGIN
   SELECT name, address, salary INTO c_name, c_addr, c_sal
   FROM customer
   WHERE id = c_id;
   dbms_output.put_line
   ('Customer ' ||c_name || ' from ' || c_addr || ' earns ' || c_sal);
END;
/
```

运行结果如图 11-5 所示。

```
Customer Ramesh from Ahmedabad                        earns 2000
PL/SQL procedure successfully completed
```

图 11-5　将 SQL 查询结果赋值给变量

5. 常量

常量声明与变量声明有两个不同之处：关键字 CONSTANT 和常量的初始值 （常量的初始值是其永久值）。以下示例声明了 3 个常量，运行结果如图 11-6 所示。

```
DECLARE
credit_limit    CONSTANT REAL    := 5000.00;    max_days_in_year CONSTANT INTEGER := 366;
urban_legend    CONSTANT BOOLEAN := FALSE;
BEGIN
NULL;
END;
/
```

```
PL/SQL procedure successfully completed
```

图 11-6　声明常量

11.2.4　错误处理

错误处理

PL/SQL 使检测和处理错误变得容易。发生错误时，PL/SQL 会引发异常，停止正常执行并将控制转移到 PL/SQL 块的异常处理部分。

异常（PL/SQL 运行时错误）可能由设计错误、编码错误、硬件故障和许多其他来源引起。用户无法预测所有可能的异常，但可以编写异常处理程序，让程序在存在错误的情况下继续运行。任何 PL/SQL 块都可以有一个异常处理部分，它可以有一个或多个异常处理程序。

异常共有三种类别：内部定义异常、预定义异常和自定义异常。

1. 内部定义异常

运行时系统隐式（自动）引发内部定义的异常。内部定义异常的案例是 ORA-00060（在等待资源时检测到死锁）和 ORA-27102（内存不足）。

171

内部定义异常总是有一个错误代码，但没有名称，除非 PL/SQL 给它一个或用户给它一个。

如果用户知道数据库操作可能会引发没有名称的特定内部定义的异常，那么可以为它们命名，以便可以专门为它们编写异常处理程序。否则，只能使用 OTHERS 异常处理程序处理它们。要为内部定义的异常指定名称，在相应的匿名块、子程序或包的声明部分中执行以下操作。

（1）声明异常名称。语法为：

```
exception_name EXCEPTION
```

（2）将名称与内部定义的异常的错误代码相关联。语法为：

```
PRAGMA EXCEPTION_INIT (exception_name, error_code)
```

以下示例为内部异常 ORA-00060（在等待资源时检测到死锁）指定名称：**deadlock_detected**，并在异常处理程序中使用了该名称，运行结果如图 11-7 所示。

```
DECLARE
  deadlock_detected EXCEPTION;
PRAGMA EXCEPTION_INIT(deadlock_detected, -60);
BEGIN
  NULL;
EXCEPTION
  WHEN deadlock_detected THEN
    NULL;
END;
/
```

```
PL/SQL procedure successfully completed
```

图 11-7　内部定义异常

2. 预定义异常

预定义异常是具有预定义名称的内部定义异常，PL/SQL 在程序包 STANDARD 中进行了全局声明。运行时系统隐式（自动）触发预定义异常。由于预定义异常具有名称，因此可以专门为它们编写异常处理程序。

以下示例计算了公司的市盈率。如果公司的收益为 0，则除法操作会引发预定义的异常 **ZERO_DIVIDE**，并且块的可执行部分将控制转移到异常处理部分，运行结果如图 11-8 所示。

```
DECLARE
  stock_price   NUMBER := 9.73;
  net_earnings  NUMBER := 0;
  pe_ratio      NUMBER;
BEGIN
  pe_ratio := stock_price / net_earnings;  -- 触发 ZERO_DIVIDE 异常
  DBMS_OUTPUT.PUT_LINE('Price/earnings ratio = ' || pe_ratio);
EXCEPTION
  WHEN ZERO_DIVIDE THEN
    DBMS_OUTPUT.PUT_LINE('公司收益为 0');
    pe_ratio := NULL;
END;
/
```

```
公司收益为0
PL/SQL procedure successfully completed
```

图 11-8　预定义异常运行结果

3. 自定义异常

用户可以在任何 PL/SQL 匿名块、子程序或包的声明部分声明自己的异常。 异常名称声明具有以下语法：

```
exception_name EXCEPTION;
```

用户必须使用 RAISE 语句显式地触发自定义异常。以下示例为当用户输入的系别不在指定范围内时，会触发自定义异常，运行结果如图 11-9 所示。

```
DECLARE
  invalidDep EXCEPTION;
  department VARCHAR2(10);
BEGIN
  department := '&Dep';
  IF department NOT IN ('CS','BIO','Maths','PHY') THEN
    RAISE invalidDep;
  ELSE
    DBMS_OUTPUT.PUT_LINE('您输入的系别是'||department);
  END IF;
EXCEPTION
  WHEN invalidDep THEN
    DBMS_OUTPUT.PUT_LINE('无法识别该系别');
END;
/
```

```
无法识别该系别
PL/SQL procedure successfully completed
```

图 11-9　自定义异常运行结果

另外，用户可以调用 RAISE_APPLICATION_ERROR 过程（在 DBMS_STANDARD 包中定义）来引发用户定义的异常，并将其错误代码和错误消息返回给调用者。调用 RAISE_APPLICATION_ERROR 的语法是：

```
RAISE_APPLICATION_ERROR (error_code, message[, {TRUE | FALSE}]);
```

可以事先使用 EXCEPTION_INIT 编译指令将 error_code 分配给用户定义的异常。语法是：

```
PRAGMA EXCEPTION_INIT(exception_name, error_code)
```

error_code 是-20000 ~ 20999 范围内的整数，消息是最多 2048 字节的字符串。 如果指定 TRUE，PL/SQL 会将 error_code 置于错误栈之上。 否则，PL/SQL 用 error_code 替换错误栈。

以下示例使用匿名块声明了一个名为 past_due 的异常，为其分配了错误代码-20000，并调用了一个存储过程。存储过程使用错误代码-20000 和消息调用 RAISE_APPLICATION_ERROR 过程，然后控制返回匿名块。要检索与异常关联的消息，匿名块中的异常处理程序将调用 SQLERRM 函数，具体代码及其运行结果如图 11-10 所示。

11.2.5　PL/SQL 数据类型

每个 PL/SQL 的常量、变量、参数和函数返回值都有一个数据类型，用于确定其存储格式及其有效值和操作。PL/SQL 的数据类型分为标量数据类型、复合数据类型、大对象类型和引用类型，如表 11-1 所示。

PL/SQL 数据类型

```
SQL> CREATE PROCEDURE account_status (due_date DATE,today    DATE )
  2    IS
  3    BEGIN
  4     IF due_date < today THEN   -- 显式触发异常
  5       RAISE_APPLICATION_ERROR(-20000, '账户已过期');
  6     END IF;
  7    END;
  8    /
Procedure created

SQL>
SQL> DECLARE
  2    past_due  EXCEPTION;        -- 声明异常
  3    PRAGMA EXCEPTION_INIT (past_due, -20000);  -- 给异常分配错误码
  4    BEGIN
  5     account_status (to_date('2018-01-01','yyyy-mm-dd'), to_date('2018-01-03','yyyy-mm-dd'));    -- 调用过程
  6    EXCEPTION
  7     WHEN past_due THEN        -- 处理异常
  8       DBMS_OUTPUT.PUT_LINE(TO_CHAR(SQLERRM(-20000)));
  9    END;
 10    /
ORA-20000: 账户已过期
PL/SQL procedure successfully completed
```

图 11-10 声明 past_due 异常及异常处理过程

表 11-1 PL/SQL 数据类型

类型	解释
标量	单个值，没有内部组件。例如，NUMBER、DATE 或 BOOLEAN
大对象	指向与其他数据项分开存储的大对象的指针。例如，文本、图形图像、视频剪辑和声音
复合	具有可单独访问的内部组件的数据项。例如，集合和记录
引用	指向其他数据项的指针

　　下面主要介绍标量数据类型，此类型的变量只有一个值，且内部没有分量。标量数据类型可以具有子类型。子类型是基类型（Base Type）的一个子集。子类型与其基类型具有相同的操作。PL/SQL 在包 STANDARD 中预定义了许多类型和子类型，并允许定义自己的子类型。例如，数据类型 NUMBER 具有名为 INTEGER 的子类型，子类型的定义如下所示：

```
SUBTYPE CHARACTER IS CHAR;
SUBTYPE INTEGER IS NUMBER(38,0);
```

　　PL/SQL 标量数据类型包含 SQL 数据类型、BOOLEAN、PLS_INTEGER、BINARY_INTEGER、REF CURSOR 和用户定义子类型（关于 REF CURSOR 的内容请参见第 12 章）。

　　1. SQL 数据类型

　　PL/SQL 的数据类型包含了 SQL 数据类型，SQL 和 PL/SQL 对于数据类型和子类型定义、数据比较、数据转换、类型格式化等操作方式相同。但是，PL/SQL 与 SQL 数据类型在数据类型的最大长度上略有不同，如图 11-11 所示。

数据类型	SQL类型	PL/SQL类型
CHAR	2000bytes	32767bytes
NCHAR	2000bytes	32767bytes
RAW	2000bytes	32767bytes
LONG	2GB−1	32760bytes
LONG RAW	2GB	32760bytes
NVARCHAR2	4000bytes	32767bytes
VARCHAR2	4000bytes	32767bytes
BLOB	(4 GB−1) * db_block_size	128TB
CBLOB	(4 GB−1) * db_block_size	128TB
NBLOB	(4 GB−1) * db_block_size	128TB

图 11-11 PL/SQL 与 SQL 类型最大长度对比

2. BOOLEAN 数据类型

PL/SQL 的 BOOLEAN 数据类型可存储逻辑值，它的值可以为 TRUE、FALSE 和 NULL，其中 NULL 表示未知值。分配给 BOOLEAN 变量的唯一值只能是 BOOLEAN 表达式。因为 SQL 中没有与 BOOLEAN 等效的数据类型，所以存在以下限制。

（1）不可将 BOOLEAN 值分配给数据库表列。

（2）不可选择（SELECT）或获取（FETCH）数据库表列的值到 BOOLEAN 变量。

（3）在 SQL 语句、SQL 函数或从 SQL 语句调用的 PL/SQL 函数中不可使用 BOOLEAN 值。

3. PLS_INTEGER 和 BINARY_INTEGER 数据类型

PLS_INTEGER 和 BINARY_INTEGER 数据类型在 PL/SQL 中是相同的。本数据类型存储 −2147483648~2147483647 范围内的有符号整数，以 32 位表示。与 NUMBER 数据类型相比，PLS_INTEGER 数据类型具有以下优势。

（1）PLS_INTEGER 值需要较少的存储空间。

（2）PLS_INTEGER 操作使用硬件算法，因此它们比使用算法库的 NUMBER 操作更快。如果用 PLS_INTEGER 值运算，Oracle 会使用原生机器算法，其他的所有数值型的数据类型都和 NUMBER 数据类型一样使用 C 语言算法库。结果就是 PLS_INTEGER 值的处理速度比 NUMBER 型的整数快很多。

4. 用户定义子类型

PL/SQL 允许定义自己的子类型。它继承的基类型可以是任何标量或用户定义的 PL/SQL 数据类型。自定义子类型有如下特性。

（1）提供与 ANSI/ISO 数据类型的兼容性。

（2）显示该类型数据项的预期用途。

（3）检测超出范围的值。

以下示例为使用自定义子类型，当数值超出数值范围时将报错，达到检测数值范围的目的。具体代码及其运行结果如图 11-12 所示。

```
DECLARE
  SUBTYPE Balance IS NUMBER(8,2);
  checking_account  Balance;
  savings_account   Balance;
BEGIN
  checking_account := 2000.00;
  savings_account  := 1000000.00;
END;
ORA-06502: PL/SQL: 数字或值错误 : 数值精度太高
ORA-06512: 在 line 7
```

图 11-12　自定义子类型可以检测数值范围

以下示例定义了两个子类型 name 和 message，分别是 CHAR 和 VARCHAR2 的子类型，然后定义了这两种子类型的变量，进行赋值后输出到控制台。

```
DECLARE
   SUBTYPE name IS char(20);
   SUBTYPE message IS varchar2(100);
   salutation name;
   greetings message;
```

```
BEGIN
  salutation := 'Reader ';
  greetings := 'Welcome to the World of PL/SQL';
  dbms_output.put_line('Hello ' || salutation || greetings);
END;
/
```

运行结果如图 11-13 所示。

```
Hello Reader                Welcome to the World of PL/SQL
PL/SQL procedure successfully completed
```

图 11-13　自定义子类型 name 和 message

5. PL/SQL 中的 NULL

在 PL/SQL 中 NULL 表示缺失或未知数据，它不是整数、字符或任何其他特定的数据类型。请注意 NULL 与空数据字符串或空字符值 "\0" 不同。用户可以给变量指定 NULL，但不能将其等同于任何内容，包括其自身。

6. %ROWTYPE 属性类型

%ROWTYPE 属性可用来声明一个记录变量，该变量表示数据库表或视图的完整行或部分行。对于完整行或部分行的每一列，记录变量都有一个具有相同名称和数据类型的字段。如果行的结构发生变化，则记录变量的结构也会相应地发生变化。记录变量的字段不会继承相应列的约束或初始值。声明表示数据库表或视图的完整行的记录变量，可使用以下语法：

```
variable_name table_or_view_name%ROWTYPE;
```

下例声明了一个记录变量，它表示一个 department 表的行，为其字段分配值并打印它们。

```
DECLARE
  dept_rec departments%ROWTYPE;
BEGIN
  dept_rec.department_id   := 10;
  dept_rec.department_name := 'Administration';
  dept_rec.manager_id      := 200;
  dept_rec.location_id     := 1700;
  -- Print fields:
  DBMS_OUTPUT.PUT_LINE('dept_id:  ' || dept_rec.department_id);
  DBMS_OUTPUT.PUT_LINE('dept_name: ' || dept_rec.department_name);
  DBMS_OUTPUT.PUT_LINE('mgr_id:   ' || dept_rec.manager_id);
  DBMS_OUTPUT.PUT_LINE('loc_id:   ' || dept_rec.location_id);
END;
/
```

7. %TYPE 属性类型

%TYPE 属性可用来声明与先前声明的变量或列具有相同数据类型的数据项。如果原有变量或列的类型发生了更改，则%TYPE 属性变量的类型也会随之更改。在声明用于保存数据库值的变量时，%TYPE 属性特别有用。声明与列相同类型的变量的语法是：

```
variable_name table_name.column_name%TYPE;
```

以下示例中，变量 surname 继承了 employees.last_name 列的数据类型和大小。

```
DECLARE
  surname  employees.last_name%TYPE;
```

```
BEGIN
 DBMS_OUTPUT.PUT_LINE('surname=' || surname);
END;
/
```

11.2.6 注释

注释是 PL/SQL 编译器忽略的源程序文本。它的主要目的是记录代码的辅助信息，以便于日后维护。用户也可以使用它来禁用过时的或未完成的代码片段（也就是说可以将代码转换为注释）。PL/SQL 中可包含单行或多行注释。

1. 单行注释

它可将该行的其余部分转换为单行注释。 但是下一行的任何文本都不属于注释。具体语法为：

```
--text
```

以下示例使用单行注释对程序进行了注解。

```
DECLARE
  howmany      NUMBER;
  num_tables  NUMBER;
BEGIN
  -- 开始处理
  SELECT COUNT(*) INTO howmany
  FROM USER_OBJECTS
  WHERE OBJECT_TYPE = 'TABLE'; -- 获取表的数目
  num_tables := howmany;       -- 赋值
END;
/
```

2. 多行注释

多行注释的语法如下所示：

```
/*text*/
```

在多行注释中，文本不能包含多行注释分隔符 "/*" 或 "*/"。因此，一条多行注释不能包含其他多行注释。但是，多行注释可以包含单行注释。以下示例使用了多行注释。

```
DECLARE
  some_condition  BOOLEAN;
  pi              NUMBER := 3.1415926;
  radius          NUMBER := 15;
  area            NUMBER;
BEGIN
  /* 执行一些简单的判断和赋值 */
  IF 2 + 2 = 4 THEN
    some_condition := TRUE;
  /* THEN 分支总是会被执行 */
  END IF;
  /*此行使用 pi 计算圆的面积,
  pi 是圆周和直径之间的比率。
  计算区域后, 将显示结果. */
  area := pi * radius**2;
  DBMS_OUTPUT.PUT_LINE('The area is: ' || TO_CHAR(area));
END;
/
```

本 章 小 结

在本章之前，数据库一直使用单一的 SQL 语句进行数据操作，没有流程控制，也无法开发出复杂的应用。Oracle PL/SQL 是结合了结构化查询与 Oracle 自身过程控制为一体的强大语言，它不但支持更多的数据类型，拥有自身的变量声明、赋值语句，而且还有条件、循环等流程控制语句等。通过本章的学习，读者可以自己编写简单的 PL/SQL 块，在其中进行变量和常量的声名，使用 SELECT 语句对变量进行赋值，并可以处理程序运行过程中出现的异常。

习 题

一、填空题

1. _____属性可用来声明一个记录变量，该变量表示数据库表或视图的完整行或部分行。

2. _____属性可用来声明与先前声明的变量或列具有相同数据类型的数据项。如果原有变量或列的类型发生了更改，则具有本属性的变量的类型也会随之更改。

二、简答题

1. PL/SQL 块的基本结构分为哪几个部分？

2. PL/SQL 中的异常有哪几种类别？

上 机 指 导

1. 编写一个程序，在 employee 表中根据 BRANCHCODE 查询职员信息。如果代码引发了 NO_DATA_FOUND 异常，则会显示一则消息。

2. 编写一个程序，用于接收用户输入的 DEPTCODE，并从 employee 表中检索该雇员的 EMPNO。如果代码引发了 TOO_MANY_ROWS 异常，则会显示消息"返回多行"。

第 12 章　控制语句

学习目标
- 掌握选择结构控制语句的使用。
- 掌握循环结构控制语句的使用。
- 掌握顺序结构控制语句的使用。

结构控制语句是所有过程性语言的关键，因为只有能够进行结构控制才能灵活地实现各种操作和功能。结构控制语句包括选择结构语句、循环结构语句和顺序结构语句。

12.1　选择结构控制

IF 语句

12.1.1　IF 语句

1. 语法

如果一个条件为 TRUE，那么 IF 语句将决定是否应该执行一个语句。IF 语句的语法结构为：

```
IF condition THEN
    statements;
[ELSIF condition THEN
    statements;]
[ELSE
    statements;]
END IF;
```

在 IF 语句中，唯一必需的子句是 IF 子句。IF 子句指出了要想执行 THEN 关键字之后列出的语句所必须满足的条件。如果这个条件计算为 FALSE，并且提供了第一个 ELSIF 条件，那么将转到这个条件。

ELSIF 子句用来指出在随后的条件得到满足时应该执行的另一个操作过程或一组语句。如果在 ELSIF 关键字之后列出的条件计算为 TRUE，那么将执行在随后的 THEN 关键字之后列出的语句。

如果在 IF 和 ELSIF 子句中提供的条件都是 FALSE，将自动执行 ELSE 子句中提供的任何语句。注意，ELSIF 子句的关键字是一个单词，不能写成"ELSEIF"或"ELSE IF"。

IF 语句总是以 END IF 关键字结束。

2. 示例

以下示例使用 IF-THEN-ELSE 语句判断工资金额的多少，并将工资水平结果进行输出。当输入 10000 后，运行结果如图 12-1 所示。

```
DECLARE
   monthly_value number(6);
   ILevel varchar2(20);
BEGIN
   monthly_value:=&a;
   IF monthly_value <= 4000 THEN
       ILevel := 'Low Income';
   ELSIF monthly_value > 4000 and monthly_value <= 7000 THEN
       ILevel := 'Avg Income';
   ELSIF monthly_value > 7000 and monthly_value <= 15000 THEN
       ILevel := 'Moderate Income';
   ELSE
       ILevel := 'High Income';
   END IF;
   DBMS_OUTPUT.put_line(ILevel);
END;
/
```

```
Moderate Income
PL/SQL procedure successfully completed
```

图 12-1 判断工资金额示例

12.1.2 CASE 语句

CASE 语句

1. 语法

CASE 语句用于根据条件将单个变量或表达式与多个值进行比较。在执行 CASE 语句前，该语句先计算选择器的值。CASE 语句使用选择器与 WHEN 字句中的表达式进行匹配。语法如下：

```
CASE selector
WHEN expression1 THEN result1
WHEN expression2 THEN result2
WHEN expressionN THEN resultN
[ ELSE resultN+1]
END;
```

其中，CASE 语句中的 ELSE 语句是可选的。如果检测到表达式的值与下面任何一个表达式都不匹配时，PL/SQL 会产生预定义错误 CASE_NOT_FOUND。但如果定义了 ELSE 语句，则输出 ELSE 表达式的值。

【注意】CASE 语句中表达式 1 到表达式 N 的类型必须同选择器的类型相符。

2. 示例

以下示例，根据用户输入的 A～C 级别信息，输出一段简单的评价。其中使用 CASE 表达式对输入级别进行判断，进而打印不同的评价信息。

```
DECLARE
v_grade char(1) := UPPER('&p_grade');
v_appraisal VARCHAR2(20);
```

```
BEGIN
v_appraisal :=
CASE v_grade
WHEN 'A' THEN 'Excellent'
WHEN 'B' THEN 'Very Good'
WHEN 'C' THEN 'Good'
ELSE 'No such grade'
END;
DBMS_OUTPUT.PUT_LINE(' Grade: '||v_grade||' Appraisal: '|| v_appraisal);
END;
/
```

运行后，界面如图 12-2 所示。

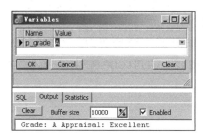

图 12-2　输入级别后的运行结果

12.2　循环控制

如果用户希望反复执行 PL/SQL 块中可执行部分的语句，那么可以创建一个循环，其中包括要执行的语句，这个循环一直重复，直到满足某个条件为止。

12.2.1　基本 LOOP 循环

基本 LOOP 循环

1. 语法

基本循环一直执行其中的语句，直到满足了 EXIT 子句指定的条件为止。根据指定的条件，执行循环的次数在各次执行时可能是不同的。语法如下所示：

```
LOOP
    statements;
    EXIT [WHEN condition];
END LOOP;
```

LOOP 关键字指出循环的开始，END LOOP 指出循环的结束。LOOP 与 END LOOP 之间的所有语句将一直重复执行，直到退出循环为止。

EXIT 关键字指出应该何时退出循环。

【注意】因为要执行的语句之后列出了 EXIT 的关键字，所以循环中任何语句至少自动执行一次。这被称为"后测试"（post-test）。在执行语句之后，将评估 EXIT 子句中列出的任何条件，如果条件为 TRUE，那么循环将会结束，然后执行 PL/SQL 块的其余部分。

2. 示例

以下示例使用 LOOP 关键字循环输出一个数字变量的值，直到此数字变量累加到 4 时退出循环。

```
DECLARE
    v_counter NUMBER(1):=0;
BEGIN
LOOP
    v_counter:=v_counter+1;
    DBMS_OUTPUT.PUT_LINE('The current value of the counter is '||v_counter);
    EXIT WHEN v_counter=4;
END LOOP;
END;
```

图 12-3 是使用 LOOP 循环打印一系列数字的运行结果。

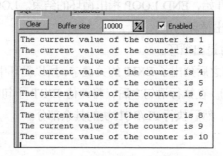

图 12-3 使用 LOOP 循环打印一系列数字

12.2.2 FOR 循环

FOR 循环

1. 语法

FOR 循环使用一个计数器来控制循环的执行次数。计数器不是一个必须在 PL/SQL 块的声明部分声明的变量。在第一次执行循环时，将隐含声明计数器。语法如下所示：

```
FOR counter IN[REVERSE] lower_limit..upper_limit LOOP
    statements;
END LOOP;
```

FOR 子句要求用户指出计数器的上限和下限。即必须指定计数器的初始值（lower_limit）以及终止循环的值（upper_limit）。

在每一次执行循环时，计数器都会增加 1。达到计数器的上限值后，就退出这个循环。

如果在这个子句中包括了 REVERSE 关键字，那么计数器可以采取相反的方式（计数器减少）。

2. 示例

使用 FOR 循环打印 1~10 的数字。结果如图 12-4 所示。

```
BEGIN
    FOR I IN 1..10 LOOP
    DBMS_OUTPUT.PUT_LINE('The current value of the counter is '||i);
    END LOOP;
END;
```

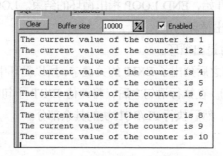

图 12-4 使用 FOR 循环打印 1~10 的数字结果

12.2.3 WHILE 循环

WHILE 循环

1. 语法

WHILE 循环执行一系列语句，直到条件变为 FALSE 为止。与前面循环不同，如果条件最初为 FALSE，那么永远不能进入这个循环。WHILE 子句提供的条件决定了循环将在何时终止。语法如下所示：

```
WHILE condition LOOP
    statements;
END LOOP;
```

2. 示例

PL/SQL 块中使用 WHILE 循环来显示变量的值，直到指定的条件为 FALSE 为止。结果如图 12-5 所示。

```
DECLARE
    v_counter NUMBER(2):=0;
BEGIN
    WHILE v_counter<15 LOOP
    DBMS_OUTPUT.PUT_LINE('The current  value of the counter is '||v_counter);
    v_counter:=v_counter+1;
    END LOOP;
END;
```

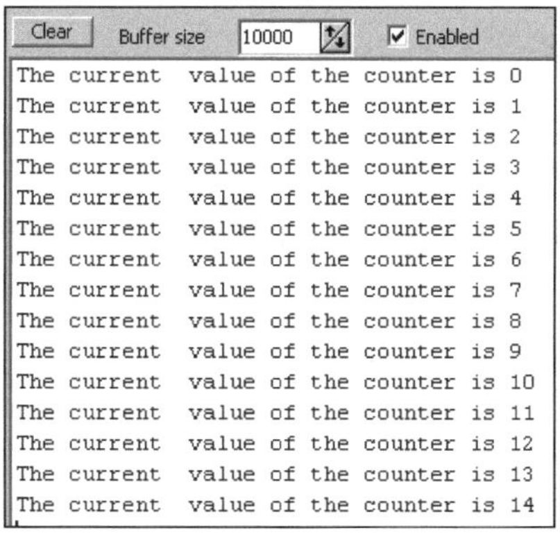

图 12-5　使用 WHILE 循环来显示变量的值

12.2.4 嵌套的循环

嵌套的循环

1. 定义

任何类型的循环都可以嵌套在另一个循环中。在控制返回外部循环之前，必须完成内部循环的执行。在控制返回循环之后，只要外部循环的条件有效，就会再次执行外部循环，这包括了内部循环的执行。这个过程将一直继续，直到外部循环结束为止。

2. 示例

PL/SQL 块中 WHILE 循环包含了一个嵌套的 FOR 循环。外部 WHILE 循环运行三次，其中嵌套一个 FOR 循环，FOR 循环运行两次。图 12-6 所示是运行结果。

```
DECLARE
    v_counter NUMBER(2):=0;
BEGIN
WHILE v_counter<3 LOOP
        FOR i IN 1..2 LOOP
            DBMS_OUTPUT.PUT_LINE('The current value of the FOR LOOP counter is '||i);
        END LOOP;
        DBMS_OUTPUT.PUT_LINE('The current value of the WHILE counter is '||v_counter);
        v_counter:=v_counter+1;
    END LOOP;
END;
```

```
Clear   Buffer size  10000  %/  ☑ Enabled
The current value of the FOR LOOP counter is 1
The current value of the FOR LOOP counter is 2
The current value of the WHILE counter is 0
The current value of the FOR LOOP counter is 1
The current value of the FOR LOOP counter is 2
The current value of the WHILE counter is 1
The current value of the FOR LOOP counter is 1
The current value of the FOR LOOP counter is 2
The current value of the WHILE counter is 2
```

图 12-6　WHILE 循环嵌套 FOR 循环示例结果

顺序控制

12.3　顺序控制

顺序控制用于按顺序执行语句。用户可以使用标签使程序获得更好的可读性。程序块或循环都可以被标记。标签的形式是<< >>。

12.3.1　标签声明

标签声明由封装在<< >>中的 label_name 组成，后面至少要有一条可执行的语句。语法如下所示：

```
<<label_name>>
{...statements...}
```

12.3.2　GOTO 语句

1. 定义

执行 GOTO 语句时，控制会立即转到由标签标记的语句。PL/SQL 对 GOTO 语句做了一些限制。对于块、循环、IF 语句而言，从外层跳转到内层是非法的。语法如下所示：

```
GOTO label_name;
```

使用时需要注意以下两点。

① label_name 在代码范围内必须是唯一的。

② 标签声明后必须至少有一条语句要执行。

2. 示例

以下示例使用 GOTO 语句判断数字 37 是否为质数，运行结果如图 12-7 所示。

```
DECLARE
    p VARCHAR2(30);
```

```
  n  PLS_INTEGER := 37;
BEGIN
  FOR j in 2..ROUND(SQRT(n)) LOOP
    IF n MOD j = 0 THEN
      p := ' is not a prime number';
      GOTO print_now;
    END IF;
  END LOOP;
  p := ' is a prime number';
  <<print_now>>
  DBMS_OUTPUT.PUT_LINE(TO_CHAR(n) || p);
END;
/
```

```
37 is a prime number
PL/SQL procedure successfully completed
```

图 12-7　使用 GOTO 语句判断质数

12.3.3　NULL 语句

1. 定义

NULL 语句代表不进行任何操作，将直接跳转到下一条语句执行。语法如下所示：

```
NULL;
```

2. 示例

以下示例使用 GOTO 语句进行跳转，但在标签声明后没有语句要执行，此时程序无法正常运行，运行结果如图 12-8 所示。

```
DECLARE
  done  BOOLEAN;
BEGIN
  FOR i IN 1..50 LOOP
    IF done THEN
      GOTO end_loop;
    END IF;
    <<end_loop>>
  END LOOP;
END;
/
```

```
ORA-06550: 第 9 行, 第 3 列:
PLS-00103: 出现符号 "END"在需要下列之一时:
 begin case
   declare exit for goto if loop mod null raise return select
   update while with <an identifier>
   <a double-quoted delimited-identifier> <a bind variable> <<
   close current delete fetch lock insert open rollback
   savepoint set sql execute commit forall merge pipe
```

图 12-8　GOTO 语句的运行结果

此时在<<end_loop>>标签后增加一条 NULL 语句，可以解决本问题，运行结果如图 12-9 所示。

```
SQL> DECLARE
  2    done  BOOLEAN;
  3  BEGIN
  4    FOR i IN 1..50 LOOP
  5      IF done THEN
  6        GOTO end_loop;
  7      END IF;
  8      <<end_loop>>
  9      NULL;
 10    END LOOP;
 11  END;
 12  /
PL/SQL procedure successfully completed
```

图 12-9　NULL 语句的使用

本 章 小 结

逻辑结构是任何编程语言的基本组成部分，可以联系其他编程语言来学习本章，它们之间存在不少共通的部分。本章介绍了 PL/SQL 中的基本逻辑结构：选择结构、顺序结构和循环结构。PL/SQL 主要通过选择语句、循环语句来控制和改变程序执行的逻辑顺序，从而实现复杂的运算或控制功能。

习　　题

一、填空题

1. PL/SQL 的结构控制语句包括_____、循环结构语句和_____。

2. 标签声明由封装在_____中的标签名称组成，后面至少要有一条可执行的语句。

3. _____语句代表不进行任何操作，它将直接跳转到下一条语句执行。

二、简答题

1. 简述多支判断 CASE 的用法。

2. PL/SQL 中有哪些循环控制语句？如何使用它们？

上 机 指 导

1. 打印出 1~10 的偶数。

要求：请用 WHILE LOOP 的语法实现。

2. 按以下对应关系，根据信号灯的不同，打印出对应的行为。

红灯	停
绿灯	行
黄灯	等

3. 打印 15 ~ 25 的所有整数。

要求：请用 FOR 循环的语法实现。

13 第 13 章 游标管理

学习目标
- 掌握隐式游标的使用方法。
- 掌握显式游标的使用方法。
- 理解游标变量。

SQL 是面向集合的，其结果一般是集合（多条记录），而 PL/SQL 的变量一般是标量，其一组变量一次只能存放一条记录。所以仅仅使用变量并不能完全满足 SQL 语句向应用程序输出数据的要求。为此，在 PL/SQL 中引入了游标（Cursor）的概念，用游标来协调这两种不同的处理方式。

13.1 工作原理

游标是指向私有 SQL 区域的指针，该区域存储有关处理特定 SELECT 或 DML 语句的信息。借助游标可以对结果集中的多条记录进行逐条处理，它是设计包含 SQL 语句的应用程序的常用编程方式。图 13-1 展示了游标的工作原理。

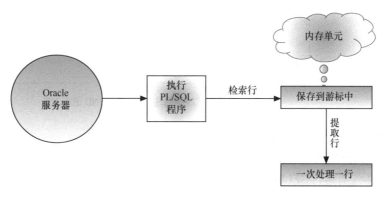

图 13-1 游标工作原理

游标分为显式和隐式两种。由 PL/SQL 构造和管理的游标是隐式游标，由用户构造和管理的游标则是显式游标。

13.2 隐式游标

隐式游标是由 PL/SQL 构造和管理的游标。每次运行 SELECT 或 DML 语句时，

PL/SQL 都会打开一个隐式游标。用户无法控制隐式游标，但可以从其属性中获取信息。

隐式游标属性值的语法是 SQL%attribute（因此，隐式游标也称为 SQL 游标）。SQL%attribute 始终引用最近运行的 SELECT 或 DML 语句。如果没有运行此类语句，则 SQL%attribute 的值为 NULL。

隐式游标在其关联语句运行后关闭。但是，在另一个 SELECT 或 DML 语句运行之前，其属性值仍然可用。最近运行的 SELECT 或 DML 语句可能位于不同的范围内。要保存属性值以供以后使用，需立即将其分配给本地变量。否则，其他操作（如子程序调用）可能会在测试之前更改属性的值。

隐式游标包含以下 4 种属性。

1. SQL%ISOPEN 属性

SQL%ISOPEN 始终返回 FALSE，因为隐式游标在其关联语句运行后始终关闭。

2. SQL%FOUND 属性

此属性的取值如下。

（1）如果没有运行 SELECT 或 DML 语句，则为 NULL。

（2）如果 SELECT 语句返回一行或多行（或者 DML 语句影响一行或多行），则为 TRUE，否则返回 FALSE。

以下示例根据隐式游标属性 SQL%FOUND 判断是否有部门记录被删除，具体代码及其运行结果如图 13-2 所示。

```
SQL> CREATE OR REPLACE PROCEDURE p ( dept_no NUMBER ) AS
  2  BEGIN
  3    DELETE FROM dept_temp WHERE department_id = dept_no;
  4    IF SQL%FOUND THEN
  5      DBMS_OUTPUT.PUT_LINE ('成功删除部门:' || dept_no );
  6    ELSE
  7      DBMS_OUTPUT.PUT_LINE ('不存在部门' || dept_no);
  8    END IF;
  9  END;
 10  /
Procedure created

SQL> set serveroutput on;
SQL> execute p(123);
不存在部门123
PL/SQL procedure successfully completed
```

图 13-2　使用隐式游标属性 SQL%FOUND 进行判断

3. SQL%NOTFOUND 属性

SQL%NOTFOUND 与 SQL%FOUND 逻辑相反，它的取值如下。

（1）如果没有运行 SELECT 或 DML 语句，则为 NULL。

（2）如果 SELECT 语句返回一行或多行（或者 DML 语句影响一行或多行），则为 FALSE；否则为 TRUE。

另外，要注意 SQL%NOTFOUND 属性对 PL/SQL 中的 SELECT INTO 语句没有作用。

4. SQL%ROWCOUNT 属性

SQL%ROWCOUNT 的取值如下。

（1）如果没有运行 SELECT 或 DML 语句，则为 NULL。

（2）否则，为 SELECT 语句返回的行数或受 DML 语句影响的行数。

以下示例根据隐式游标属性 SQL%ROWCOUNT 判断修改的记录条数。具体代码及其运行结果如图 13-3 所示。

```
SQL> select * from t_student;
F_NAME                                          F_DEPARTMENT                            F_CLASS
--------------------------------------------    --------------------------------------  ------------
张三                                            信息管理                                16级1班

SQL>
SQL> begin
  2    update t_student set f_department='信息系' where f_class='16级1班';
  3    if SQL%Found then
  4      dbms_output.put_line('修改记录数为: '||SQL%RowCount);
  5    else
  6      dbms_output.put_line('未找到相应记录');
  7    end if;
  8  end;
  9  /
修改记录数为: 1
PL/SQL procedure successfully completed

SQL>
SQL> select * from t_student;
F_NAME                                          F_DEPARTMENT                            F_CLASS
--------------------------------------------    --------------------------------------  ------------
张三                                            信息系                                  16级1班
```

图 13-3　根据隐式游标属性 SQL%ROWCOUNT 进行判断

13.3　显式游标

显式游标是由用户构造和管理的游标。用户必须声明并定义显式游标，为其指定名称并将其与查询相关联（查询通常会返回多行）。可以使用以下任意方式处理查询结果集。

（1）打开显式游标（使用 OPEN 语句），从结果集中获取行（使用 FETCH 语句），然后关闭显式游标（使用 CLOSE 语句）。

（2）在游标 FOR LOOP 语句中使用显式游标。

与隐式游标不同，用户可以通过名称引用显式游标或游标变量。因此，显式游标或游标变量称为命名游标。显式游标的操作过程如图 13-4 所示。

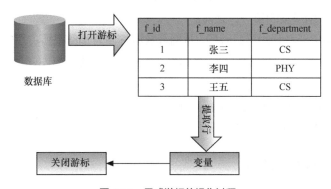

图 13-4　显式游标的操作过程

13.3.1　显式游标的声明和定义

可以先声明显式游标，然后在同一个块、子程序或包中定义它，或者同时声明和定义它。

显式游标声明仅声明游标，具体语法如下：

```
CURSOR cursor_name [ parameter_list ] RETURN return_type;
```

显式游标的
声明和定义

189

显式游标定义使用以下语法：

```
CURSOR cursor_name [ parameter_list ] [ RETURN return_type ] IS select_statement;
```

游标可以分别进行声明和定义，也可以将声明和定义放在一起。以下示例声明和定义了 3 个显式游标：游标 c1 先进行了声明，然后才进行定义；游标 c2 的声明和定义合成在了一起；游标 c3 也是先进行声明，但在定义时忽略了返回类型。具体代码及其运行结果如图 13-5 所示。

```
SQL> DECLARE
  2    CURSOR c1 RETURN departments%ROWTYPE;    -- 声明游标c1
  3    CURSOR c2 IS                              -- 声明和定义游标 c2
  4      SELECT employee_id, job_id, salary FROM employees
  5      WHERE salary > 2000;
  6    CURSOR c1 RETURN departments%ROWTYPE IS   -- 定义游标 c1
  7      SELECT * FROM departments
  8      WHERE department_id = 110;
  9    CURSOR c3 RETURN locations%ROWTYPE;       -- 声明游标 c3
 10    CURSOR c3 IS                              -- 定义游标 c3,忽略了返回类型
 11      SELECT * FROM locations
 12      WHERE country_id = 'JP';
 13  BEGIN
 14    NULL;
 15  END;
 16  /
PL/SQL procedure successfully completed
```

图 13-5　定义 3 个显式游标

13.3.2　打开和关闭显式游标

打开和关闭
显式游标

声明和定义显式游标后，可以使用 OPEN 语句打开它，OPEN 语句可以执行以下操作。

（1）分配数据库资源。

（2）处理查询。

① 标识结果集。如果查询引用变量或游标参数，则它们的值会影响结果集。

② 如果查询时有 FOR UPDATE 子句，则会锁定结果集的行。

（3）将光标定位在结果集的第一行之前。

使用 CLOSE 语句关闭打开的显式游标，从而释放游标中查询结果所占用的系统资源。关闭游标后，将无法在其结果集中获取记录或引用其属性。如果尝试，PL/SQL 会触发预定义的异常 INVALID_CURSOR。

可以重新打开关闭的游标。在尝试重新打开之前，必须关闭显式游标。否则，PL/SQL 会引发预定义的异常 CURSOR_ALREADY_OPEN。

13.3.3　使用显式游标获取数据

使用显式游标
获取数据

打开显式游标后，可以使用 FETCH 语句获取查询结果集的行。返回一行的 FETCH 语句的基本语法是：

```
FETCH cursor_name INTO into_clause
```

into_clause 是变量列表或单个记录变量。对于查询返回的每个列，变量列表或记录必须具有相应的类型兼容变量或字段。

使用 FETCH 语句可检索结果集的当前行，将该行的列值存储到变量或记录中，并将光标前进到下一行。通常，可以在 LOOP 语句中使用 FETCH 语句，当 FETCH 语句遍历完所有行时，将退出该

语句。要检测退出条件，可以使用游标属性**%NOTFOUND**。当 FETCH 语句不返回任何行时，PL/SQL 不会引发异常。以下示例使用 FETCH 和 LOOP 语句遍历了 employees 表中月薪大于 12000 元的员工姓名。具体代码及其运行结果如图 13-6 所示。

```
SQL> DECLARE
  2      FIRST_NAME    VARCHAR2(25);
  3      LAST_NAME     VARCHAR2(25);
  4      CURSOR emp_cur IS
  5       SELECT FIRST_NAME, LAST_NAME FROM employees  where SALARY>12000;
  6  BEGIN
  7      OPEN emp_cur;
  8      LOOP
  9        FETCH emp_cur INTO FIRST_NAME, LAST_NAME;
 10        EXIT WHEN emp_cur%NOTFOUND;
 11        DBMS_OUTPUT.PUT_LINE(FIRST_NAME||' '||LAST_NAME);
 12        END LOOP;
 13      CLOSE emp_cur;
 14  END;
 15  /
Steven King
Neena Kochhar
Lex De Haan
John Russell
Karen Partners
Michael Hartstein
PL/SQL procedure successfully completed
```

图 13-6　使用 FETCH 和 LOOP 语句遍历 employees 表

13.3.4　接受参数的显式游标

接受参数的显式游标

用户可以创建具有形式参数的显式游标，然后在每次打开时将不同的实际参数传递给游标。在游标查询中，用户可以在使用常量的任何位置使用形式游标参数。在游标查询之外，用户无法引用形式游标参数。下例中，接收用户输入的岗位编码，然后将它以实参传入游标，根据传入的参数值查询出所有本岗位的人员姓名。具体代码及其运行结果如图 13-7 所示。

```
SQL> DECLARE
  2      FIRST_NAME    VARCHAR2(25);
  3      LAST_NAME     VARCHAR2(25);
  4      JOB_ID   VARCHAR2(25);
  5      CURSOR emp_cur(jobid VARCHAR2) IS
  6       SELECT FIRST_NAME, LAST_NAME FROM employees
  7       WHERE JOB_ID=jobid;
  8  BEGIN
  9      JOB_ID:= '&jobid';
 10      OPEN emp_cur(JOB_ID);
 11      LOOP
 12        FETCH emp_cur INTO FIRST_NAME, LAST_NAME;
 13        EXIT WHEN emp_cur%NOTFOUND;
 14        DBMS_OUTPUT.PUT_LINE(FIRST_NAME||' '||LAST_NAME);
 15      END LOOP;
 16      CLOSE emp_cur;
 17  END;
 18  /
Alexander Hunold
Bruce Ernst
David Austin
Valli Pataballa
Diana Lorentz
PL/SQL procedure successfully completed
```

图 13-7　接受参数的显式游标样例

191

13.3.5　使用游标的 FOR LOOP 语句

使用游标的 FOR
LOOP 语句

　　用户可以结合游标的 FOR LOOP 语句运行 SELECT 语句，然后立即循环遍历结果集的行。FOR LOOP 语句适用于隐式或显式游标。

　　游标的 FOR LOOP 语句隐式声明其循环索引为 %ROWTYPE 类型的记录变量。此记录变量是循环的局部变量，仅在循环执行期间存在。循环内的语句可以引用记录变量及其字段。

　　声明循环索引记录变量后，FOR LOOP 语句将打开指定的游标。对于循环的每次迭代，FOR LOOP 语句从结果集中提取一行并将其存储在记录中。当没有更多行要获取时，FOR LOOP 语句将关闭游标。如果循环内的语句将控制转移到循环外部或者 PL/SQL 引发异常，则游标也会关闭。以下示例使用 FOR LOOP 语句遍历显式游标，查询某一岗位的月薪大于 3000 元的员工。具体代码及其运行结果如图 13-8 所示。

```
SQL> DECLARE
  2     CURSOR c1 (job VARCHAR2, max_wage NUMBER) IS
  3       SELECT * FROM employees    WHERE job_id = job   AND salary > max_wage;
  4     BEGIN
  5       FOR person IN c1('ST_CLERK', 3000)
  6       LOOP    -- 遍历记录
  7         DBMS_OUTPUT.PUT_LINE ( 'Name = ' || person.last_name
  8   || ', salary = ' ||person.salary || ', Job Id = ' || person.job_id );
  9       END LOOP;
 10    END;
 11    /
Name = Nayer, salary = 3200, Job Id = ST_CLERK
Name = Bissot, salary = 3300, Job Id = ST_CLERK
Name = Mallin, salary = 3300, Job Id = ST_CLERK
Name = Ladwig, salary = 3600, Job Id = ST_CLERK
Name = Stiles, salary = 3200, Job Id = ST_CLERK
Name = Rajs, salary = 3500, Job Id = ST_CLERK
Name = Davies, salary = 3100, Job Id = ST_CLERK
PL/SQL procedure successfully completed
```

图 13-8　使用 FOR LOOP 语句遍历显式游标

　　以下示例使用 FOR LOOP 语句遍历隐式游标，查询了 5 位员工的期望薪资，并进行了输出显示，具体代码及其运行结果如图 13-9 所示。

```
SQL> BEGIN
  2     FOR item IN (
  3       SELECT first_name || ' ' || last_name AS full_name,
  4             salary * 10                    AS dream_salary
  5       FROM employees
  6       WHERE ROWNUM <= 5
  7       ORDER BY dream_salary DESC, last_name ASC
  8     ) LOOP
  9       DBMS_OUTPUT.PUT_LINE
 10         (item.full_name || ' dreams of making ' || item.dream_salary);
 11     END LOOP;
 12    END;
 13    /
Steven King dreams of making 240000
Lex De Haan dreams of making 170000
Neena Kochhar dreams of making 170000
Alexander Hunold dreams of making 90000
Bruce Ernst dreams of making 60000
PL/SQL procedure successfully completed
```

图 13-9　使用 FOR LOOP 语句遍历隐式游标

13.3.6 显式游标的属性

显式游标属性值的语法是 cursor_name 后面紧跟属性（如 c1 % ISOPEN）。显式游标和游标变量具有相同的属性。

1. %ISOPEN 属性

如果显式游标打开了，则%ISOPEN 属性返回 TRUE；否则返回 FALSE。ISOPEN 属性用于在尝试打开游标之前检查其是否已打开。如果重复打开显式游标，PL/SQL 会引发预定义的异常 CURSOR_ALREADY_OPEN。此时，必须先关闭显式游标，然后才能重新打开它。以下示例只有在未打开的情况下才会打开显式游标 c1，只有将其打开后才需要关闭它，具体代码及其运行结果如图 13-10 所示。

```
SQL> DECLARE
  2     CURSOR c1 IS
  3        SELECT last_name, salary FROM employees
  4        WHERE ROWNUM < 11;
  5
  6     the_name employees.last_name%TYPE;
  7     the_salary employees.salary%TYPE;
  8  BEGIN
  9     IF NOT c1%ISOPEN THEN
 10        OPEN c1;
 11     END IF;
 12
 13     FETCH c1 INTO the_name, the_salary;
 14
 15     IF c1%ISOPEN THEN
 16        CLOSE c1;
 17     END IF;
 18  END;
 19  /
PL/SQL procedure successfully completed
```

图 13-10　使用显式游标的%ISOPEN 属性

2. %FOUND 属性

此属性的取值如下。

（1）在显式游标打开之后，但在第一次获取之前返回 NULL。

（2）如果显式游标的最新提取（FETCH）返回了一行，则为 TRUE。

（3）否则为 FALSE。

以下示例循环遍历结果集，打印每个获取的行，并在没有更多行要提取时退出。具体代码及其运行结果如图 13-11 所示。

3. %NOTFOUND 属性

%NOTFOUND 与%FOUND 逻辑相反，它的取值如下。

（1）在显式游标打开之后，但在第一次获取之前为 NULL。

（2）如果显式游标的最新提取（FETCH）返回一行，则为 FALSE。

（3）否则为 TRUE。

4. %ROWCOUNT 属性

%ROWCOUNT 的取值如下。

```
SQL> DECLARE
  2     CURSOR c1 IS
  3       SELECT last_name, salary FROM employees
  4       WHERE ROWNUM < 3
  5       ORDER BY last_name;
  6
  7     my_ename    employees.last_name%TYPE;
  8     my_salary   employees.salary%TYPE;
  9  BEGIN
 10    OPEN c1;
 11    LOOP
 12      FETCH c1 INTO my_ename, my_salary;
 13      IF c1%FOUND THEN  -- fetch succeeded
 14        DBMS_OUTPUT.PUT_LINE('Name = ' || my_ename || ', salary = ' || my_salary);
 15      ELSE  -- fetch failed
 16        EXIT;
 17      END IF;
 18    END LOOP;
 19  END;
 20  /
Name = Abel, salary = 11000
Name = Ande, salary = 6400
PL/SQL procedure successfully completed
```

图 13-11　使用显式游标属性%FOUND 进行判断

（1）显式游标打开后，在第一次获取之前返回 0。

（2）否则返回获取的行数。

以下示例对获取的行进行计数并打印，并在获取第 3 行后打印一条消息。具体代码及其运行结果如图 13-12 所示。

```
SQL> DECLARE
  2     CURSOR c1 IS
  3       SELECT last_name FROM employees
  4       WHERE ROWNUM < 5
  5       ORDER BY last_name;
  6     name    employees.last_name%TYPE;
  7  BEGIN
  8    OPEN c1;
  9    LOOP
 10      FETCH c1 INTO name;
 11      EXIT WHEN c1%NOTFOUND OR c1%NOTFOUND IS NULL;
 12      DBMS_OUTPUT.PUT_LINE(c1%ROWCOUNT || '.' || name);
 13      IF c1%ROWCOUNT = 3 THEN
 14        DBMS_OUTPUT.PUT_LINE('--- Fetched 3rd row ---');
 15      END IF;
 16    END LOOP;
 17    CLOSE c1;
 18  END;
 19  /
1. Abel
2. Ande
3. Atkinson
--- Fetched 3rd row ---
4. Austin
PL/SQL procedure successfully completed
```

图 13-12　使用显式游标的%ROWCOUNT 属性

13.4　游标变量

如同常量和变量的区别一样，前面所讲的游标都与一个 SQL 语句相关联，并且在编译该块的时候此语句是可知的、静态的。而游标变量可以在运行时与不同的语句相关联，是动态的。游标变量常用于处理多行的查询结果集。在同一个 PL/SQL 块中，游标变量不同于特定的查询绑定，而是在打开游标时才确定所对应的查询。因此，游标变量可以依次对应多个查询。

使用游标变量之前，必须先声明，然后在运行时必须为其分配存储空间，因为游标变量是 REF 类型的变量，类似高级语言中的指针。

13.4.1 创建游标变量

要创建游标变量，先声明预定义类型 SYS_REFCURSOR 的变量或定义 REF CURSOR 类型，然后声明该类型的变量（有时游标变量又称为 REF 游标）。REF CURSOR 和 SYS_REFCURSOR 类型在 PL/SQL 程序中可互换使用。在功能和处理方式上，它们之间没有明显的区别。但是，从程序员的角度来看，两者之间的根本区别在于程序员必须在程序单元（包体或匿名块）中创建 REF CURSOR（弱或强）类型及其变量（称为游标变量），但是 SYS_REFCURSOR 是在 Oracle 标准软件包中定义的预定义 REF CURSOR。下面介绍 REF CURSOR 类型。

创建游标变量

REF CURSOR 类型定义的基本语法是：

```
TYPE type_name IS REF CURSOR [ RETURN return_type ]
```

如果指定了 return_type，则该类型的游标变量为强类型；如果没有指定，则为弱类型。

强类型的游标变量，只能关联返回指定类型的查询。 使用弱类型的游标变量，则可以关联任何查询。

弱类型游标变量比强类型游标变量更容易出错，但它们也更灵活。弱 REF CURSOR 类型可以互相交换，也可以与预定义类型 SYS_REFCURSOR 互换。可以将弱类型游标变量的值分配给任何其他弱类型变量。仅当两个游标变量具有相同类型（不仅是相同的返回类型）时，才能将强类型变量的值分配给另一个强类型变量。以下示例为游标变量的声明，具体代码及其运行结果如图 13-13 所示。

```
SQL> DECLARE
  2    TYPE empcurtyp IS REF CURSOR RETURN employees%ROWTYPE;-- 强类型
  3    TYPE genericcurtyp IS REF CURSOR;                     -- 弱类型
  4    cursor1  empcurtyp;        -- 强类型游标变量
  5    cursor2  genericcurtyp;    -- 弱类型游标变量
  6    my_cursor SYS_REFCURSOR;   -- 弱类型游标变量
  7    TYPE deptcurtyp IS REF CURSOR RETURN departments%ROWTYPE;  -- 强类型
  8    dept_cv deptcurtyp;  -- 强类型游标变量
  9    BEGIN
 10      NULL;
 11    END;
 12  /
PL/SQL procedure successfully completed
```

图 13-13　游标变量的声明

13.4.2 打开和关闭游标变量

声明游标变量后，可以使用 OPEN FOR 语句打开它，OPEN FOR 语句还可以执行以下操作。

打开和关闭
游标变量

（1）将游标变量与查询相关联（通常查询返回多行），查询可以包含绑定变量的占位符，其值在 OPEN FOR 语句的 USING 子句中指定。

（2）分配查询需要的数据库资源。

（3）处理查询：标识结果集，如果查询中引用变量，则它们的值会影响结果集；如果查询时有 FOR UPDATE 子句，则会锁定结果集的行。

（4）将光标定位在结果集的第一行之前。

在重新打开游标变量之前不需要关闭游标变量（即在另一个 OPEN FOR 语句中使用它）。重新打开游标变量后，先前与其关联的查询将丢失。当用户不再需要游标变量时，可使用 CLOSE 语句将其关闭，从而允许重用其资源。关闭游标变量后，就无法从其结果集中获取记录或引用其属性了。

13.4.3 使用游标变量获取数据

使用游标变量
获取数据

打开游标变量后，可以使用 FETCH 语句获取查询结果集的行，游标变量的返回值类型必须与 FETCH 语句的 into_clause 兼容。对于强类型的游标变量，PL/SQL 会在编译时捕获不兼容性。对于弱类型的游标变量，PL/SQL 会在运行时捕获不兼容性。以下示例演示了游标变量的打开、关闭和数据的获取，具体代码及其运行结果如图 13-14 所示。

```
SQL> DECLARE
  2      TYPE emp_curtype IS REF CURSOR RETURN employees%ROWTYPE;
  3      emp_curvar emp_curtype;
  4      emp_rec employees%ROWTYPE;
  5  BEGIN
  6      OPEN emp_curvar FOR SELECT * FROM employees where salary>15000;
  7      LOOP
  8      FETCH emp_curvar INTO emp_rec;
  9      EXIT WHEN emp_curvar%NOTFOUND;
 10      DBMS_OUTPUT.PUT_LINE ( emp_rec.FIRST_NAME||' '||emp_rec.LAST_NAME);
 11        END LOOP;
 12      CLOSE emp_curvar;
 13  END;
 14  /
Steven King
Neena Kochhar
Lex De Haan
PL/SQL procedure successfully completed
```

图 13-14 游标变量的打开、关闭和数据的获取

13.4.4 使用游标变量执行动态 SQL

使用游标变量
执行动态 SQL

动态 SQL 是一种在运行时完成 SQL 语句的生成和运行的编程方法。动态 SQL 除了用于执行一般的查询和数据库定义（DDL）语句之外，对于在编译时不确定 SQL 语句内容或输入/输出变量的数据类型及个数等情况也适用。

如果不需要动态 SQL，尽量使用静态 SQL，静态 SQL 在编译时会验证静态 SQL 语句是否引用了有效的数据库对象，以及是否具有访问这些对象所需的特权。

对于返回多行记录的 SELECT 语句的动态 SQL 语句，可以使用 OPEN FOR、FETCH 和 CLOSE 语句来执行和获取数据。SQL 游标属性的工作方式在执行动态 SQL 时与执行静态 SQL 时相同。

使用游标变量执行动态 SQL 可以分为以下 3 个步骤。

（1）使用 OPEN FOR 语句将游标变量与动态 SQL 语句相关联。在 OPEN FOR 语句的 USING 子句中，为动态 SQL 语句中的每个占位符指定绑定变量。 USING 子句不能包含文字 NULL。要解决此限制，请使用未初始化的变量，以便在其中使用 NULL。

（2）使用 FETCH 语句检索结果集。

（3）使用 CLOSE 语句关闭游标变量。

以下示例使用动态 SQL 检索职位是程序员的雇员，具体代码及其运行结果如图 13-15 所示。

```
SQL> DECLARE
  2    TYPE EmpCurTyp  IS REF CURSOR;
  3    v_emp_cursor     EmpCurTyp;
  4    emp_record       employees%ROWTYPE;
  5    v_stmt_str       VARCHAR2(200);
  6  BEGIN
  7    -- 定义带占位符的动态SQL:
  8    v_stmt_str := 'SELECT * FROM employees WHERE job_id = :j';
  9    -- 打开游标并且使用USING子句绑定变量:
 10    OPEN v_emp_cursor FOR v_stmt_str USING 'IT_PROG';
 11    -- 检索结果集
 12    LOOP
 13      FETCH v_emp_cursor INTO emp_record;
 14      EXIT WHEN v_emp_cursor%NOTFOUND;
 15      DBMS_OUTPUT.PUT_LINE(emp_record.FIRST_NAME||' '||emp_record.LAST_NAME);
 16    END LOOP;
 17    -- 关闭游标:
 18    CLOSE v_emp_cursor;
 19  END;
 20  /
Alexander Hunold
Bruce Ernst
David Austin
Valli Pataballa
Diana Lorentz
PL/SQL procedure successfully completed
```

图 13-15　使用动态 SQL 检索职位是程序员的雇员

本 章 小 结

本章介绍了 PL/SQL 的游标，它是用户定义的引用类型，能够根据查询条件查询出一组记录，将其作为一个临时表放置在数据缓冲区中，以游标作为指针，逐行对记录数据进行操作。游标分为显式和隐式两种，由 PL/SQL 构造和管理的游标是一个隐式游标，由用户构造和管理的游标则是显式游标。

习 题

一、填空题

1. 隐式游标包含4种属性，分别为：_____、_____、_____和_____。

2. _____类型的游标变量，只能关联返回指定类型的查询。使用_____类型的游标变量，可以关联任何查询。

3. 打开游标变量后，可以使用_____语句获取查询结果集的行。

二、简答题

1. 游标有哪几种类型？分别代表什么含义？

2. 何为强类型 REF 游标？何为弱类型 REF 游标？

上 机 指 导

1. 编写 PL/SQL 块，使用替代变量输入员工名称，删除该员工所在部门的员工信息，并使用 PL/SQL 游标属性确定删除了几行（可使用 scott 用户的 EMP 表和 DEPT 表）。

2. 写一个游标程序来更新学生表的数据 studentmark(stuid varchar2(5),clsid varchar2(5),testdate date,mark number)。打开游标后，如果 clsid 列为 sql，且 testdate 是一年之前的日期，就将 mark 更改为 90，并且最后显示出一共更新了多少行数据。

学习目标

- 了解子程序的概念。
- 掌握存储过程的使用方法。
- 掌握函数的使用方法。
- 了解程序包的使用方法。

PL/SQL 子程序（Subprograms）是一个可以重复调用的有命名的 PL/SQL 块。如果子程序具有参数，则每次调用的值可以不同。子程序可以分为存储过程和函数。通常，用户使用存储过程执行操作，使用函数来计算并返回值。

14.1　子程序概述

14.1.1　子程序的特性

使用子程序可以开发和维护可靠、可重用的代码，它具有以下特性。

子程序的特性

1. 模块化

子程序允许用户将程序分解为可管理、定义明确的模块。

2. 方便应用设计

在设计应用程序时，用户可以推迟子程序的细节实现，先进行主程序的编写和测试，然后再逐步完善子程序。要定义没有实现细节的子程序，可以使用 NULL 语句。以下示例使用 NULL 语句创建了一个存储过程，便于主程序编译和测试，图 14-1 展示了它的调用过程。

```
CREATE OR REPLACE PROCEDURE cal_award_bonus (
  emp_id NUMBER,
  bonus NUMBER
  ) AS
BEGIN
  NULL; --占位符
END cal_award_bonus;
/
```

```
BEGIN
  cal_award_bonus(1,1);
END;
```

图 14-1　存储过程的调用

3. 可维护性

用户可以更改子程序的实现细节，而无须更改其调用者。

4. 可打包性

子程序可以分组到包中，这样可以实现信息隐藏、模块化和高性能等特性。

5. 可重用性

在不同环境中，任何数量的应用程序都可以使用相同的包子程序或独立子程序。

6. 更好的性能

每个子程序都以可执行的形式编译和存储，可以重复调用。由于存储的子程序在数据库服务器中运行，因此通过网络进行的单次调用可以启动大型作业。这种分工可以减少网络流量并缩短响应时间。存储的子程序在用户之间进行缓存和共享，从而降低了内存需求和调用开销。

14.1.2　子程序分类

用户可以在 PL/SQL 块（可以是另一个子程序）、包和方案级别创建子程序。

子程序分类

1. 嵌套子程序

在 PL/SQL 块内创建的子程序是嵌套子程序（Nested Subprogram）。用户可以同时声明和定义它，也可以先声明它，然后在同一个块中定义它。嵌套子程序只有在独立子程序或程序包子程序中时才存储在数据库中。

2. 包子程序

在包内创建的子程序是包子程序（Package Subprogram）。用户在包规范中声明它并在包体中定义它。它将存储在数据库中，直到用户删除包。

3. 独立子程序

在方案级别创建的子程序是独立子程序（Standalone Subprogram）。用户可以使用 CREATE PROCEDURE 或 CREATE FUNCTION 语句创建它。它将存储在数据库中，直到用户使用 DROP PROCEDURE 或 DROP FUNCTION 语句删除它。

包子程序或独立子程序属于存储的子程序。

14.1.3　子程序的调用

子程序的调用形式如下所示：

```
subprogram_name [ ( [ parameter [, parameter]... ] ) ]
```

如果子程序没有参数，或者每个参数都有默认值，则可以省略参数列表或指定空参数列表。过程调用是一条 PL/SQL 语句，例如：

```
cal_award_bonus(1,1)
```

函数调用是一个表达式，例如：

```
new_salary := get_salary(employee_id);
```

子程序的组成

14.1.4　子程序的组成

子程序以子程序头开始，子程序头指定其名称和参数列表，参数列表是可选的。子程序包含以下部分。

1. 声明部分（可选）

此部分声明并定义本地类型、游标、常量、变量、异常和嵌套子程序。当子程序完成执行时，这些项目会进行资源释放。

2. 可执行部分（必填）

此部分包含了赋值、控制执行和操作数据的语句。在应用程序设计过程的早期，此部分可能只包含 NULL 语句，示例如图 14-1 所示。

3. 异常处理部分（可选）

此部分包含处理运行时错误的代码。

以下示例中，匿名块同时声明并定义一个过程并调用它三次。第三次调用引发了过程的异常处理部分处理异常。运行结果如图 14-2 所示。

```
DECLARE
  first_name employees.first_name%TYPE;
  last_name  employees.last_name%TYPE;
  email      employees.email%TYPE;
  employer   VARCHAR2(8) := 'AcmeCorp';
  -- 声明并定义过程
  PROCEDURE create_email (  -- 子程序头开始
    name1   VARCHAR2,
    name2   VARCHAR2,
    company VARCHAR2 )       -- 子程序头结束
  IS
                        -- 声明部分
    error_message VARCHAR2(30) := 'Email address is too long.';
  BEGIN                 -- 可执行部分
    email := name1 || '.' || name2 || '@' || company;
  EXCEPTION            -- 异常处理部分
    WHEN VALUE_ERROR THEN
      DBMS_OUTPUT.PUT_LINE(error_message);
  END create_email;
BEGIN
  first_name := 'John';
  last_name  := 'Doe';
  create_email(first_name, last_name, employer);  -- 调用
  DBMS_OUTPUT.PUT_LINE ('With first name first, email is: ' || email);
  create_email(last_name, first_name, employer);  -- 调用
  DBMS_OUTPUT.PUT_LINE ('With last name first, email is: ' || email);
  first_name := 'Elizabeth';
  last_name  := 'MacDonald';
  create_email(first_name, last_name, employer);  -- 调用
END;
```

```
With first name first, email is: John.Doe@AcmeCorp
With last name first, email is: Doe.John@AcmeCorp
Email address is too long.
```

图 14-2　create_email 过程的运行结果

14.2　过程

之前的示例所创建的 PL/SQL 子程序是嵌套子程序，其缺点是在每次执行的时候都要被重新编译，并且没有存储在数据库中，因此不能被其他 PL/SQL 块使用。Oracle 允许在数据库的内部创建并存储编译过的 PL/SQL 程序，以便随时调出使用。该类程序包括过程、函数、包和触发器。可以将商业逻辑、企业规则等写成过程或函数保存到数据库中，通过名称进行调用，以便更好地共享和使用。本节将对过程、函数和包等内容进行逐一介绍。

14.2.1　创建过程

过程用来完成一系列的操作，它的创建语法如下：

创建过程

```
CREATE [OR REPLACE] PROCEDURE
   <procedure name> [(<parameter list>)]
IS|AS
   <local variable declaration>
BEGIN
   <executable statements>
[EXCEPTION
   <exception handlers>]
END;
```

以下示例创建了一个存储过程，它根据学生 id 打印学生的信息。

```
CREATE OR REPLACE PROCEDURE proc_stu(v_id varchar2)
IS
  v_name t_student.f_name%TYPE;
  v_dept t_student.f_department%TYPE;
  v_class t_student.f_class%TYPE;
begin
  SELECT f_name,f_department,f_class INTO v_name,v_dept,v_class FROM t_student WHERE
f_id=v_id;
  dbms_output.put_line('学号:'||v_name||'姓名:'||v_dept||'班级:'||v_class);
EXCEPTION
  WHEN no_data_found THEN
    dbms_output.put_line('未找到相应学生');
END;
```

14.2.2　调用过程

调用过程

调用过程的命令是 EXECUTE，其语法如下：

```
EXECUTE procedure_name(parameters_list);
```

例如，调用上述 proc_stu 过程打印学生信息的示例，其执行过程和结果如图 14-3 所示。

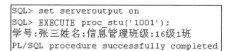

图 14-3　存储过程执行结果

14.2.3 过程的参数类型

过程的参数类型

过程的参数有 3 种类型，分别如下所示。

1. IN 参数类型

IN 参数类型是一种输入类型的参数，表示这个参数值会输入到过程里，供过程使用。IN 参数类型是默认的类型参数。

2. OUT 参数类型

OUT 参数类型是一种输出类型的参数，表示这个参数在过程中被赋值，可以传给过程体以外的部分或环境。以下示例创建了一个存储过程 proc_avgscore，它包含两个参数：stuid 代表学号，IN 类型；avgscore 用来接收平均分，OUT 类型。运行结果如图 14-4 所示。

```
CREATE OR REPLACE PROCEDURE proc_avgscore(
  stuid IN VARCHAR2,
  avgscore OUT number)
  IS
BEGIN
  SELECT avg(f_grade) INTO avgscore FROM t_grade WHERE f_stuid=stuid;
EXCEPTION
  WHEN no_data_found THEN
    dbms_output.put_line('未找到相应记录');
END;
```

```
SQL> DECLARE
  2    avgscore number;
  3  BEGIN
  4    proc_avgscore('1001',avgscore);
  5    dbms_output.put_line('学号为1001的学生的平均成绩为: '||to_char(avgscore));
  6  END;
  7  /
学号为001的学生的平均成绩为: 98
PL/SQL procedure successfully completed
```

图 14-4 存储过程 proc_avgscore 执行结果

3. IN OUT 参数类型

IN OUT 参数类型则综合了以上两种参数类型，既能向过程体传值，在过程体中也能被赋值，并传向过程体外。

以下示例创建了存储过程 p_swap，它包含两个 IN OUT 类型的参数，过程实现了将两个参数值互换的功能，运行结果如图 14-5 所示。

```
CREATE OR REPLACE PROCEDURE p_swap(p1 IN OUT number,p2 IN OUT number)
AS
  v_temp number;
BEGIN
  v_temp := p1;
  p1 := p2;
  p2 := v_temp;
END;
```

```
SQL> DECLARE
  2     num1 number := 100;
  3     num2 number := 500;
  4  BEGIN
  5     p_swap(num1,num2);
  6     dbms_output.put_line('num1='||num1);
  7     dbms_output.put_line('num2='||num2);
  8  END;
  9  /
num1=500
num2=100
PL/SQL procedure successfully completed
```

图 14-5　存储过程 p_swap 运行结果

14.2.4　传参形式

实参（Actual Parameter）可以由三种方式传入，分别是位置表示法、命名表示法和混合表示法。

1. 位置表示法

在位置表示法中，第一个实参代替第一个形参（Formal Parameter）；第二个实参代替第二个形参，以此类推。如下所示，当调用过程 findMin(a, b, c) 时，a 代替 x，b 代替 y，c 代替 z。运行结果如图 14-6 所示。

```
DECLARE
   a number;
   b number;
   c number;
PROCEDURE findMin(x IN number, y IN number, z OUT number) IS
BEGIN
   IF x < y THEN
      z:= x;
   ELSE
      z:= y;
   END IF;
END;
BEGIN
   a:= 23;
   b:= 45;
   findMin(a, b, c);
   dbms_output.put_line(' Minimum of (23, 45) : ' || c);
END;
```

```
 Minimum of (23, 45) : 23
PL/SQL procedure successfully completed
```

图 14-6　位置表示法传参

2. 命名表示法

在命名表示法中，实参使用箭头符号（=>）与形参相关联，例如，findMin(z=>c,x=>a,y=>b)。过程调用完整示例如下所示，运行结果不变。

```
DECLARE
   a number;
```

```
    b number;
    c number;
PROCEDURE findMin(x IN number, y IN number, z OUT number) IS
BEGIN
    IF x < y THEN
        z:= x;
    ELSE
        z:= y;
    END IF;
END;
BEGIN
    a:= 23;
    b:= 45;
    findMin(z=>c,x=>a, y=>b);
    dbms_output.put_line(' Minimum of (23, 45) : ' || c);
END;
```

3. 混合表示法

在混合表示法中，用户可以在过程调用时混合使用位置和命名表示法，例如，findMin (a,z=>c,y=>b)。但是，位置表示法必须在命名表示法之前，例如，findMin(a,y=>b,c)就是错误的。以下是混合表示法的完整示例，运行结果不变。

```
DECLARE
    a number;
    b number;
    c number;
PROCEDURE findMin(x IN number, y IN number, z OUT number) IS
BEGIN
    IF x < y THEN
        z:= x;
    ELSE
        z:= y;
    END IF;
END;
BEGIN
    a:= 23;
    b:= 45;
    findMin(a,z=>c,y=>b);
    dbms_output.put_line(' Minimum of (23, 45) : ' || c);
END;
/
```

14.2.5 授予执行权限

可以使用 GRANT 语句，将存储过程的执行权限授予其他用户。以下示例将存储过程的执行权限授予 scott 用户，如图 14-7 所示。

授予执行权限

也可以使用 GRANT 语句将存储过程的执行权限授予所有用户，如图 14-8 所示。

```
SQL> GRANT EXECUTE ON proc_stu TO scott;
/
Grant succeeded
```

```
SQL> GRANT EXECUTE ON p_swap TO PUBLIC;
Grant succeeded
```

图 14-7　执行权限授予 scott 用户   图 14-8　执行权限授予所有用户

14.2.6 删除过程

删除过程

当不再需要一个过程时，要将此过程删除，以释放相应的系统资源，可以使用
DROP 语句。以下示例将存储过程 **p_swap** 删除，代码运行结果如图 14-9 所示。

```
DROP PROCEDURE p_swap;
```

```
SQL>   DROP PROCEDURE p_swap;
Procedure dropped
```

图 14-9　删除存储过程 p_swap

14.3　函数

函数常用于计算和返回一个值，用户可以将经常需要进行的计算写成函数。函数的调用是表达
式的一部分，而过程的调用则是一条 **PL/SQL** 语句。函数与过程在创建的形式上有些相似，也是编译
后放在内存中供用户使用，只不过调用时函数要用表达式，而过程只需调用过程名即可。另外，函
数必须有一个返回值，而过程则没有。

14.3.1 创建函数

创建函数

创建函数的语法格式如下：

```
CREATE [OR REPLACE] FUNCTION
  <function name> [(param1,param2)]
RETURN <datatype> IS|AS
  [local declarations]
BEGIN
  Executable Statements;
  RETURN result;
EXCEPTION
  Exception handlers;
END;
```

其中，在声明部分需要使用 RETURN 定义返回值的类型，而在函数体中必须有一个 RETURN
语句,它就是函数要返回的值。当该语句执行时，如果返回值类型与定义不符，该表达式将被转换为
函数定义子句 RETURN 中指定的类型。同时，控制将立即返回到调用环境。如果函数结束时还没有
遇到返回语句，就会发生错误。

另外，关于函数的参数和返回值需要注意以下三点。

（1）函数只能接受 IN 参数，而不能接受 IN OUT 或 OUT 参数。

（2）形参不能是 PL/SQL 类型。

（3）函数的返回类型也必须是数据库类型。

以下示例创建了一个函数，函数返回一个字符串。

```
CREATE OR REPLACE FUNCTION func_hello
  RETURN  VARCHAR2
IS
BEGIN
```

```
    RETURN '朋友，您好';
END;
```

14.3.2 调用函数

函数可以在 SQL 语句和 PL/SQL 块中被调用。

1. SQL 语句调用

以下示例中，在 SQL 语句中调用了 func_hello 函数，运行结果如图 14-10 所示。

2. PL/SQL 块调用

首先创建一个函数，它根据学生的编号返回一条学生的信息，返回值为 VARCHAR2 类型。函数的创建语句如下所示：

```
CREATE OR REPLACE FUNCTION func_stu(v_id VARCHAR2)
RETURN VARCHAR2 AS
  v_name t_student.f_name%type;
  v_dept t_student.f_department%type;
  v_class t_student.f_class%type;
BEGIN
  SELECT f_name,f_department,f_class INTO v_name,v_dept,v_class FROM t_student WHERE
f_id=v_id;
  RETURN '学号:'||v_name||'姓名:'||v_dept||'班级:'||v_class;
EXCEPTION
  WHEN no_data_found THEN
    DBMS_OUTPUT.PUT_LINE('未找到相应学生');
END;
```

然后在 PL/SQL 块中调用这个函数，将函数的返回值赋给一个变量，再将变量的值打印出来，PL/SQL 块的内容如下所示：

```
DECLARE
  v_id char(3) := '1001';
  v_stuinfo VARCHAR2(100);
BEGIN
  v_stuinfo := func_stu(v_id);
  DBMS_OUTPUT.PUT_LINE(v_stuinfo);
END;
```

代码运行结果如图 14-11 所示。

```
SQL> SELECT func_hello FROM dual;
FUNC_HELLO
-----------------------------------
朋友，您好
```

图 14-10　SQL 语句调用 func_hello 函数

```
学号:张三姓名:信息管理班级:16级1班
PL/SQL procedure successfully completed
```

图 14-11　PL/SQL 块中调用函数

14.3.3 删除函数

当不再使用一个函数时，要从系统中删除它。以下示例删除了 14.3.2 节使用的函数 func_stu，语句如下所示，运行结果如图 14-12 所示。

```
DROP FUNCTION func_stu;
```

```
SQL> DROP FUNCTION func_stu;
Function dropped
```

图 14-12　删除函数 func_stu

14.3.4　函数与过程的区别

函数与过程的区别

一般来说，存储过程实现的功能要复杂一些，而函数实现的功能针对性比较强。对于存储过程来说可以返回参数，而函数只能返回值。存储过程一般是作为一个独立的部分来执行的，而函数可以作为查询语句的一个部分来调用。表 14-1 列出了函数与过程的主要区别。

表 14-1　函数与过程的区别

函数	过程
作为表达式的一部分调用	作为 PL/SQL 语句执行
必须在规格说明中包含 RETURN 子句	在规格说明中不包含 RETURN 子句
必须包含至少一条 RETURN 语句	可以包含 KETURN 语句，但是与函数不同，它不能用于返回值

14.4　程序包

程序包（Package）简称包，用于将逻辑相关的 PL/SQL 块或元素（如变量、常量、自定义数据类型、异常、过程、函数和游标等）组织在一起，作为一个完整的单元存储在数据库中，用名称来标识程序包。它具有面向对象的程序设计语言的特点，是对 PL/SQL 块或元素的封装。程序包类似面向对象中的类，其中变量相当于类的成员变量，而过程和函数就相当于类中的方法。

14.4.1　基本原理

基本原理

程序包有两个独立的部分：包规范（Specification）部分和包体（Body）部分。这两部分独立地存储在数据字典中。包规范部分是包与应用程序之间的接口，但只是过程、函数、游标等的名称或声明，包体部分才是这些过程、函数、游标等的具体实现。包体部分在开始构建应用程序框架时可暂不需要。一般而言，可以先独立地进行过程和函数的编写，当其较为完善后，再逐步地将其按照逻辑相关性进行打包。图 14-13 描述了程序包的组成。

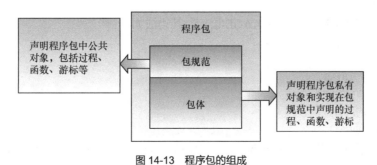

图 14-13　程序包的组成

14.4.2 程序包的特性

利用程序包可以开发和维护可靠、可重用的代码，程序包具有以下特性。

1. 模块化

通过包可以在命名的 PL / SQL 模块中封装逻辑上相关的类型、变量、常量、子程序、游标和异常。这样可以使每个包的功能易于理解，并使包之间的接口简单、清晰且定义良好。这种做法有助于开发应用程序。

2. 更轻松的应用程序设计

在设计应用程序时，用户最初需要的只是包规范中的接口信息。用户可以在没有包体的情况下编写和编译规范。接下来，用户可以编译引用包的独立子程序。也就是包体的实现与其他子程序的开发可以是并行的过程。

3. 信息隐藏

使用包可以在包规范中共享接口信息，并在包体中隐藏实现细节。隐藏实现细节可以使开发者在不影响应用程序接口的情况下更改实现细节。

4. 增强功能

包公共变量和游标可以在会话的整个生命周期中持续存在。它们可以由环境中运行的所有子程序共享。它们允许跨事务维护数据，而无须将其存储在数据库中。

5. 更好的性能

第一次调用包中的子程序时，Oracle 数据库会将整个包加载到内存中。在包中同时调用其他子程序不再需要磁盘的读写。

包可以减少不必要的重新编译。例如，如果要更改包中函数的主体，Oracle 数据库不会重新编译调用该函数的其他子程序，因为这些子程序仅依赖于规范中声明的参数和返回值。

14.4.3 创建程序包

程序包由包规范和包体两部分组成，包规范部分相当于一个包的头，它会对程序包的所有部分进行一个简单声明，这些部分可以被外界应用程序访问，其中的过程、函数、变量、常量和游标都可以是公共的，可在应用程序执行过程中调用。

1. 创建包规范

创建包规范可使用 CREATE PACKAGE 语句，其语法如下：

```
CREATE [OR REPLACE]
  PACKAGE
  package_name IS|AS
[公用类型或变量常量的声明]
[公用过程或函数的声明]
END [package_name];
```

以下示例创建了一个程序包 emp_bonus 的包规范，它包含一个过程，用于计算员工的奖金。代码及其运行结果如图 14-14 所示。

```
SQL> CREATE PACKAGE emp_bonus AS
 2    PROCEDURE calc_bonus (
 3      date_hired employees.hire_date%TYPE
 4    );
 5  END emp_bonus;
 6  /
Package created
```

图 14-14　创建程序包 emp_bonus 的包规范

2. 创建包体

包体部分是包规范中的游标、函数及过程的具体定义。创建包体可使用 CREATE PACKAGE BODY 语句，其语法如下：

```
CREATE [OR REPLACE] PACKAGE BODY package_name IS|AS
[私有类型或变量常量的声明]
公用过程或函数的实现
END [package_name];
```

包体和包规范必须在同一方案（Schema）下。包规范中声明的子程序必须在包体中有对应的实现，而且两者要完全一致。以下示例实现 emp_bonus 程序包体时，函数的参数与包规范中的定义不完全一致，这样会引发一个异常，如图 14-15 所示。

```
SQL> CREATE PACKAGE BODY emp_bonus AS  -- DATE 与employees.hire_date%TYPE不一致
 2    PROCEDURE calc_bonus (date_hired DATE) IS
 3    BEGIN
 4      DBMS_OUTPUT.PUT_LINE
 5        ('Employees hired on ' || date_hired || ' get bonus.');
 6    END;
 7  END emp_bonus;
 8  /
Warning: Package body created with compilation errors

SQL> show errors;
Errors for PACKAGE BODY HR.EMP_BONUS:
LINE/COL ERROR
-------- ---------------------------------------------------------------------------
2/13     PLS-00323: 子程序或游标 'CALC_BONUS' 已在程序包说明中声明，必须在程序包体中对其进行定义。
```

图 14-15　创建 emp_bonus 包体时引发了异常

然后进行修改，令包体中的函数实现与包规范中一致，代码及其运行结果如图 14-16 所示。

```
SQL> CREATE PACKAGE BODY emp_bonus AS
 2    PROCEDURE calc_bonus (date_hired employees.hire_date%TYPE)  IS
 3    BEGIN
 4      DBMS_OUTPUT.PUT_LINE
 5        ('Employees hired on ' || date_hired || ' get bonus.');
 6    END;
 7  END emp_bonus;
 8
 9  /
Package body created
```

图 14-16　创建 emp_bonus 包体

14.4.4　执行程序包

一旦程序包创建之后，用户便可以随时调用其中的内容。包的调用方式为：

执行程序包

209

包名.变量名(常量名)

包名.游标名

包名.函数名(过程名)

以下示例调用了 emp_bonus 程序包的 calc_bonus 过程，语句及其运行结果如图 14-17 所示。

```
SQL> execute emp_bonus.calc_bonus(to_date('2002-08-26','yyyy-mm-dd'))
Employees hired on 26-8月 -02 get bonus.
PL/SQL procedure successfully completed
```

图 14-17　调用 emp_bonus 程序包 calc_bonus 过程

14.4.5　删除程序包

与函数和过程一样，当不再使用一个包时，要从存储中删除它。语法如下所示：

`DROP PACKAGE` 程序包名

以下示例删除了 emp_bonus 程序包，运行结果如图 14-18 所示。

```
SQL> DROP PACKAGE emp_bonus;
Package dropped
```

图 14-18　删除 emp_bonus 程序包

14.4.6　关于程序包的数据字典

1. USER_OBJECTS

本视图包含了用户创建的子程序和程序包的信息。以下示例演示了如何从视图中获取系统中的过程、函数、程序包规范和程序包体。代码的运行结果如图 14-19 所示。

关于程序包的
数据字典

```
SQL> SELECT object_name, object_type
  2  FROM USER_OBJECTS
  3  WHERE object_type IN ('PROCEDURE', 'FUNCTION',
  4   'PACKAGE', 'PACKAGE BODY');
OBJECT_NAME                                                      OBJECT_TYPE
----------------------------------------------------------------------------
SECURE_DML                                                       PROCEDURE
ADD_JOB_HISTORY                                                  PROCEDURE
LOGPROC                                                          PROCEDURE
PROC_STU                                                         PROCEDURE
PROC_AVGSCORE                                                    PROCEDURE
FUNC_HELLO                                                       FUNCTION
6 rows selected
```

图 14-19　USER_OBJECTS 查询结果

2. USER_SOURCE

本视图存储了子程序和程序包的源代码。以下示例演示了如何从视图中获取过程 PROC_STU 的源码，代码的运行结果如图 14-20 所示。

```
SQL> SELECT line,text FROM USER_SOURCE WHERE name='PROC_STU';
     LINE TEXT
---------- -------------------------------------------------------------------------
        1 PROCEDURE proc_stu(v_id varchar2)
        2 IS
        3   v_name t_student.f_name%TYPE;
        4   v_dept t_student.f_department%TYPE;
        5   v_class t_student.f_class%TYPE;
        6 BEGIN
        7   SELECT f_name,f_department,f_class INTO v_name,v_dept,v_class FROM t_student W
        8   dbms_output.put_line('学号:'||v_name||'姓名:'||v_dept||'班级:'||v_class);
        9 EXCEPTION
       10   WHEN no_data_found THEN
       11     dbms_output.put_line('未找到相应学生');
       12
       13
13 rows selected
```

图 14-20 USER_SOURCE 查询结果

本 章 小 结

过程、函数和子程序都可以用于执行对数据库的操作，可以带上用户自定义的参数。它们封装了数据类型定义、变量说明、游标、异常等，方便了用户管理和操纵数据库数据。通过本章的学习，读者要掌握 Oracle 数据库中的几种 PL/SQL 程序单元：存储过程、函数和程序包。这些程序单元可以被保存在 Oracle 数据库中，以便用户随时调用和维护。这些程序单元在应用系统开发中得到了广泛应用。

习　题

一、填空题

1. 实参可以由三种方式传入，分别是：＿＿＿＿表示法、＿＿＿＿表示法和＿＿＿＿表示法。

2. 函数体中必须有一个＿＿＿＿语句，它就是函数要返回的值。

3. Oracle 允许在数据库的内部创建并存储编译过的 PL/SQL 程序，以便随时调出使用。该类程序包括＿＿＿＿、＿＿＿＿和＿＿＿＿。

二、简答题

1. 简述存储过程与函数的区别。

2. 简述调用过程时传递参数值的三种方式。

上 机 指 导

创建包含以下列的 salary_details 表：

```
EMPCODE        VARCHAR2(10)
WORKINGDAYS    NUMBER
SALARY         NUMBER
```

编写一个过程，根据 EMPCODE 计算雇员在扣除税款（税率为 5%）后的净收入，并将净收入显示出来。

第15章 触发器

与存储过程类似，触发器是一个命名的 **PL/SQL** 单元，它被存储在数据库中并可以重复调用。与存储过程不同，用户可以启用和禁用触发器，但不能显式地调用它。触发器会在触发事件发生时触发。触发器被禁用时，它不会被触发。

15.1 触发器概述

触发器使用 **CREATE TRIGGER** 语句创建。用户可以根据触发语句及其作用的项来指定触发事件。触发器可以定义在表、视图、方案和数据库之上。用户还可以指定触发的时间点，该时间点确定触发器在触发语句运行之前或之后触发。

使用触发器可以帮助用户完成以下工作。

- 自动生成列值。
- 记录事件。
- 收集有关表访问的统计信息。
- 在针对视图发出 **DML** 语句时修改表数据。
- 在正常工作时间之后阻止对表执行 **DML** 操作。
- 防止无效的事务。
- 实施无法使用约束定义的复杂业务或参照完整性规则。

15.1.1 触发器分类

按照触发事件和触发对象的不同，触发器一般分为以下几种。

1. DML 触发器

如果在表或视图上创建触发器，并且触发事件由 DML 语句组成，这种触发器称为 DML 触发器。

触发器分类

2. 系统触发器

如果在方案或数据库上创建触发器，则触发事件由 DDL 或数据库操作语句组成，这种触发器称为系统触发器。

3. INSTEAD OF **触发器**

（1）在非编辑视图上创建的 DML 触发器。

（2）在 CREATE 语句上定义的系统触发器，数据库触发 INSTEAD OF 触发器而不是运行触发语句。

15.1.2　触发器与约束的区别

触发器和约束都可以约束数据输入，但它们之间存在显著差异。

（1）触发器仅适用于新数据。例如，触发器可以阻止 DML 语句将 NULL 值插入数据库列，但该列可能包含在定义触发器之前或禁用触发器时已插入列中的 NULL 值。

（2）约束既可以应用于新数据也可以应用于现有数据。约束行为取决于约束状态。

（3）与强制执行相同规则的触发器相比，约束更容易编写并且更不容易出错。但是，触发器可以强制执行一些约束无法实现的复杂业务规则。建议用户仅在以下情况下使用触发器来约束数据输入。

① 在子表和父表位于分布式数据库的不同节点上时强制实施参照完整性。

② 要强制执行无法使用约束定义的复杂业务或参照完整性规则。

15.1.3　创建触发器语法

创建触发器语法

触发器由以下三部分组成。

（1）触发器语句（事件）

定义激活触发器的 DML 事件和 DDL 事件。

（2）触发器限制

执行触发器的条件，该条件必须为真才能激活触发器。

（3）触发器操作（主体）

包含一些 SQL 语句和代码，它们在触发了触发器语句且触发器限制的值为真时运行。

以下为创建触发器的语法：

```
CREATE [OR REPLACE] TRIGGER trigger_name
AFTER | BEFORE | INSTEAD OF
[INSERT] [[OR] UPDATE [OF column_list]]
[[OR] DELETE]
ON table_or_view_name
[REFERENCING {OLD [AS] old / NEW [AS] new}]
[FOR EACH ROW]
[WHEN (condition)]
pl/sql_block;
```

其中，**BEFORE** 触发器的触发时机为对数据的更新操作保存到数据库之前，如图 15-1 所示；**AFTER** 触发器的触发时机为对数据的更新操作保存到数据库之后，如图 15-2 所示。

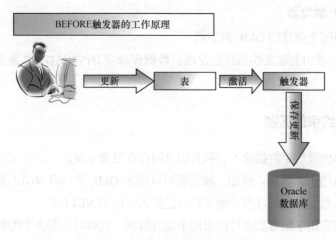

图 15-1　BEFORE 触发器的工作原理

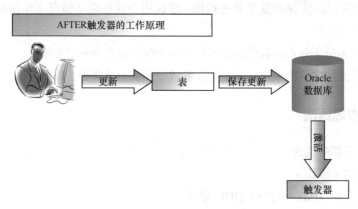

图 15-2　AFTER 触发器的工作原理

15.2　DML 触发器

在表或视图上创建 DML 触发器，其触发事件包含 DML 语句中的 DELETE、INSERT 和 UPDATE。在非编辑视图上创建的 DML 触发器是一种 INSTEAD OF 触发器。

15.2.1　触发时机

DML 触发器在以下时间点之一触发。

（1）在触发语句运行之前（称为语句级 BEFORE 触发器）。

（2）在触发语句运行之后（称为语句级 AFTER 触发器）。

（3）在触发语句影响的每一行之前（称为行级 BEFORE 触发器）。

（4）在触发语句影响的每一行之后（称为行级 AFTER 触发器）。

另外，在触发 UPDATE 语句时还可以包括列的列表（INSTEAD OF 触发器除外）。使用列列表后，仅在更新指定列时触发触发器。

触发时机

条件谓词

15.2.2 条件谓词

DML 触发器的触发事件可以由多条触发语句组成。当其中任意一条触发语句触发触发器时，触发器可以通过使用这些条件谓词来确定是哪一个，如表 15-1 所示。条件谓词可以当作布尔表达式使用。

表 15-1　条件谓词与触发语句的关系

条件谓词	触发语句
INSERTING	INSERT 语句
UPDATING	UPDATE 语句
UPDATING ('column')	UPDATE 指定列的语句
DELETING	DELETE 语句

下例在雇员表（employees）上创建了一个 DML 触发器，它包含了增、删、改三种触发语句，使用条件谓词来确定是哪一条触发语句触发了它，并分别进行打印输出。然后，执行 UPDATE 语句更新编号为 108 的员工的部门编号，此时会触发 t 触发器，输出 "Updating department ID" 语句，如图 15-3 所示。

```
SQL> CREATE OR REPLACE TRIGGER t
  2    BEFORE
  3      INSERT OR
  4      UPDATE OF salary, department_id OR
  5      DELETE  ON employees
  6   BEGIN
  7    CASE
  8      WHEN INSERTING THEN       DBMS_OUTPUT.PUT_LINE('Inserting');
  9      WHEN UPDATING('salary') THEN       DBMS_OUTPUT.PUT_LINE('Updating salary');
 10      WHEN UPDATING('department_id') THEN       DBMS_OUTPUT.PUT_LINE('Updating department ID');
 11      WHEN DELETING THEN       DBMS_OUTPUT.PUT_LINE('Deleting');
 12    END CASE;
 13   END;
 14  /
Trigger created

SQL> update employees set department_id=100 where employee_id=108;
Updating department ID
1 row updated
```

图 15-3　使用条件谓词创建触发器

15.2.3 相关名称和伪记录

相关名称和伪记录

在行级别触发的触发器可以使用相关名称访问正在处理的行中的数据。常用的相关名称默认为 OLD 和 NEW。要更改相关名称，可以使用 CREATE TRIGGER 语句的 REFERENCING 子句。在表或视图上创建的触发器，OLD 和 NEW 将引用表或视图的当前行。

OLD 和 NEW 也称为伪记录（Pseudo record），因为它们具有记录结构。伪记录的结构是 table_name%ROWTYPE，其中 table_name 是创建触发器的表的名称。在触发器的 pl/sql_block 中，相关名称是绑定变量的占位符。使用以下语法可引用伪记录的字段：

```
:pseudorecord_name.field_name
```

在条件触发器的 WHEN 子句中，相关名称不是绑定变量的占位符。因此，需要省略前面语法中的冒号。表 15-2 列出了触发器正在处理行的 OLD 和 NEW 的列值。

表 15-2　触发器正在处理行的 OLD 和 NEW 的列值

触发语句	OLD.field 值	NEW.field 值
INSERT	NULL	插入后的值
UPDATE	更新前的值	更新后的值
DELETE	删除前的值	NULL

伪记录在使用时有以下限制。

（1）伪记录不能出现在记录级操作中。例如，触发器中不能包含此语句：

`:NEW:= NULL;`。

（2）伪记录不能是实际的子程序参数（伪记录字段可以是实际的子程序参数）。

（3）触发器无法更改 OLD 字段值。

（4）如果触发语句为 DELETE，则触发器无法更改 NEW 字段值。

（5）AFTER 触发器无法更改 NEW 字段值，因为触发语句在触发器触发之前运行。

BEFORE 触发器可以在触发 INSERT 或 UPDATE 语句时更改 NEW 字段值。如果语句同时触发 BEFORE 触发器和 AFTER 触发器，并且 BEFORE 触发器更改了 NEW 字段值，则 AFTER 触发器会 "看到" 该更改。以下示例创建了一个触发器 log_salary_increase，它可在任何 UPDATE 语句影响 EMPLOYEES 表的 SALARY 列之后在日志表中插入一行。图 15-4 演示了创建触发器和执行一条 UPDATE 语句后的输出结果。

```
SQL> CREATE OR REPLACE TRIGGER log_salary_increase
  2    AFTER UPDATE OF salary ON employees
  3    FOR EACH ROW
  4  BEGIN
  5    INSERT INTO Emp_log (Emp_id, Log_date, New_salary, Action)
  6       VALUES (:NEW.employee_id, SYSDATE, :NEW.salary, 'New Salary');
  7  END;
  8  /
Trigger created

SQL> update employees set salary=12000 where employee_id=108;
Updating salary
1 row updated

SQL> select * from Emp_log;
   EMP_ID LOG_DATE    NEW_SALARY ACTION
---------- ----------- ---------- ------------------------------------------
      108 2018-10-5 1      12000 New Salary
```

图 15-4　创建 log_salary_increase 触发器及运行结果

以下示例创建了一个条件触发器 print_salary_changes，只要 DELETE、INSERT 或 UPDATE 语句影响了 EMPLOYEES 表，就会打印工资变更信息，除非该信息与 CEO 有关。数据库会判断每个受影响的行的 WHEN 条件，如果受影响的行的 WHEN 条件为 TRUE，则触发器语句运行之前触发器会触发该行。图 15-5 演示了创建触发器以及更新一名员工的工资后，触发器的运行情况。

```
SQL> CREATE OR REPLACE TRIGGER print_salary_changes
  2    BEFORE DELETE OR INSERT OR UPDATE ON employees
  3    FOR EACH ROW
  4    WHEN (NEW.job_id <> 'CEO')  -- 不打印CEO的工资
  5   DECLARE
  6    sal_diff   NUMBER;
  7   BEGIN
  8    sal_diff  := :NEW.salary  - :OLD.salary;
  9    DBMS_OUTPUT.PUT(:NEW.last_name || ': ');
 10    DBMS_OUTPUT.PUT('Old salary = ' || :OLD.salary || ', ');
 11    DBMS_OUTPUT.PUT('New salary = ' || :NEW.salary || ', ');
 12    DBMS_OUTPUT.PUT_LINE('变化: ' || sal_diff);
 13   END;
 14   /
Trigger created

SQL> update employees set salary=4800 where employee_id=109;
Updating salary
Faviet: Old salary = 9000, New salary = 4800, 变化: -4200
1 row updated
```

图 15-5　创建 print_salary_changes 触发器及运行结果

下面是使用 CREATE TRIGGER 语句创建 AFTER DELETE 触发器的示例，它的作用是将 order1 表中删除的记录插入审计表 orders_audit 中。事先准备如下：

```
CREATE TABLE orders1
( order_id number(5),
  quantity number(4),
  cost_per_item number(6,2),
  total_cost number(8,2)
);
create table orders_audit(
order_id number(5),
quantity number(4),
cost_per_item number(6,2),
total_cost number(8,2),
delete_date date,
oper_user varchar2(50)
);
insert into orders1 values(1,100,1,100);
```

创建触发器 orders_after_delete 的代码如下所示：

```
CREATE OR REPLACE TRIGGER orders_after_delete
AFTER DELETE
   ON orders1
   FOR EACH ROW
DECLARE
   v_username varchar2(50);
BEGIN
   -- 获取当前删除记录的用户
   SELECT user INTO v_username
   FROM dual;
   -- 插入记录到审计表
   INSERT INTO orders_audit
   ( order_id,
     quantity,
     cost_per_item,
     total_cost,
```

```
    delete_date,
    oper_user)
  VALUES
  ( :old.order_id,
    :old.quantity,
    :old.cost_per_item,
    :old.total_cost,
    sysdate,
    v_username );
END;
```

运行结果如图 15-6 所示。对于 AFTER 触发器使用，需要注意以下三点。

① 不可在视图上创建 AFTER 触发器。

② 不可更新：NEW 值。

③ 不可更新：OLD 值。

```
SQL> DELETE FROM orders1;
1 row deleted

SQL> SELECT * FROM orders_audit;
ORDER_ID QUANTITY COST_PER_ITEM TOTAL_COST DELETE_DATE OPER_USER
-------- -------- ------------- ---------- ----------- ---------
       1      100          1.00     100.00 2018-10-20  HR
```

图 15-6 AFTER DELETE 触发器运行结果

下面的示例使用 CREATE TRIGGER 语句创建了 AFTER INSERT 触发器，它的作用是将 order1 表中新增的记录插入审计表 orders_audit 中。语句如下所示，运行结果如图 15-7 所示。

```
CREATE OR REPLACE TRIGGER orders_after_insert
AFTER INSERT
  ON orders1
  FOR EACH ROW
DECLARE
  v_username varchar2(50);
BEGIN
  -- 获取当前的操作人
  SELECT user INTO v_username
  FROM dual;
  -- 插入记录到审计表
  INSERT INTO orders_audit
  ( order_id,
    quantity,
    cost_per_item,
    total_cost,
    oper_user )
  VALUES
  ( :new.order_id,
    :new.quantity,
    :new.cost_per_item,
    :new.total_cost,
    v_username );
END;
```

```
SQL> SELECT * FROM orders_audit;
ORDER_ID QUANTITY COST_PER_ITEM TOTAL_COST DELETE_DATE OPER_USER
-------- -------- ------------- ---------- ----------- ---------
       1      100          1.00     100.00 2018-10-20  HR
       1      123          1.00     123.00             HR
```

图 15-7　AFTER INSERT 触发器运行结果

15.2.4　INSTEAD OF 触发器

INSTEAD OF
触发器

在非编辑视图上创建的 DML 触发器是一种 INSTEAD OF 触发器。数据库触发 INSTEAD OF 触发器而不是运行触发触发器的 DML 语句。INSTEAD OF 触发器不能包含触发器限制。

INSTEAD OF 触发器是更新不可编辑视图的唯一方法。用户通过设计 INSTEAD OF 触发器可以对基础表执行适当的 DML 操作。INSTEAD OF 触发器始终是行级触发器，使用该触发器可以读取 OLD 和 NEW 值，但不能更改它们。

以下示例创建了视图 order_info 显示有关客户及其订单的信息。视图本身不可更新（因为 orders 表的主键 order_id 在视图的结果集中不是唯一的）。接下来创建一个 INSTEAD OF 触发器来处理作用于视图的 INSERT 语句。触发器将插入客户和订单的基表中。图 15-8~图 15-10 演示了创建视图、创建触发器和执行 INSERT 语句后的结果。

```
SQL> CREATE OR REPLACE VIEW order_info AS
  2    SELECT c.customer_id, c.cust_last_name, c.cust_first_name,
  3           o.order_id, o.order_date, o.order_status
  4    FROM customers c, orders o
  5    WHERE c.customer_id = o.customer_id;
View created
```

图 15-8　创建视图 order_info

```
SQL> CREATE OR REPLACE TRIGGER order_info_insert
  2    INSTEAD OF INSERT ON order_info
  3    DECLARE
  4      duplicate_info EXCEPTION;
  5      PRAGMA EXCEPTION_INIT (duplicate_info, -00001);
  6    BEGIN
  7      INSERT INTO customers
  8        (customer_id, cust_last_name, cust_first_name)
  9      VALUES (
 10      :new.customer_id,
 11      :new.cust_last_name,
 12      :new.cust_first_name);
 13    INSERT INTO orders (order_id, order_date, customer_id)
 14    VALUES (
 15      :new.order_id,
 16      :new.order_date,
 17      :new.customer_id);
 18    EXCEPTION
 19      WHEN duplicate_info THEN
 20        RAISE_APPLICATION_ERROR (
 21          num=> -20107,
 22          msg=> 'Duplicate customer or order ID');
 23    END order_info_insert;
 24  /
Trigger created
```

图 15-9　创建触发器 order_info_insert

```
SQL> INSERT INTO order_info (customer_id, cust_last_name, cust_first_name,order_id, order_date)
  2  values(100,'Lee','Alen',101,sysdate)
  3  /
1 row inserted

SQL> SELECT * FROM customers;
CUSTOMER_ID CUST_LAST_NAME                                CUST_FIRST_NAME
----------- --------------------------------------------  ---------------
        100 Lee                                           Alen

SQL> SELECT * FROM orders;
 ORDER_ID ORDER_DATE   CUSTOMER_ID ORDER_STATUS
--------- ----------   ----------- ------------
      101 2018-10-5 2          100
```

图 15-10　执行 INSERT 语句后的结果

15.3　系统触发器

在方案（SCHEMA）或数据库上创建系统触发器，其触发事件由 DDL 语句或数据库操作语句组成。系统触发器可在以下任意时间点触发。

（1）在触发语句运行之前（触发器称为 BEFORE 语句触发器）。

（2）在触发语句运行之后（触发器称为 AFTER 语句触发器）。

（3）在执行 CREATE 语句时（触发器称为 INSTEAD OF CREATE 触发器）。

15.3.1　方案触发器

在方案上创建方案触发器，只要拥有它的用户启动触发事件，就会触发该触发器。

在以下示例方案 HR 上创建 BEFORE 语句触发器。当作为 HR 连接的用户尝试删除数据库对象时，数据库会在删除对象之前触发该触发器。

```
CREATE OR REPLACE TRIGGER drop_trigger
  BEFORE DROP ON hr.SCHEMA
  BEGIN
    RAISE_APPLICATION_ERROR (num => -20000,
      msg => 'Cannot drop object');
  END;
/
```

创建触发器 drop_trigger 后，尝试执行 DROP 命令移除表 JOB_REGIONS，此时会触发方案触发器，结果如图 15-11 所示。

图 15-11　方案触发器运行结果

15.3.2　数据库触发器

数据库触发器是在数据库上创建的 DATABASE 触发器，它可在任何数据库用户启动触发事件时触发。

以下示例使用数据库触发器 logintrig 来记录所有登录 Oracle 的用户和时间，用户需要在触发器编译之前构建演示表 connection_audit 和 logproc 存储过程。

```
CREATE TABLE connection_audit (
login_date DATE,
```

```
user_name  VARCHAR2(30));

CREATE OR REPLACE PROCEDURE logproc IS
BEGIN
  INSERT INTO connection_audit
  (login_date, user_name)
  VALUES
  (SYSDATE, USER);
END logproc;
/
CREATE OR REPLACE TRIGGER logintrig
AFTER LOGON ON DATABASE
CALL logproc
/
```

之后使用 HR 用户登录 Oracle，此时数据库触发器会记录下用户的登录信息，运行结果如图 15-12 所示。

15.3.3　INSTEAD OF CREATE 触发器

INSTEAD OF CREATE 触发器也是一种方案触发器，它的触发事件是 CREATE 语句。当事件触发后，数据库会执行触发器中的语句而不是执行其触发语句。

以下示例展示了在当前方案上 INSTEAD OF CREATE 触发器的基本语法。当前方案的所有者在当前方案中发出 CREATE 语句时，将触发此触发器，原有的 CREATE 语句不会被执行，转而执行触发器中的建表语句。

```
CREATE OR REPLACE TRIGGER t
  INSTEAD OF CREATE ON SCHEMA
    BEGIN
        EXECUTE IMMEDIATE 'CREATE TABLE T (n NUMBER, m NUMBER)';
    END;
```

触发器创建完成后，执行一条建表语句，执行结果如图 15-13 所示。

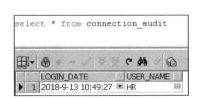

图 15-12　使用系统触发器记录登录信息

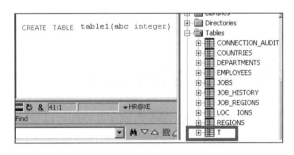

图 15-13　INSTEAD OF CREATE 触发器的运行结果

15.4　触发器设计指南

用户在设计和使用触发器时，要遵循一定的设计准则，这样可以最大限度地发挥触发器的作用。

（1）使用触发器用来确保每当发生特定事件时，都会执行所有必要的操作（无论哪个用户或应用程序发出触发语句）。例如，使用触发器确保每当有人更新表时，都会更新其日志文件。

221

（2）不要创建与数据库其他特性重复的触发器。例如，如果约束（Constraints）可以实现相同的效果，就不要创建类似功能的触发器。

（3）不要创建依赖于 SQL 语句处理行的顺序的触发器，因为每次执行 SQL 时处理行的顺序可能会有所不同。例如，如果变量的当前值取决于行触发器正在处理的行，则可不要为行触发器中的全局包变量赋值。如果触发器更新全局包变量，则可在 BEFORE 语句触发器中初始化这些变量。

（4）在将行数据写入磁盘之前，可以使用 BEFORE 行触发器修改行的内容。

（5）使用 AFTER 行触发器可以获取行 ID 并在操作中使用它。

（6）不要创建递归触发器。例如，不要创建一个 AFTER UPDATE 触发器，该触发器会在定义触发器的表上发出 UPDATE 语句，并以递归方式触发，直至内存不足为止。

（7）谨慎使用 DATABASE 触发器。每当任何数据库用户启动触发事件时，它们都会被触发。

（8）如果触发器运行 SELECT Username FROM USER_USERS;语句，则该语句会返回触发器的所有者，而不是更新表的用户。

15.5 触发器的启用和停用

触发器的启用和停用

用户可以使用 CREATE TRIGGER 语句创建处于启用状态下的触发器，也可以使用 DISABLE 关键字创建处于禁用状态下的触发器，还可以先在禁用状态下创建触发器，这样可确保在启用它之前编译没有错误。

暂时禁用触发器的原因如下。

（1）触发器引用了当前暂时不可用的对象。

（2）用户必须执行大量的数据加载，并且希望它在不触发触发器的情况下快速继续。

要启用或禁用单个触发器，请使用以下语句：

```
ALTER TRIGGER [schema.]trigger_name { ENABLE | DISABLE };
```

要启用和禁用某个表上的所有触发器，请使用以下语句：

```
ALTER TABLE table_name { ENABLE | DISABLE } ALL TRIGGERS;
```

15.6 触发器的相关视图

触发器的相关视图

使用*_TRIGGERS 静态数据字典视图可以显示有关触发器的信息。下例首先创建一个触发器，然后查询静态数据字典视图 USER_TRIGGERS，以显示触发器的类型、触发事件以及创建它的表的名称，最后显示触发器的组成语句。创建触发器的语句如下所示：

```
CREATE OR REPLACE TRIGGER Emp_count
  AFTER DELETE ON employees
DECLARE
 n INTEGER;
BEGIN
  SELECT COUNT(*) INTO n FROM employees;
  DBMS_OUTPUT.PUT_LINE('There are now ' || n || ' employees.');
END;
```

执行查询语句，从视图 USER_TRIGGERS 中获取触发器的类型、触发事件以及创建它的表的名称，运行结果如图 15-14 所示。

```
SQL> SELECT Trigger_type, Triggering_event, Table_name
  2  FROM USER_TRIGGERS
  3  WHERE Trigger_name = 'EMP_COUNT';
TRIGGER_TYPE      TRIGGERING_EVENT                                              TABLE_NAME
----------------  ------------------------------------------------------------  ----------
AFTER STATEMENT   DELETE                                                        EMPLOYEES
```

图 15-14　视图 USER_TRIGGERS 查询结果

执行查询语句，从视图 USER_TRIGGERS 中获取触发器的组成语句，运行结果如图 15-15 所示。

```
SQL> SELECT Trigger_body
  2  FROM USER_TRIGGERS
  3  WHERE Trigger_name = 'EMP_COUNT';
TRIGGER_BODY
-----------------------------------------------------------------
DECLARE
  n  INTEGER;
BEGIN
  SELECT COUNT(*) INTO n FROM employees;
  DBMS_OUTPUT.PUT_LINE('There are now ' || n || ' employees.');
END;
```

图 15-15　视图 USER_TRIGGERS 查询结果

本 章 小 结

读者通过本章的学习，可以了解触发器是大型关系数据库都会提供的一项技术，它是当满足特定事件时自动执行的存储过程。

触发器由触发语句、触发器限制和触发操作几部分组成。

按照触发事件和触发对象的不同，触发器一般分为：DML 触发器、系统触发器和 INSTEAD OF 触发器。DML 触发器是使用最多的触发器。系统触发器则是在执行 DDL 操作或当发生数据库事件（如服务器的启动或关闭，用户的登录或退出）以及服务器错误时激发的触发器，这种触发器主要用来防止 DDL 操作引起的破坏或提供相应的安全监控。INSTEAD OF 触发器一般定义在视图上。

习 题

一、填空题

1. 触发器由三部分组成，分别是：_____、_____、和_____。

2. _____触发器是使用最多的触发器。_____触发器一般定义在视图上。

3. 在行级别触发的触发器可以使用相关名称访问正在处理的行中的数据。常用的相关名称默认为_____和_____。

二、简答题

1. 触发器和过程有什么区别？

2. 触发器有哪些类别？

上 机 指 导

....

1. 创建一个触发器，无论用户插入新记录，还是修改 EMP 表（scott 方案下）中的 JOB 列，都将用户指定的 JOB 列的值转换成大写。

2. 创建一个触发器，禁止用户删除 DEPT 表中的记录。

提示：创建语句级触发器，使用 Raise_Application_Error 处理错误。

16 第16章 系统安全管理

学习目标

- 掌握用户的创建与管理方法。
- 理解权限的创建与管理方法。
- 理解角色的创建与管理方法。
- 了解概要文件和数据字典视图。
- 了解审计功能。

　　数据库中保存了大量的数据，有些数据对企业来说是极其重要的，甚至是企业的核心机密，必须保证这些数据及其操作的安全。因此，数据库系统必须具备完善、方便的安全管理机制，而用户管理和权限管理是保证数据安全的重要手段，如果能够正确加以利用，能在很大程度上提高数据库的安全性，并有利于数据库管理。本章内容主要介绍了用户的创建与管理、权限的创建与管理、角色的创建与管理、概要文件和数据字典视图、审计。希望读者在学习完本章内容后能掌握用户、权限和角色的创建及使用，并对概要文件、数据字典视图和审计有较好的理解。

16.1 用户的创建与管理

　　Oracle 有一套严格的用户管理机制，新创建的用户只有通过管理员授权才能获得系统数据库的使用权，否则该用户只有连接数据库的权利。正是有了这一套严格的安全管理机制，才保证了数据库系统的正常运转，确保数据信息不泄露。本节将介绍如何创建以及管理用户。

16.1.1 创建用户

　　可采用 CREATE USER 命令创建一个新用户。其语法格式如下。

创建用户

```
CREATE USER user_name IDENTIFIED BY pass_word
[or identified exeternally]
[or identified globally as 'CN=user']
[default tablespace tablespace_default]
[temporary tablespace tablespace_temp]
[quota [integer k[m]] [unlimited] ] on tablesapce_ specify1
[,quota [integer k[m]] [unlimited] ] on tablesapce_ specify2
[,…]…ON tablespace_specifyn
[profiles profile_name]
[account lock or account unlock]
```

CREATE USER 命令的参数及其说明如表 16-1 所示。

表 16-1　CREATE USER 命令的参数及其说明

参数	说明
user_name	用户名，一般为字母数字型和符号 "_" 及 "#"
pass_word	用户密码，一般为字母数字型和符号 "_" 及 "#"
identified exeternally	表示用户名在操作系统下验证，该用户名必须与操作系统中定义的用户名相同
identified globally as 'CN=user'	用户名由 Oracle 安全域中心服务器验证，CN 表示用户的外部名
[default tablespace tablespace_default]	默认的表空间
[temporary tablespace tablespace_temp]	默认的临时表空间
[quota [integer k[m]] [unlimited]] ON tablesapce_ specify1	用户可以使用的表空间的字节数
[profiles profile_name]	资源文件的名称
[account lock or account unlock]	用户是否被加锁，默认情况下是不加锁的

【**示例 16.1**】创建用户。

```
CREATE USER inspur IDENTIFIED BY tiger
DEFAULT TABLESPACE users
TEMPORARY TABLESPACE temp
QUOTA 10M ON users;
```

代码解析。

① 第一行创建数据库用户 inspur，并设置用户口令是 tiger。

② 第二行设置用户 inspur 的默认表空间是 users。

③ 第三行设置用户 inspur 的临时表空间是 temp。

④ 第四行设置用户 inspur 在 users 表空间中能够使用的磁盘配额是 10MB。

在创建用户时，以下几点需要特别注意。

① 初始建立的数据库用户没有任何权限，不能执行任何数据库操作。

② 如果建立用户时不指定 DEFAULT TABLESPACE 子句，Oracle 会将 SYSTEM 表空间作为用户默认的表空间。

③ 如果建立用户时不指定 TEMPORARY TABLESPACE 子句，Oracle 会将数据库默认的临时表空间作为用户的临时表空间。

④ 初始建立的用户没有任何权限，所以为了使用户可以连接到数据库，必须授权其 CREATE SESSION 权限，关于用户的权限设置会在后面进行讲解。

16.1.2　管理用户

管理用户就是对已有的用户信息进行修改和删除等操作。

1. 修改用户

创建好用户后有时会对用户的设置有所改变，例如修改用户口令，改变用户默认表空间、临时表空间、资源限制和磁盘配额等。修改用户的语法与创建用户的语法非常类似，只要把创建语法中

管理用户

的"CREATE"关键字替换成"ALTER"即可，具体语法不再介绍，请参考创建用户的基本语法。

下面利用上面的语法完成三个修改用户信息的操作。

【示例 16.2】修改用户的 inspur 密码。

```
ALTER USER inspur IDENTIFIED BY 123456;
```

【示例 16.3】修改用户的磁盘限额。

经过一段时间的使用后，该用户使用该表空间达到了设置的磁盘限额时，需要为该用户适当增加资源。在此将示例 16.1 中的 10MB 资源增加到 20MB。

```
ALTER USER inspur QUOTA 20M ON users;
```

【示例 16.4】解锁被锁住的用户。

默认安装 Oracle 后，为了安全起见，很多用户处于 LOCKED 状态。管理员用户可以对用户进行解锁。解锁语句如下。

```
ALTER USER inspur ACCOUNT UNLOCK;
```

2. 删除用户

数据库管理员有时需要删除一些废弃的用户，删除用户也是比较简单的，只要知道用户名即可将之删除，但是该用户下所有的数据文件也会被一起删除，所以应当谨慎使用。具体的删除用户的语法如下：

```
DROP USER inspur CASCADE;
```

CASCADE 为级联删除选项。如果删除的用户中没有任何数据库对象，该选项可以省略；如果删除的用户中包含数据库对象，则必须加上 CASCADE 选项，此时会连同该用户所拥有的对象一起删除。

16.2　权限管理

成功创建用户之后，如果使用该用户直接去连接数据库就会发现连接失败，这是为什么呢？新建的用户仅仅表示该用户在 Oracle 系统中进行了注册，这样的用户不能连接到数据库，更别说建表和查询表数据等操作了。要使用户能连接到 Oracle 系统并使用数据库资源，就必须让具有管理员权限的用户对该用户进行授权。

16.2.1　权限概述

在 Oracle 数据库中，权限分为系统权限和对象权限两类。对数据库系统级的操作可以称为系统权限，对表对象、序列、触发器等操作的权限则可称为对象权限。数据库管理员如果要保证数据库的安全就要控制好每一个用户或者角色的权限。所以本节将介绍如何授予、撤销和查询用户或角色的权限。

16.2.2　系统权限管理

系统权限需要数据库管理人员进行规范化的管理，以保证数据的安全性。例如，数据库管理员在有需要的时候将系统权限授予其他用户，在使用完毕或者某

系统权限管理

个员工离职的时候将某个系统权限从被授予用户手中收回。

1. 授予权限

Oracle 包共含 200 多种系统权限，我们在 SYSTEM_PRIVILEGE_MAP 数据目录视图中列举了这些系统权限。授权操作可使用关键字 GRANT，其语法如下：

```
GRANT sys_privi | role TO user | role | public [WITH ADMIN OPTION]
```

GRANT 命令的参数说明如表 16-2 所示。

表 16-2　GRANT 命令授予系统权限的参数及其说明

参数	说明
sys_privi	表示 Oracle 系统权限，系统权限是一组约定的保留字。例如，如果能够创建表，则为"CREATE TABLE"
role	表示角色，后面会加以介绍
user	表示用户名
public	保留字，代表 Oracle 系统中的所有用户
WITH ADMIN OPTION	表示被授权者具有再次授权的权利

【**示例 16.5**】授予用户系统权限 session。

```
GRANT CREATE session TO inspur
```

也可以为它加上 WITH ADMIN OPTION 管理选项，让 inspur 也具有授予 create session 的权限，具体如下：

```
GRANT CREATE session TO inspur WITH ADMIN OPTION
```

2. 撤销权限

用户权限过高可能会为 Oracle 系统带来安全隐患，所以数据库系统管理员可查询当前各用户的权限，并用 REVOKE 命令进行撤销，具体的语法如下：

```
REVOKE sys_privi | role FROM user | role | public
```

【**示例 16.6**】撤销 inspur 的 session 权限。

```
REVOKE create session FROM inspur
```

如果数据库管理员用 GRANT 命令给用户 A 授予系统权限时带有 WITH ADMIN OPTION 选项，则用户 A 有权将系统权限再次授予另外的用户 B。在这种情况下，如果数据库管理员使用 REVOKE 命令撤销了 A 用户的系统权限，用户 B 的系统权限仍然有效。

16.2.3　对象权限管理

1. 授予权限

与授予用户系统权限基本相同，授予用户或角色对象权限也可使用 GRANT 命令，其语法格式如下：

对象权限管理

```
GRANT obj_privi | all column ON schema.object TO user | role | public [WITH ADMIN OPTION] |
[WITH HIERARCHY OPTION]
```

使用 GRANT 命令授予对象权限的参数说明如表 16-3 所示。

表 16-3　GRANT 命令授予对象权限的参数及其说明

参数	说明
obj_privi	表示对象权限，可以是 ALTER、EXECUTE、SELECT、UPDATE 和 INSERT 等
role	表示角色，后面会加以介绍
user	表示用户名
WITH ADMIN OPTION	表示被授权者具有再次授权的权利
WITH HIERARCHY OPTION	表示在对象的子对象上授权给用户（在视图上再建立视图）

【示例 16.7】给用户 inspur 授予表 soctt.emp 的 select、insert、delete 和 update 权限。

```
GRANT select,insert,delete,update ON scott.emp TO inspur;
```

2. 撤销权限

从用户或角色手中撤销对象权限依然可使用 REVOKE 命令，其语法格式如下：

```
REVOKE obj_privi | all ON schema.object FROM user | role | public CASCADE CONSTRAINTS
```

① obj_privi：表示对象的权限。

② public：保留字，代表 Oracle 系统的所有权限。

③ CASCADE CONSTRAINTS：级联，表示有关联关系的权限也会被撤销。

【示例 16.8】从 inspur 用户手中撤销 scott.emp 表的 update 和 delete 权限。

```
REVOKE delete,update ON scott.emp TO inspur;
```

16.3　角色的创建与管理

角色概述

16.3.1　角色概述

角色在数据库中是一个非常重要的名词，在数据库中一个用户可以具备多个角色，而且用户可以根据权限的需求不同，授予用户不同的角色。本节将介绍角色的创建和管理。

那么角色究竟是做什么的呢？根据前面内容可知，想要正常使用用户，就必须给用户授予一些权限。而角色其实就是由一组权限组成的，是权限的授予对象给用户授予角色，我们也可以理解成给用户授予一组权限。角色是在数据库中由数据库管理员定义的权限集合，方便对不同用户进行权限授予，仅一条语句就能授予或回收权限，而不用对用户一一授权。下面用图 16-1 所示的图形来帮助我们理解角色、用户及权限的关系。

16.3.2　创建角色

创建用户自定义角色可以使用 CREATE ROLE 语句来实现，语法格式如下。

```
CREATE ROLE role_name [ not identified | identified by [password] |
[exeternally] | [globally]];
```

创建角色

① role_name：角色名。

② identified by password：角色门令。

③ identified by exeternally：外部验证方式。

④ identified by globally：全局验证方式。

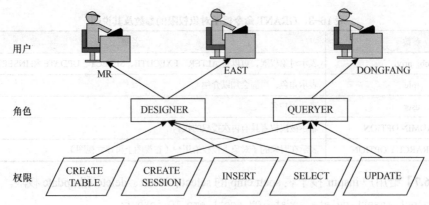

图 16-1　角色、用户及权限关系图

【示例 16.9】创建一个名为 designer 的角色，该角色的口令为 123456。

```
CREATE ROLE  designer IDENTIFIED BY 123456;
```

16.3.3　管理角色

管理角色其实就是对角色的创建、修改、删除等操作，跟用户的管理有很多相似之处。前面介绍了如何创建角色，接下来就通过一些简单的案例来学习对角色的查看、修改和删除等操作。

1.　查看角色的权限

查看角色的权限通常可以使用 ROLE_SYS_PRIVS 语句来实现。

【示例 16.10】查询 DBA 角色有哪些权限。

```
SELECT * FROM ROLE_SYS_PRIVS WHERE role = 'DBA';
```

2.　修改角色密码

修改角色密码包括取消角色密码和修改角色密码两种情况，可以使用 ALTER ROLE 语句来实现。

【示例 16.11】首先取消 designer 角色的密码，然后再给该角色设置一个密码。

```
ALTER ROLE designer NOT IDENTIFIED;
ALTER ROLE designer IDENTIFIED BY 456789;
```

3.　设置当前用户要生效的角色

角色创建完成后并不能直接使用它，而是要把角色授予用户才能使角色生效。

【示例 16.12】把 designer 角色授予 inspur 用户。

```
GRANT designer TO inspur;
```

由于一个用户可以同时拥有多个角色，所以也可以设置哪些角色在当前会话中生效或不生效。设置角色生效可使用 SET ROLE 语句。

【示例 16.13】设置带有密码的角色 designer 生效。

```
SET ROLE designer IDENTIFIED BY 123456;
```

【注意】如果需要设置带有密码的角色生效，则必须在 SET ROLE 后面使用关键字 IDENTIFIED BY 指定角色密码，反之则不需要。

4.　删除角色

删除角色可以使用 DROP ROLE 语句实现。删除角色后，原来拥有该角色的用户将不再拥有该角色，同时也会失去角色对应的权限。

【示例 16.14】删除角色 designer。

```
DROP ROLE designer;
```

16.4 概要文件和数据字典视图

Oracle 系统为了合理分配和使用系统的资源提出了概要文件的概念。所谓概要文件，就是一份描述如何使用系统资源的配置文件。将概要文件赋予某个数据库用户，在用户连接并访问数据库服务器时，系统就按照概要文件给他分配系统资源。有的时候也称之为配置文件，其主要作用包括如下两点。

① 管理数据库口令及验证方式。

② 管理数据库系统资源。

默认给用户分配的是 DEFAULT 概要文件，将该文件赋予了每个创建的用户。但该文件对资源没有任何限制，因此，如果需要对系统资源进行合理分配及使用，数据库管理员就需要针对数据库系统环境自行建立概要文件。下面介绍怎样使用概要文件进行数据库管理。

16.4.1 使用概要文件管理密码

使用概要文件
管理密码

操作人员如果要连接到 Oracle 数据库，就需要提供用户名和密码。对于黑客或者某些不法分子来说，他们可能通过猜测或者反复试验来破解密码。而通过 PROFILE 文件管理密码可以加强密码的安全性。PROFILE 文件提供了强大的密码管理功能和一些密码管理选项来确保密码的安全。为了实现密码管理，必须首先使用 CREATE PROFILE 语句创建 PROFILE 文件。其语法格式如下：

```
CREATE PROFILE profile_name LIMIT
{resource_parameters | password_parameters}
[resource_parameters | password_parameters]...;
```

参数说明如下。

resource_parameters：要设置的资源参数。

password_parameters：要设置的密码参数。

接下来介绍这些参数的使用，因为 PROFILE 文件就是通过这些参数的设置来实现 4 种密码管理的，具体为：账户锁定、密码过期时间、密码复杂度和密码历史。

1. 账户锁定

账户的锁定是指用户在连续输入多少次错误密码后，数据库系统会自动锁定该用户的账户，同时可以规定账户的锁定时间。账户的锁定可以通过以下两个参数进行设置。

（1）FAILED_LOGIN_ATTEMPTS

该参数表示用户在登录到数据库时允许密码错误的次数。一旦某个用户尝试登录数据库的错误次数达到该值，系统将锁定该用户。

（2）PASSWORD_LOCK_TIME

该参数用于指定账户被锁定的天数。

【示例 16.15】创建 PROFILE 文件，要求设置连续失败次数为 5，超过该次数后，账户将被锁定

7 天，并使用 ALTER USER 语句将 PROFILE 文件分配给用户 inspur，代码如下。

创建 PROFILE 文件：

```
CREATE PROFILE lock_account LIMIT
FAILED_LOGIN_ATTEMPTS 5
PASSWORD_LOCK_TIME 7;
将 PROFILE 文件分配给用户 inspur:
ALTER USER inspur PROFILE lock_account;
```

在建立 lock_account 文件并将该文件分配给用户 inspur 后，如果 inspur 用户登录 Oracle 数据库，并且连续输入错误达到 5 次以后，inspur 用户将被数据库系统锁定，这是根据参数 FAILED_LOGIN_ATTEMPTS 实现的。此时，即使再使用正确密码也还是无法成功登录数据库。

在建立 PROFILE 文件时，还指定了一个参数 PASSWORD_LOCK_TIME 的值为 7，代表账户锁定天数达到 7 天后，Oracle 会自动解锁该账户。

2. 密码过期时间

默认情况下，建立用户并为其提供密码之后，密码会一直生效。为了防止其他人员破解账户的密码，管理员可以强制普通用户定期改变密码。为了强制用户定期修改密码，Oracle 提供了如下参数。

（1）PASSWORD_LIFE_TIME

该参数用于设置用户密码的有效时间，单位为天数。超过这一段时间，用户必须重新设置口令。

（2）PASSWORD_GRACE_TIME

该参数用于设置口令失效的"宽限时间"。如果口令到达 PASSWORD_LIFE_TIME 设置的失效时间，设置宽限时间后，用户仍然可以继续使用一段时间。

为了保证数据库的安全性应强制用户定期修改密码。下面用一个例子来说明怎么使用 PROFILE 文件设置密码过期时间。

【示例 16.16】创建 PROFILE 文件，要求设置用户的密码有效期为 90 天，密码宽限期为 10 天，并将该 PROFILE 文件分配给用户 inspur，代码如下。

创建 PROFILE 文件：

```
CREATE PROFILE password_lift_time LIMIT
PASSWORD_LIFE_TIME 90
PASSWORD_GRACE_TIME 10;
将 PROFILE 文件分配给用户 inspur:
ALTER USER inspur PROFILE password_lift_time;
```

在上面的示例当中，如果用户 inspur 在 90 天内没有修改密码，则 Oracle 系统会提示编号为 ORA-28002 的警告信息，并且在接下来的 10 天内连续提示，直至用户修改密码为止。如果用户一直没有修改密码，那么在第 101 天连接时，Oracle 会强制用户修改密码，否则不被允许连接到数据库。

3. 密码复杂度

在 PROFILE 文件中，可以通过指定的函数来强制用户的密码必须具有一定的复杂度。例如，强制用户的密码不能与用户名相同。使用校验函数验证用户密码的复杂度时，只需要将这个函数的名称指定给 PROFILE 文件中的 PASSWORD_VERIFY_FUNCTION 参数，Oracle 就会自动使用该函数对用户的密码和格式进行验证。

4. 密码历史

密码历史是用于控制账户密码的可重复使用次数或可重用时间。使用密码历史参数后，Oracle 会将密码修改信息存放到数据字典中。这样，当修改密码时，Oracle 会对新、旧密码进行比较，以确保用户不会重用过去已经用过的密码。关于密码历史有如下两个参数。

（1）PASSWORD_REUSE_TIME

该参数指定密码可重用的时间，单位为天。

（2）PASSWORD_REUSE_MAX

该参数设置口令在能够被重新使用之前，必须改变的次数。

【注意】在使用密码历史选项时，只能使用其中的一个参数，并将另一个参数设置为 UNLIMITED。

16.4.2 使用概要文件管理资源

在大而复杂的多用户数据库环境中，系统资源可能会成为影响性能的主要瓶颈，为了有效地利用系统资源，应该根据用户所承担任务的不同为其分配合理资源。PROFILE 不仅可用于管理用户密码，还可用于管理用户资源。但是需要注意的是，如果使用 PROFILE 来管理资源，必须将 RESOURCE_LIMIT 参数设置为 TRUE，以激活资源限制。由于该参数是动态参数，所以可以使用 ALTER SYSTEM 语句进行修改。关于使用 PROFILE 管理资源的参数设置案例如下。

【示例 16.17】首先使用 SHOW 命令查看 RESOURCE_LIMIT 参数的值，然后使用 ALTER SYSTEM 命令修改该参数的值为 true，从而激活资源限制。

```
SHOW PARAMETER RESOURCE_LIMIT;
ALTER SYSTEM SET RESOURCE_LIMIT=true;
```

下面是使用 PROFILE 管理系统资源时常用的参数。

① SESSION_PER_USER：用户可以同时连接的会话数量。如果用户的连接数达到该限制，则不能继续登录。

② CPU_PER_SESSION：限制用户在一次数据库会话期间可以使用的 CPU 时间，单位为 0.01 秒。到达该值以后，会话会被终止。

③ CPU_PER_CALL：该参数用于限制每条 SQL 语句所能使用的 CPU 时间。单位为 0.01 秒。

④ LOGICAL_READS_PER_SESSION：限制每个会话所能读取的数据块数量。包括从内存中读取和从磁盘读取。

⑤ LOGICAL_READS_PER_CALL：限制每条 SQL 所能读取的数据块数量。

⑥ PRIVATE_SGA：在共享服务器模式下，用于指定会话在共享池中可分配的最大私有空间。

⑦ CONNECT_TIME：限制每个用户连接到数据库的最长时间，单位为分，当连接时间超出该设置时，该连接会被终止。

⑧ IDLE_TIME：限制每个用户会话连接到数据库的最长时间。超过该时间，会话会被终止。

⑨ COMPOSITE_LIMIT：指定一个会话的总的资源消耗。

16.4.3 数据字典视图

数据字典是 Oracle 存放数据库内部信息的地方，用来描述数据库内部的运行和管理情况。例如一个数据表的所有者、所属表空间、创建时间、用户访问权限等，这些信息都可以在数据字典中查找到。当用户操作数据库遇到困难时，就可以通过查询数据字典来获得帮助信息。

Oracle 数据字典的名称由前缀和后缀组成，使用 "_" 连接，其代表的含义如下。

① DBA_：包含了所有数据库的对象信息。

② V$_：当前实例的动态视图，包含系统管理和系统优化时使用的视图。

③ USER_：包含了当前数据库用户所拥有的所有模式对象的信息。

④ GV_：分布式环境下所有实例的动态视图，包含系统管理和系统优化时使用的视图。

⑤ ALL_：包含了当前数据库用户可以访问的所有模式对象的信息。

虽然通过 Oracle 企业管理操作数据库比较方便，但它不利于读者了解 Oracle 系统的内部结构和系统对象之间的关系，所以建议读者尽量使用 SQL*Plus 来操作数据库。为了方便读者了解 Oracle 系统内部的对象结构，进行高层次的数据管理，下面给出常用的数据字典及其说明。

1. 基本数据字典

基本数据字典主要包括描述逻辑存储结构和物理存储结构的数据表，另外，还包括一些描述其他数据对象信息的表，例如 DBA_VIEWS、DBA_TRIGGERS、DBA_USERS 等。基本数据字典及其说明如表 16-4 所示。

表 16-4 基本数据字典及其说明

数据字典名称	说明
DBA_TABLESPACES	关于表空间的信息
DBA_TS_QUOTAS	所有用户表空间限额
DBA_FREE_SPACE	所有表空间中的自由分区
DBA_SEGMENTS	描述数据库中所有段的存储空间
DBA_EXTENTS	数据库中所有分区的信息
DBA_TABLES	数据库中所有数据表的描述
DBA_TAB_COLUMNS	所有表、视图以及簇的列
DBA_VIEWS	数据库中所有视图的信息
DBA_SYNONYMS	关于同义词的信息查询
DBA_SEQUENCES	所有用户序列信息
DBA_CONSTRAINTS	所有用户表的约束信息
DBA_INDEXES	关于数据库中所有索引的描述
DBA_IND_COLUMNS	在所有表及簇上压缩索引的列
DBA_TRIGGERS	所有用户的触发器信息
DBA_SOURCE	所有用户的存储过程信息
DBA_DATA_FILES	查询关于数据库文件的信息
DBA_TAB_GRANTS/PRIVS	查询关于对象授权的信息
DBA_OBJECTS	数据库中所有的对象
DBA_USERS	关于数据库中所有用户的信息

2. 常用动态性能视图

Oracle 系统内部提供了大量的动态性能视图，之所以说"动态"，是因为这些视图的信息在数据库运行期间会不断地更新。动态性能视图以 V$ 作为名称前缀，这些视图提供了关于内存和磁盘的运行情况，用户只能对其进行只读访问而不能对其进行修改。常用的动态性能视图及其说明如表 16-5 所示。

表 16-5 常用动态性能视图及其说明

数据字典名称	说明
V$DATABASE	描述关于数据库的相关信息
V$DATAFILE	数据库使用的数据文件信息
V$LOG	从控制文件中提取有关重做日志组的信息
V$LOGFILE	有关实例重置日志组文件名及其位置的信息
V$ARCHIVED_LOG	记录归档日志文件的基本信息
V$ARCHIVED_DEST	记录归档日志文件的路径信息
V$CONTROLFILE	描述控制文件的相关信息
V$INSTANCE	记录实例的基本信息
V$SYSTEM_PARAMETER	显示实例当前有效的参数信息
V$SGA	显示实例的 SGA 区的大小
V$SGASTAT	统计 SGA 使用情况的信息
V$PARAMETER	记录初始化参数文件中所有项的值
V$LOCK	通过访问数据库会话，设置对象锁的所有信息
V$SESSION	记录有关会话的信息
V$SQL	记录 SQL 语句的详细信息
V$SQLTEXT	记录 SQL 语句的语句信息
V$BGPROCESS	显示后台进程信息
V$PROCESS	当前进程的信息

上面介绍了 Oracle 数据字典的基本内容，实际上 Oracle 数据字典的内容非常丰富，这里因篇幅有限，不能一一列举，需要读者在学习和工作中逐渐积累。运用好数据字典技术，可以使用户更好地了解数据库的全貌，这样对于数据库的优化、管理等有极大地帮助。

16.5 审计

审计是指用来监视和记录所选用户的数据活动。审计通常用于调查可疑活动以及监视与收集特定数据库活动的数据。审计操作类型包括登录审计、对象访问和数据库操作。审计操作项目包括执行成功的语句或执行失败的语句，在每个用户会话中执行一次的语句和所有用户或者特定用户的活动。审计记录包括被审计的操作、执行操作的用户、操作的时间等信息。审计记录被存储在数据字典中。审计跟踪记录包含不同类型的信息，主要依赖于所审计的时间和审计选项设置。每个审计跟踪记录中的信息通常包含会话标识符、用户名、终端标识符、执行的操作、访问的方案对象的名称、日期和时间戳、操作的完成代码以及使用的系统权限。

　　管理员可以启用和禁用审计信息记录，但是，只有安全管理员才能够对审计信息记录进行管理。当在数据库中启用审计时，在语句执行阶段会生成审计记录。

16.5.1　启用审计

　　数据库的审计记录存放在 AUD$表中。在初始状态下，Oracle 对于审计是关闭的，因此需要手动开启审计。具体步骤如下。

　　（1）进入 Oracle 的企业管理器，以管理员身份登录数据库，在"数据库配置"中选择"初始化参数"，如图 16-2 所示。该页面有两个选项界面："当前"和"SPFile"。在"当前"页面列出了所有初始化参数目前的配置值；在"SPFile"页面可以设置这些初始化参数。

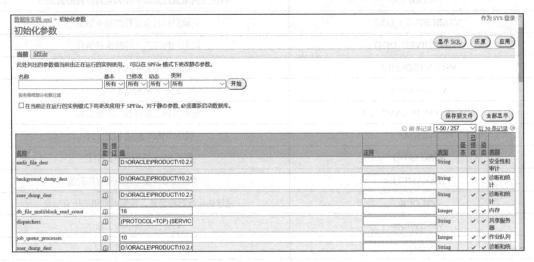

图 16-2　查看数据库状态等信息

　　（2）在"当前"页面的"名称"文本框中输入审计参数"audit_trail"，单击"开始"按钮，会出现图 16-3 所示的页面。

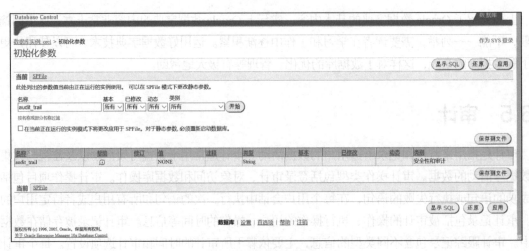

图 16-3　编辑数据库参数值

audit_trail 的作用是启用或禁用数据审计。它的取值范围为 NONE、FALSE、DB、TRUE、OS、DB_EXTENDED、XML、EXTENDED。如果其参数值为 TRUE 或 DB，则审计记录将被写入 SYS.AUD$表中；如果其参数值为 OS，则会被写入一个操作系统文件中。Oracle 12c 系统的默认值为 DB。

（3）在"值"下拉列表框中选择要设置的参数值，单击"应用"按钮，然后重新启动数据库。

16.5.2 登录审计

用户连接数据库的操作过程称为登录，登录审计可使用下列命令。

① AUDIT SESSION：开启会话审计。

② AUDIT SESSION WHENEVER SUCCESSFUL：开启成功操作审计。

③ AUDIT SESSION WHENEVER NOT SUCCESSFUL：开启失败操作审计。

④ NOAUDIT SESSION：禁止会话审计。

数据库审计记录存放在 SYS 方案中的 AUD$表中，可以通过 DBA_AUDIT_SESSION 数据字典视图来查看 SYS 方案中的 AUD$，语法格式如下。

```
SELECT os_username,
       username,
       terminal,
       DECODE(returncode,
              '0',
              'connected',
              '1005',
              'failednull',
              '1017',
              'failed',
              'returncode'),
       TO_CHAR(timestamp, 'DD-MON-YY HH24:MI:SS'),
       TO_CHAR (logoff_time, 'DD-MON-YY HH24:MI:SS')
  FROM DBA_AUDIT_SESSION;
```

针对上述代码的说明如下。

① os_username：使用的操作系统账户。

② username：Oracle 账户名。

③ terminal：使用的终端 ID。

④ returncode：如果为 0，连接成功；否则就检查两个常用错误号，确定失败的原因。检查的两个错误号为 ORA-1005 和 ORA-1017，这两个错误代码覆盖了经常发生的登录错误。当用户输入一个用户名但无口令时就返回 ORA-1005；当用户输入一个无效口令时就返回 ORA-1017。

⑤ timestamp：登录的时间。

⑥ logoff_time：注销的时间。

查询结果如图 16-4 所示。

16.5.3 操作审计

对表、数据库链接、同义词、回滚段、表空间、用户或索引等数据库对象的任何操作都可被审计。这些操作包括对象的建立、修改和删除。操作审计的语法格式如下：

	OS_USE	USERNAME	TERMINAL	DECODE(R	TO_CHAR(TIMESTA	TO_CHAR(LOGOFF_
1	aime	SYSTEM	DADVFH0169	connected	30-3月 -10 23:20:33	
2	aime	SYSTEM	DADVFH0169	connected	30-3月 -10 23:20:35	
3	aime	SYSTEM	DADVFH0169	connected	30-3月 -10 23:20:38	
4	aime	SYSTEM	DADVFH0169	connected	30-3月 -10 23:20:38	30-3月 -10 23:20:38
5	aime	SYSTEM	DADVFH0169	connected	30-3月 -10 23:20:39	
6	aime	SYSTEM	DADVFH0169	connected	30-3月 -10 23:20:40	
7	aime	SYSTEM	DADVFH0169	connected	30-3月 -10 23:20:41	
8	aime	SYSTEM	DADVFH0169	connected	30-3月 -10 23:20:41	30-3月 -10 23:20:41
9	aime	CTXSYS	DADVFH0169	connected	30-3月 -10 23:27:51	
10	aime	CTXSYS	DADVFH0169	connected	30-3月 -10 23:27:51	30-3月 -10 23:27:51
11	aime	CTXSYS	DADVFH0169	connected	30-3月 -10 23:27:53	
12	aime	CTXSYS	DADVFH0169	connected	30-3月 -10 23:27:53	30-3月 -10 23:27:53
13	aime	CTXSYS	DADVFH0169	connected	30-3月 -10 23:27:54	
14	aime	CTXSYS	DADVFH0169	connected	30-3月 -10 23:27:54	30-3月 -10 23:27:54
15	aime	SCOTT	DADVFH0169	connected	31-3月 -10 00:06:23	
16	aime	SCOTT	DADVFH0169	connected	31-3月 -10 00:06:23	31-3月 -10 00:06:23
17	DESKTC	CTXSYS	DESKTOP-O1U	connected	21-5月 -18 11:28:53	
18	DESKTC	CTXSYS	DESKTOP-O1U	connected	21-5月 -18 11:28:55	21-5月 -18 11:28:55
19	DESKTC	DBSNMP	DESKTOP-O1U	returncode	21-5月 -18 11:29:35	

图 16-4　查看 AUD$

```
AUDIT [statement_opt | system_priv]
[BY user [,...n]]
[BY [SESSION | ACCESS]]
[WHENEVER [NOT] SUCCESSFUL]
```

参数说明如下。

① statement_opt：审计操作。

② system_priv：指定审计的系统权限。

③ BY user,…n：指定审计的用户，如果不指定将为所有的用户审计。

④ BY SESSION：表示同一会话中同一类型的 SQL 语句仅写单个记录。

⑤ BY ACCESS：每个被审计的语句写一个记录。

⑥ WHENEVER [NOT] SUCCESSFUL：表示成功或失败的时候审计。

【示例 16.18】对用户 inspur 的新建表操作都进行审计。

```
AUDIT create table BY inspur BY ACCESS;
```

16.5.4　对象审计

用户还可以审计对象的数据处理操作，这些操作包括对表的更新、选择、插入和删除等。这种操作类型的审计方式与操作审计非常相似。语法格式如下：

```
AUDIT {object_opt | all} ON
{[schema.]object | drectory directory_name | default}
[BY SESSION | ACCESS]
[WHENEVER [NOT] SUCCESSFUL]
```

参数说明如下。

① object_opt：指审计操作。

② all：表示所有对象类型的对象选项。

③ schema：包含审计对象的方案，如果忽略该参数，则对象在自己的模式中。

④ object：表示审计对象，对象必须是视图、表、存储过程、序列、包、函数、库、快照，或者是它们的同义词。

⑤ default：默认的审计选项。

⑥ directory directory_name：审计的目录名。

【示例 16.19】审计用户 inspur 对 t_module 表的 insert 操作。

```
AUDIT insert ON inspur.t_module;
```

查询 DBA_AUDIT_OBJECT 视图，就可以看到审计记录。

16.5.5　权限审计

除了上面所讲的审计之外，还有一种权限审计，表示对系统的某一权限的使用情况进行审计。

【示例 16.20】对系统查询表进行审计。

```
AUDIT select any table WHENEVER SUCCESSFUL;
```

通过查询 DBA_PRIV_AUDIT_OPTS 可以看到权限审计的结果。查询结果如图 16-5 所示。

	USER_NAME	PROXY_NAME	PRIVILEGE	SUCCESS	FAILURE
1	...	...	CREATE EXTERNAL JOB	BY ACCESS	BY ACCESS
2	...	...	CREATE ANY JOB	BY ACCESS	BY ACCESS
3	...	...	GRANT ANY OBJECT PRIVILEGE	BY ACCESS	BY ACCESS
4	...	...	EXEMPT ACCESS POLICY	BY ACCESS	BY ACCESS
5	...	...	CREATE ANY LIBRARY	BY ACCESS	BY ACCESS
6	...	...	GRANT ANY PRIVILEGE	BY ACCESS	BY ACCESS
7	...	...	DROP PROFILE	BY ACCESS	BY ACCESS
8	...	...	ALTER PROFILE	BY ACCESS	BY ACCESS
9	...	...	DROP ANY PROCEDURE	BY ACCESS	BY ACCESS
10	...	...	ALTER ANY PROCEDURE	BY ACCESS	BY ACCESS
11	...	...	CREATE ANY PROCEDURE	BY ACCESS	BY ACCESS
12	...	...	ALTER DATABASE	BY ACCESS	BY ACCESS
13	...	...	GRANT ANY ROLE	BY ACCESS	BY ACCESS
14	...	...	CREATE PUBLIC DATABASE LINK	BY ACCESS	BY ACCESS

图 16-5　查看数据字典 DBA_PRIV_AUDIT_OPTS

本 章 小 结

本章主要讲解了 Oracle 数据库为了应对数据安全问题采取的策略，包括用户管理和权限分配、角色管理和权限分配、概要文件 PROFILE 和数据字典、审计等方面的内容。

通过本章的学习，读者能够掌握数据库中确保数据库安全的对象，能够掌握用户、权限、概要文件以及审计的使用。在掌握它们的使用的基础上，能够分清用户、权限以及角色三者之间的关系。同时作为数据库管理人员，还要掌握概要文件和审计功能在数据库中的使用，这样才能够确保数据库的安全，这也是一名优秀的数据库管理人员维护数据库时必备的技能。

习　题

一、填空题

1. 创建用户自定义角色可以使用＿＿＿＿＿＿语句来实现。

2. ＿＿＿＿＿是 Oracle 存放数据库内部信息的地方，用来描述数据库内部的运行和管理情况。

二、简答题

1. Oracle 中的系统权限和对象权限如何区分？

2. 如何通过 SYSTEM_PRIVILEGE_MAP 查看 Oracle 数据库中的系统权限内容？

3. 如何通过 V$FIXED_VIEW_DEFINITION 查看数据库中内部系统表信息的功能？

上 机 指 导

1. 创建用户并为其授予连接和创建表权限。

2. 创建角色并为其授予连接和创建表权限。

17

第 17 章   数据备份与恢复

学习目标
- 了解数据备份和恢复的概念。
- 掌握逻辑备份和恢复的方法。
- 理解脱机备份和恢复。
- 理解联机备份和恢复。

备份就是数据库信息的拷贝。对于 Oracle 而言，这些信息包括控制文件、数据文件以及重做日志文件等。数据库备份的目的是在意外事件发生而造成数据库的破坏后恢复数据库中的数据信息。

17.1   数据备份和恢复的概念

在数据库使用的过程中难免会因为故障导致数据的丢失，为了避免损失重要的数据资源，数据库一般会建立备份和恢复机制，Oracle 数据库也同样如此，以便在数据库发生故障时完成对数据库的恢复操作。

数据备份和
恢复的概念

在不同的条件下可能需要使用不同的备份与恢复方法，Oracle 数据库主要有三种备份和恢复的方法：逻辑备份和恢复、脱机备份和恢复、联机备份和恢复。

（1）逻辑备份和恢复：用 Oracle 提供的实用工具软件，如 Oracle 10g 版本之前的 IMP/EMP 方式和 Oracle 10g 版本之后的 IMPDP/EXPDP 方式，将数据库中的数据进行导出和导入。

（2）脱机备份和恢复：指在关闭数据库的情况下对数据库文件的物理备份和恢复，也被称为冷备份和恢复，这是最简单、最直接的方法。

（3）联机备份和恢复：指在数据库处于打开的状态下（归档模式）对数据库进行的备份和恢复。只有能进行联机备份和恢复的数据库才能实现不停机地使用，也称为热备份和恢复。

17.2   逻辑备份和恢复

逻辑备份和恢复

逻辑备份与恢复具有多个级别，如数据库级、表空间级、表级等，可实现不同操作系统之间、不同 Oracle 数据库版本之间的数据传输。在 Oracle 10g 版本之前使用 IMP/EMP 进行导入/导出数据，Oracle 10g 版本之后增加了 IMPDP/EXPDP 进行导入/导出数据，下面分别进行介绍。

下面通过案例来介绍导入/导出工具的使用。

17.2.1 逻辑导出数据

逻辑导出数据

导出数据可以使用 EXP 工具完成，也可以使用在 Oracle 10g 版本以后出现的 EXPDP 工具完成。下面分别使用这两种方式对数据库进行导出备份。

1. 使用 EXP 工具备份

EXP 工具可以将数据库中的对象有选择性地备份出来，使用 EXP 工具可以导出的数据库对象包括表、方案、表空间以及数据库等。使用 EXP 工具需要在 DOS 命令窗口下完成。

【注意】下面内容中的"inspur/tiger@ORCL"表示"用户名/用户密码@实例名"。

① 按表方式导出数据：将 inspur 用户中的表 table1 和 table2 导出到 F:\oracle\tables.dmp 文件中。F 盘文件夹 Oracle 需要提前创建好。

```
EXP inspur/tiger@ORCL FILE= F:\oracle\tables.dmp TABLES=table1, table2
```

② 按表空间方式导出数据。

```
EXP inspur/tiger@ORCL TABLESPACES=(users) FILE=F:\oracle\tablespace.dmp
```

③ 按用户方式导出数据。

```
EXP inspur/tiger@ORCL FILE = F:\oracle\user.dmp OWNER=inspur
```

④ 导出数据库数据。

```
EXP system/123456@ORCL  FILE =F:\oracle\database.dmp FULL=y
```

2. 使用 EXPDP 导出数据

EXPDP 是 Oracle 10g 版本之后引入的数据泵技术。EXPDP 与 EXP 工具不同的是，在使用 EXPDP 时要先创建目录对象，通过这个对象就可以找到要备份数据的数据库服务器，并且使用 EXPDP 工具备份出来的数据必须存放在目录对象对应的操作系统的目录中。

（1）使用注意事项

① EXP 和 IMP 是客户端工具程序，它们既可以在客户端使用，也可以在服务器端使用。

② EXPDP 和 IMPDP 是服务器端的工具程序，只能在 Oracle 服务器端使用，不能在客户端使用。

③ IMP 只适用于 EXP 导出的文件，不适用于 EXPDP 导出文件；IMPDP 只适用于 EXPDP 导出的文件，而不适用于 EXP 导出文件。

（2）EXPDP/IMPDP 相对 EXP/IMP 的优势

① EXP/IMP 客户端程序，受网络、磁盘的影响；EXPDP/IMPDP 服务器端程序，只受磁盘的影响。

② EXPDP/IMPDP 与 EXP/IMP 相比，提供了并行的方式（写入多个导出文件）。

（3）导出步骤示例

① 创建逻辑目录，该命令不会在操作系统中创建真正的目录（先创建真正的目录）。最好以 system 管理员用户的身份创建逻辑目录（该步骤以 Oracle 数据库语句的方式执行）。

```
CREATE DIRECTORY dump_dir AS 'F:\oracle\';
```

② 查看管理员目录，如图 17-1 所示，逻辑目录已经创建成功，同时也可以看到其他的逻辑目录，如果觉得合适可以不用创建新的逻辑目录，直接沿用以前的就可以（需要使用管理员用户才能看到，普通用户会提示表或视图不存在）。

```
SELECT * FROM dba_directories;
```

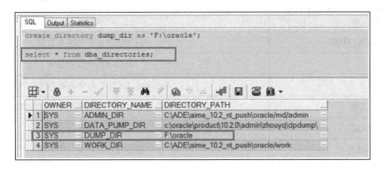

```
SQL  Output  Statistics
create directory dump_dir as 'F:\oracle';

select * from dba_directories;
```

	OWNER	DIRECTORY_NAME	DIRECTORY_PATH
▶ 1	SYS	ADMIN_DIR	C:\ADE\aime_10.2_nt_push\oracle\md\admin
2	SYS	DATA_PUMP_DIR	c:\oracle\product\10.2.0\admin\zhouyq\dpdump\
3	SYS	DUMP_DIR	F:\oracle
4	SYS	WORK_DIR	C:\ADE\aime_10.2_nt_push\oracle\work

图 17-1　查看管理员目录

③ 给普通用户 inspur 赋予在指定目录的操作权限，最好以 system 管理员的身份赋予。

```
GRANT read,write ON DIRECTORY dump_dir TO inspur;
```

④ 导出数据（在这里直接使用现有的目录 DATA_PUMP_DIR），对导出表、导出表空间、导出用户等分别进行介绍。

● 导出表数据。

```
EXPDP inspur/tiger@ORCL DIRECTORY=DATA_PUMP_DIR TABLES =TABLE1,TABLE2 DUMPFILE=expdp_
table.dmp
```

● 按查询条件导出数据。

```
EXPDP inspur/tiger@ORCL DIRECTORY=DATA_PUMP_DIR DUMPFILE=expdp_query.dmp TABLES=table1
QUERY='where id!=1'
```

● 按表空间导出数据。

```
EXPDP inspur/tiger@ORCL DIRECTORY=DATA_PUMP_DIR DUMPFILE=expdp_tablespace.dmp t
TABLESPACES=USERS
```

● 导出用户数据。

```
EXPDP inspur/tiger@ORCL SCHEMAS=inspur DUMPFILE=expdp_user.dmp DIRECTORY=DATA_PUMP_DIR
```

● 导出数据库数据。

```
EXPDP inspur/tiger@ORCL DIRECTORY=DATA_PUMP_DIR DUMPFILE=expdp_full.dmp FULL=y
```

EXPDP 参数的详细介绍见表 17-1。

表 17-1　EXPDP 参数的名称和功能

参数名称	功能
ATTACH	把导出结果附在一个已经存在的导出作业中
CONTENT	设置要导出的内容
DIRECTORY	设置导出文件和导出日志文件的文件名称
DUMPFILE	设置导出文件名称
ESTIMATE	设置计算磁盘空间的方法
ESTIMATE_ONLY	只估算导出操作所需要的空间，而不执行导出操作
EXCLUDE	设置不导出的对象
FILESIZE	设置导出文件的大小
FLASHBACK_SCN	只导出指定 SCN 时刻的表数据

续表

参数名称	功能
FLASHBACK_TIME	只导出指定时间的表数据
FULL	是否导出全部数据库
HELP	是否显示 EXPDP 命令选项的帮助信息
INCLUDE	设置要导出的对象，这个选项不能和 EXCLUDE 同时使用
JOB_NAME	设置导出作业的名称
LOG_FILE	设置导出日志文件的名称
NETWORK_LINK	设置数据库链名
NOLOGFILE	禁止生成导出日志文件
PARALLEL	设置并行导出的并行进程个数
PARFILE	使用参数文件设置参数
QUERY	在这个选项中指定 WHERE 条件子句，使 EXPDP 只导出部分数据
SCHEMAS	进行方案导出时要导出的方案名称
STATUS	显示导出作业进程的详细状态
TABLES	进行表导出时要导出的表名称
TABLESPACE	进行表空间导出时要导出的表空间名称
TRANSPORT_FULL_CHECK	是否检查被导出表与其他不导出表空间的关联
TRANSPORT_TABLESPACES	设置进行表空间传输模式导出
VERSION	设置导出对象的数据库版本

17.2.2 逻辑导入数据

逻辑导入数据

1. 使用 IMP 导入数据

（1）导入表数据到 inspur 用户。

```
IMP inspur/tiger@ORCL FILE= F:\oracle\tables.dmp TABLES=table1, table2
```

（2）导入表空间数据。

```
IMP inspur/tiger@ORCL TABLESPACES=(users) FILE= F:\oracle\tablespace.dmp FULL=y
```

（3）导入用户数据。

```
IMP inspur/tiger@ORCL FILE= F:\oracle\user.dmp FROMUSER=inspur TOUSER=inspur
```

FROMUSER：从哪个数据库用户导出的数据。

TOUSER：将文件 F:\oracle\user.dmp 的数据导入哪个数据库用户。

（4）导入数据库数据。

```
IMP inspur/tiger@ORCL  FILE=F:\oracle\database.dmp FULL=y
```

2. 使用 IMPDP 导入数据

（1）导入表数据。

```
IMPDP inspur/tiger@ORCL DIRECTORY=DATA_PUMP_DIR DUMPFILE=expdp_table.dmp TABLES=inspur.
table1,inspur.table2
```

（2）导入用户数据。

```
IMPDP inspur/tiger@ORCL DIRECTORY=DATA_PUMP_DIR DUMPFILE=expdp_user.dmp SCHEMAS=inspur
```

（3）导入表空间数据。

```
IMPDP inspur/tiger@ORCL DIRECTORY=DATA_PUMP_DIR DUMPFILE=expdp_tablespace.dmp TABLESPACES=
USERS
```

（4）导入数据库数据。

```
IMPDP system/123456@ORCL DIRECTORY=DATA_PUMP_DIR DUMPFILE=expdp_full.dmp FULL=y
```

（5）追加数据（table1 与导出文件 expdp_query 中的表名称一致）可以认为是"按查询条件导出"的反向。

```
IMPDP inspur/tiger@ORCL DIRECTORY=DATA_PUMP_DIR DUMPFILE=expdp_query.dmp TABLES=table1
TABLE_EXISTS_ACTION=replace
```

IMPDP 参数与功能说明见表 17-2。

表 17-2　IMPDP 参数与功能说明

参数名称	说明
ATTACH	设置客户会话与已存在的作业之间的关联
CONTENT	指定导入的内容
DIRECTORY	指定导入文件的目录
DUMPFILE	指定导入文件名称
ESTIMATE	设置计算磁盘空间的方法
ESTIMATE_ONLY	只估算导入操作所需要的表空间，而不执行导入操作
EXCLUDE	设置不导入的对象
FLASHBACK_SCN	只导入 SCN 时刻的表数据
FLASHBACK_TIME	只导入指定时间的表数据
FULL	是否导入整个导出文件的全部数据库
HELP	是否显示 IMPDP 命令参数的帮助信息
INCLUDE	设置要导入的对象，这个选项不能和 EXCLUDE 同时使用
JOB_NAME	设置导入作业的名称
LOG_FILE	设置导入日志文件的名称
NETWORK_LINK	设置执行导入操作的数据库链名
NOLOGFILE	禁止生成导入日志文件
PARALLEL	设置并行导入的并行进程个数
PARFILE	使用参数文件设置参数
QUERY	指定过滤导入数据的 WHERE 条件
REMAP_DATAFILE	把数据文件名变为目标数据库文件名
REMAP_SCHEMA	将源方案的所有对象导入目标方案中
REMAP_TABLESPACE	将源表空间的所有对象移到目标表空间中
REUSE_DATAFILES	是否覆盖已存在的数据文件，设置为 N 时不覆盖
SCHEMAS	方案导入时要导入的方案

续表

参数名称	说明
SKIP_UNUSABLE_INDEXES	是否导入不能使用的索引
TABLES	表导入时要导入的表名称
SQLFILE	将导入过程中需要执行的 DDL 语句写到指定的 SQL 脚本文件中
STATUS	显示导入作业进程的详细状态
STREAMS_CONFIGURATION	设置是否要导入流源数据（Stream Metadata）
TABLE_EXISTS_ACTION	设置当表已经存在时应该执行的操作，SKIP 表示跳过这张已存在的表，处理下一个对象；APPEND 表示为表追加数据；TRUNCATE 表示截断表，并为其追加数据；REPLACE 表示删除已存在的表，重新建立表并添加数据
TABLES	设置要导入的表名
TABLESPACES	表空间导入时要导入的表空间名称
TRANSFORM	设置是否修改建立对象的 DDL 语句
TRANSPORT_DATAFILES	指定移动表空间时要导入目标数据库的数据文件名称
TRANSPORT_TABLESPACES	进行表空间模式导入
TRANSPORT_FULL_CHECK	指定检查导入表空间内部的对象和未导入表空间内部的对象间的关联方式
VERSION	指定目标数据库的数据库版本

17.3 脱机备份和恢复

脱机备份是指关闭数据库后进行的完全镜像备份，其中包括控制文件、参数文件、数据文件、联机重做日志文件和网络连接文件。脱机恢复是用备份文件将数据库恢复到备份时的状态。

17.3.1 脱机备份

脱机备份是指在数据库处于"干净"关闭状态下进行的"操作系统备份"，是对构成数据库的全部文件的备份。需要备份的文件包括参数文件、所有控制文件、所有数据文件、所有联机重做日志文件。

脱机备份的具体操作过程如下。

（1）以 SYS 用户和 SYSDBA 身份，在 SQL*Plus 中以 IMMEDIATE 方式关闭数据库。

```
SQL>connect sys/123456 as sysdba
SQL>shutdown immediate
```

执行结果如图 17-2 所示。

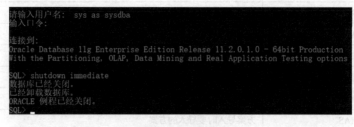

图 17-2 关闭数据库

（2）创建备份文件的目录，如 E:\oraclebak。

（3）备份数据库所有文件。要备份的数据文件可以在数据库连接的状态下通过视图查看，要备份的控制文件可以通过查询数据字典视图 v$controlfile 看到，要备份的数据文件可以通过查询数据字典视图 dba_data_files 看到，要备份的联机重做日志文件可以通过查询数据字典视图 v$logfile 看到。

```
SQL>SELECT status,name FROM v$controlfile;
SQL>SELECT status,file_name FROM dba_data_files;
SQL>SELECT group#,status,member FROM v$logfile;
```

（4）备份完成后，如果继续让用户使用数据库，需要以 open 方式启动数据库，如图 17-3 所示。

图 17-3　启动数据库

17.3.2　脱机恢复

脱机恢复的具体操作步骤如下。

（1）以 sys 用户和 sysdba 身份，在 SQL*Plus 中以 IMMEDIATE 方式关闭数据库。

（2）把所有备份文件全部复制到原来所在的位置。

（3）恢复完成后，如果继续让用户使用数据库，需要以 OPEN 方式启动数据库。

17.4　联机备份和恢复

可以用恢复管理器（Recovery Manager，RMAN）来实现联机备份与恢复数据库文件、归档日志和控制文件。

RMAN 程序所在路径为：%ORACLE_HOME%\BIN，如在本节内容中，%ORACLE_HOME%是"D:\app\inspur\product\11.2.0\dbhome_1\BIN"。

RMAN 命令的主要参数如下。

① target：后面跟目标数据库的连接字符串。

② catalog：后面跟恢复目录。

③ nocatalog：指定没有恢复。

17.4.1　归档日志模式的设置

要使用 RMAN，首先必须将数据库设置为归档日志（ARCHIVELOG）模式。其具体操作过程如下。

（1）以 sys 用户和 sysdba 身份，在 SQL*Plus 中登录，以 IMMEDIATE 方式

归档日志模式的
设置

关闭数据库，同时也关闭了数据库实例。

（2）然后以 mount 方式启动数据库，此时并没有打开数据库实例。

```
SQL>connect sys/123456 as sysdba
SQL>shutdown immediate
SQL>startup mount
```

执行结果如图 17-4 所示。

（3）把数据库实例从非归档日志模式（NOARCHIVELOG）切换为归档日志模式。其语句为：

```
SQL>alter database archivelog;
```

执行结果如图 17-5 所示。

图 17-4　以 mount 方式打开数据库　　　　　图 17-5　把数据库切换至归档日志模式

（4）查看数据库实例信息。

```
SQL>SELECT dbid,name,log_mode,platform_name FROM v$database;
```

执行结果如图 17-6 所示。

图 17-6　查看数据库实例信息

可以看到当前实例的日志模式已经修改为 ARCHIVELOG。

17.4.2　创建恢复目录所用的表空间

需要创建表空间存放与 RMAN 相关的数据。打开数据库实例，创建表空间。

```
SQL>connect sys/123456 as sysdba
SQL>alter database open;
SQL>create tablespace rman_ts datafile 'e:\rman_ts.dbf' size 200M;
```

其中，rman_ts 为表空间名，数据文件为 rman_ts.dbf，表空间大小为 200MB。

执行结果如图 17-7 所示,此时在 E 盘能看见文件 rman_ts.dbf。

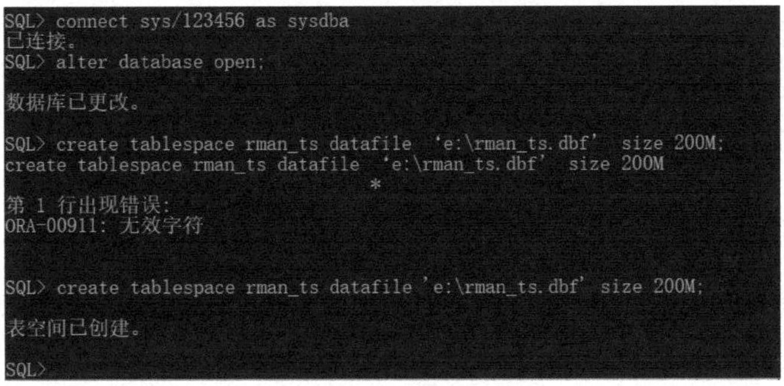

图 17-7 创建表空间

17.4.3 创建用户并授权

创建用户 rman，密码为 123456，默认表空间为 rman_ts，临时表空间为 temp，给 rman 用户授予 connect、recovery_catalog_owner 和 resource 权限。其中，拥有 connect 权限可以连接数据库，创建表、视图等数据库对象；拥有 recovery_catalog_owner 权限可以对恢复目录进行管理；拥有 resource 权限可以创建表、视图等数据库对象。

```
SQL>connect sys/123456 as sysdba
SQL>create user rman identified by 123456 default tablespace rman_ts temporary tablespace temp;
SQL>grant connect, recovery_catalog_owner,resource to rman;
```

执行结果如图 17-8 所示。

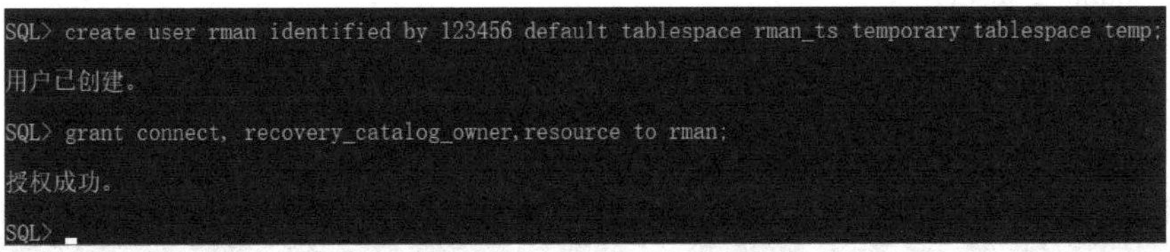

图 17-8 创建 rman 用户并授权

17.4.4 创建恢复目录

在 RMAN 目录下先运行 RMAN 程序打开恢复管理器。

```
D:\app\silvan\product\11.2.0\dbhome_1\BIN>
RMAN catalog rman/123456 target orc
```

如图 17-9 所示，先进入 BIN 目录，然后执行命令。

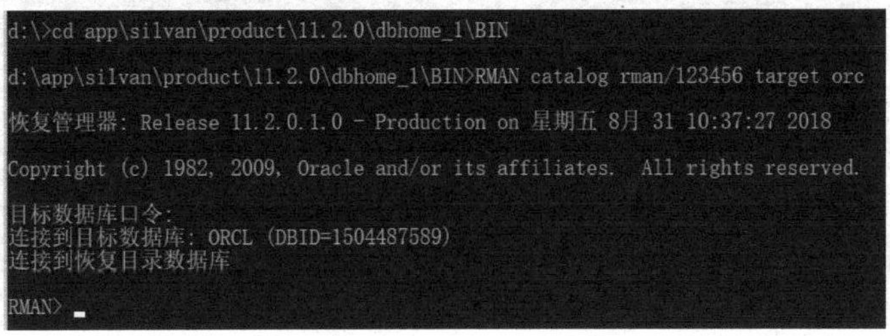

图 17-9 运行 RMAN 程序打开恢复管理器

再使用表空间创建恢复目录，恢复目录为 **rman_ts**。

```
RMAN>create catalog tablespace rman_ts;
```

执行结果如图 **17-10** 所示。

17.4.5 注册目标数据库

只有注册的数据库才可以进行备份和恢复，使用 register database 命令可以对数据库进行注册。

```
RMAN>register database;
```

执行结果如图 **17-11** 所示。

图 17-10　创建恢复目录　　　　　　　　　　图 17-11　注册数据库

17.4.6　使用 RMAN 程序进行备份

使用 run 命令定义一组要执行的语句，进行完全数据库备份。

```
RAMN>run{
allocate channel dev1 type disk;
backup database;
release channel dev1;
}
```

执行结果如图 **17-12** 所示。

图 17-12　完全数据库备份

也可以备份归档日志文件：

```
RMAN>run{
allocate channel dev1 type disk;
backup archivelog all;
release channel dev1;
}
```

执行结果如图 17-13 所示。

图 17-13　备份归档日志文件

在备份后，可以使用 list backup 命令查看备份信息。

```
RMAN> list backup;
```

执行结果如图 17-14 所示。

图 17-14　查看备份信息

17.4.7　使用 RMAN 程序进行恢复

要恢复备份信息，可以使用 restore 命令还原数据库。如恢复归档日志：

```
RMAN>run{
allocate channel dev1 type disk;
restore archivelog all;
release channel dev1;
}
```

执行结果如图 17-15 所示。

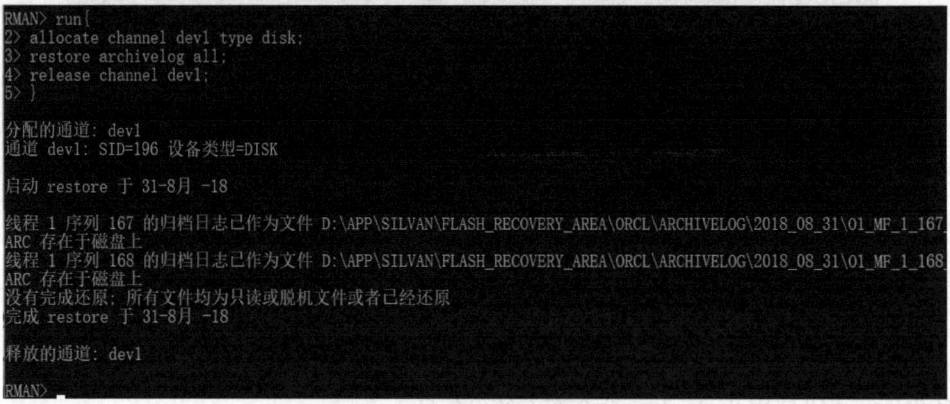

图 17-15　恢复归档日志

本 章 小 结

本章主要讲解了 Oracle 数据库为了应对数据丢失问题而采取的数据备份和恢复策略，其中包括逻辑备份和恢复、脱机备份和恢复以及联机备份和恢复这些方面的内容。

逻辑备份与恢复是利用实用程序（数据泵）实现数据库数据的备份与恢复。此方式比较灵活，是开发人员使用较多的一种方式。

脱机备份与恢复是在关掉数据库的情况下进行的，虽然简单、速度快，但是数据库不能同时处于运行状态，这是一个障碍。

联机备份与恢复是在数据库正常运行状态下利用 RMAN 工具来实现备份和恢复的。

掌握这些备份和恢复机制是数据库管理人员维护数据库时必备的技能。

习　题

1. 何时可以删除归档日志？
2. Oracle 数据库的备份方法有哪几种？每种方法都有何特点？

上 机 指 导

使用 RMAN 工具还原备份的表空间。

要求使用 RMAN 工具恢复第一个任务中备份的 system 和 users 表空间。

（注意：通过 Oracle 的工具软件 RMAN 可以实现还原已经备份的表空间，实现本任务时，首先需要启动数据库到 MOUNT 状态。）

来源用 RMAN 工具将整个数据......行恢复到同一系统的 1 号文件中。
（详见：关联 Oracle 技工具......DRMAN 恢复数据库，并设置新的环境......需求知识要点及 MOUNT 模式。）

18 第18章 Oracle 实战案例

学习目标
- 运用前面所学知识进行 Oracle 项目功能的实现。

本章以某金融机构的 ATM（Automatic Teller Machine，自动柜员机）系统为例，将前面所学过的知识点贯穿起来。由于项目整体庞大，下面的需求与设计只涉及与数据库相关的内容。

18.1 需求说明与概要设计

ATM 系统分别有登录、存款、取款、查询、转账、修改密码、账户明细查询和退出等功能，如图 18-1 所示。

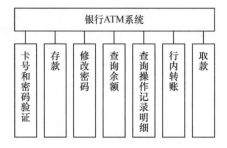

图 18-1 ATM 的基本功能

需求说明与概要设计

18.1.1 ATM 用户使用的基本流程

在 ATM 中用户输入 19 位的卡号和 6 位的对应密码，经过验证准确无误后可以同系统进行各种交互，例如，查询、存款、取款、转账、明细查询、打印凭条等；系统根据终端服务器的用户输入处理储户相应的要求，执行对应操作。出于安全的需要，ATM 系统要求保持一定时间内的交易记录，系统应每天自动汇总各种交易数据与服务器进行对账。同时，在通信失败或其他交易结果不确定的情况下，ATM 要自动发起冲正交易，以保证账务的完整性。ATM 用户使用的基本流程如图 18-2 所示。

设计时将各个功能分模块设计，各个模块都有不同的特点及功能，最终完成各自相应的功能。各模块的数据都存放在数据库中，又形成一个整体。数据的调用和连接都由程序来完成。

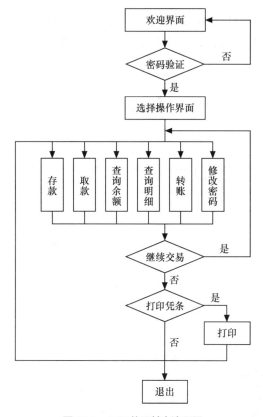

图 18-2　ATM 使用基本流程图

18.1.2　角色及功能模块

因为 ATM 服务系统主要涉及用户和银行之间的交易，因此在分析 ATM 相关的基本功能时，要从两个角度来考虑，一是用户需求的角度，二是银行管理系统的角度。

1. 用户需求角度

根据用户的实际需求，在设计过程中可以为用户设计几个模块：取款、存款、查询、转账以及密码修改。

（1）取款

待账号被 ATM 系统识别后，只需输入密码就能直接进行存取款。其中用户账号设置为 19 位，密码设置为 6 位。密码账号完全匹配后方可进入操作界面。点击取款按钮即可进入取款界面，根据所需取出金额（可以选择 100 元、200 元、300 元等既定金额，也可以自定义金额，但必须是 100 的整数倍）。目前 ATM 只能提供面值为 100 元整数倍的现金，未来的 ATM 取款也许能提供更多面额的现金。

有时候用户会出现账号丢失及账号被盗的情况，这会导致用户财产的损失。因此为安全起见，应对于每日每户取款总额做出适当的限制，每次取款金额限制为 5000 元，每日每户最多可从 ATM 取现 20000 元，剩余金额需要携带有关证件至柜台办理。

由于用户登录后可能进行不止一种操作，所以在执行完取款操作后应提示用户是否返回主界面继续交易，进而选择其他交易类型。例如，用户取款后一般会进行余额查询，此时只要选择继续交易，即可返回主界面，然后就可以选择查询余额功能，完成相应操作。

经过密码验证进入取款界面后，取款的基本流程如图 18-3 所示。

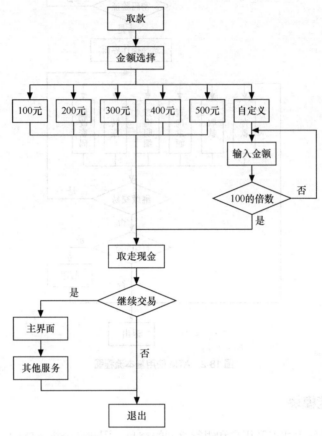

图 18-3　取款的基本流程图

（2）存款

经过密码验证进入存款界面后，开始进行存款操作，将现金放入 ATM 内的指定位置，按确定键，等待机器识别验证钞票真伪以及金额。然后取出未识别的钞票，再选择确定还是继续添加，结束操作。如果想继续其他交易，可以选择继续交易，再进入主界面进行相关操作。存款过程中目前也只能识别面值 100 元的现金，未来期望可识别更多种面值的现金。

存款的基本流程如图 18-4 所示。

（3）查询

大多数银行的 ATM 目前能给用户提供的查询服务主要是余额查询，包括人民币、港币、美元等。查询的业务流程如图 18-5 所示。

（4）转账

转账有行内转账和跨行转账之分。用户需输入转账方的账号（最好有两次输入对比确认），并需要一个确认过程让用户有机会确认转账的准确性。目前大多数银行的 ATM 可以提供跨行转账服务，只需要加收相应手续费。在需要加收业务手续费时，系统可以跳出窗口提示用户手续费的金额，待用户确认后再继续执行，转账的流程如图 18-6 所示。

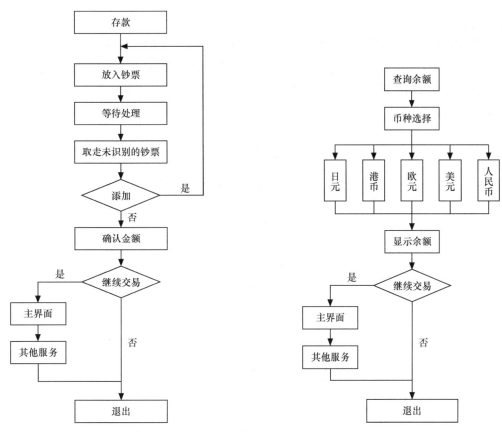

图 18-4 存款的基本流程图

图 18-5 查询的基本流程图

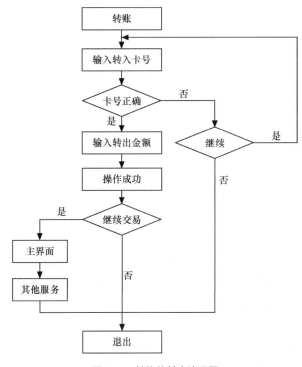

图 18-6 转账的基本流程图

（5）密码修改

密码修改需要用户能够输入正确的原密码，然后输入两次新密码，系统进行比对，比对结果吻合无误后，系统确认成功；确认成功之后，ATM 自动退出原先登录的页面，同时跳出提示窗口提示用户用修改后的新密码重新登录，用户可输入新密码尝试新密码的正确性及有效性。修改密码的流程如图 18-7 所示。

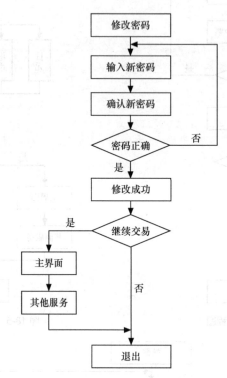

图 18-7　修改密码的基本流程图

2. 银行管理系统的角度

从银行管理系统的角度来分析，除了用户所具有的权限之外，银行 ATM 系统管理员还应该具有以下权限：用户账号密码的强行修改、根据用户的资料查询用户的账号信息、查询用户的交易信息、对违规的用户账户进行账户冻结及重开启等。

（1）用户密码强行修改

所谓账号密码的强行修改，就是在即使不知道用户密码的前提下也能对密码进行修改，其前提是用户能提供有效的证明。

（2）账户信息

根据用户资料对其账号信息进行合适的管理服务，主要是针对遗忘自己账号或密码，但能够提供自己详细资料的用户，方便其找回或者更正相关的账户信息。本功能可以应用于挂失处理，避免部分用户因为遗忘账号或者密码而造成不必要的麻烦。

（3）交易信息

针对用户的取款、转账信息，管理员可以观察到交易的日期、时间、金额、转账出去的账号和转到的账号。管理员通过本功能可以实时知道 ATM 系统机内现金的剩余量，便于及时补充 ATM 的现金，防止现金短缺给用户带来不便。

（4）非法用户账户的冻结和重启

银行提供各种服务时，并不能准确知道用户的诚信度。因此银行系统在提供服务的同时也应具备相应的数据证据及操作权限。如发现某些用户出现非法行为时能够强行将其账户冻结并要求用户提供合法证据和合理解释，并在事情处理结束后重启该账户。

ATM 设计的合理性应该从使用和管理两方面着手，在考虑用户使用和操作便捷的同时，也要考虑银行管理员在管理 ATM 过程中的方便性。

18.2　详细设计

详细设计

18.2.1　概述

本次案例的所有功能都采用 Oracle 的存储过程来进行演练，根据需求分析中的内容，本设计包括四大元素：用户、账户、ATM 和交易流水，如图 18-8 所示。

（1）用户：分为管理员用户与普通用户。具体设计内容包括用户编码、用户名、用户类型、用户身份证号、用户联系方式、用户家庭住址。

（2）账户：与用户是多对一的关系，即一个用户可以有多个账户。同时它也是操作 ATM 的重要凭证。具体设计内容包括：账户号、密码、用户编码、卡状态、开卡日期、开卡金额、货币种类、余额。

（3）ATM：主要监控 ATM 的运行状态以及机内余

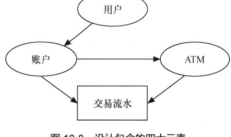

图 18-8　设计包含的四大元素

额情况。具体设计内容包括：ATM 编号、ATM 地址信息、ATM 运行状态和 ATM 内余额。

（4）交易流水：主要记录由用户、账户及 ATM 共同组成的一个交易网的交易数据。具体设计内容包括：交易流水号、账户号、交易柜员编号、交易时间、交易类型、货币种类、交易金额。

18.2.2　具体设计模块

本部分提到的输入数据都以存储过程参数传入，返回值都以存储过程输出机制来模拟。

1. 取款

（1）功能流程

① 开始取款流程，输入卡号与密码进行身份验证。需注意是否为冻结账号。

② 输入存款金额。该值必须是 100 的整数倍，且不大于 5000。

③ 验证本卡号本日累计取款金额，如超过 20000 元则禁止取款。

④ 验证 ATM 内余额是否够取款金额。

⑤ 货币种类默认为人民币。

⑥ 交易类型默认为取款。

⑦ 取款成功或失败。

⑧ 结束取款流程，输出对应的相关信息。

（2）模拟存储过程

① 入参。

卡号、密码、金额、交易类型、货币种类。

② 存储过程设计要求。

- 向交易流水相关表输入卡号、金额、交易类型、货币种类。
- 如果交易流水相关表操作成功，则更新账户主体相关表的余额信息。
- 如果交易流水相关表操作成功，则更新 ATM 相关表的余额信息。

③ 返回值。

取款成功或者失败的信息提示。

2. **存款**

（1）功能流程

① 开始存款流程，输入卡号与密码进行身份验证。需注意是否为冻结账号。

② 输入存款金额。这里必须是 100 的整数倍，且不大于 10000。

③ 验证 ATM 内余额是否还够容纳现金。存款金额与 ATM 内余额之和不能超过 100 万元。

④ 货币种类默认为人民币。

⑤ 交易类型默认为存款。

⑥ 存款成功或失败。

⑦ 结束存款流程，输出对应的相关信息。

（2）模拟存储过程

① 入参。

卡号、密码、金额、交易类型、货币种类。

② 存储过程设计要求。

- 向交易流水相关表写入插入卡号、金额、交易类型、货币种类。
- 如果交易流水相关表操作成功，则更新账户主体相关表的余额信息。
- 如果交易流水相关表操作成功，则更新 ATM 相关表的余额信息。

③ 返回值。

存款成功或者失败的信息提示。

3. **查询**

（1）功能流程

① 开始查询流程，输入卡号与密码进行身份验证。需注意是否为冻结账号。

② 选择查询币种。

③ 查询成功或失败。

④ 结束存款流程，输出对应的相关信息。

（2）模拟存储过程

① 入参。

卡号、密码、货币种类。

② 操作要求。

查看当前传入卡号的卡号、客户名、货币种类、账户余额。

③ 返回值。

查询结果或者异常信息。

4. 现金转账

（1）功能流程

① 开始现金转账流程，输入转入卡号进行身份验证。需注意是否为冻结账号。

② 输入转账金额。这里必须是 100 的整数倍，且不大于 10000。

③ 验证 ATM 内余额是否还够容纳现金。存款金额与 ATM 内余额之和不能超过 100 万元。

④ 货币种类默认为人民币。

⑤ 交易类型默认为转账入和转账出。

⑥ 现金转账成功或失败。

⑦ 结束现金转账流程，输出对应相关信息。

（2）模拟存储过程

① 入参。

卡号、密码、金额、交易类型、货币种类。

② 存储过程设计要求。

- 向交易流水相关表插入转出卡号、金额、交易类型、货币种类。
- 向交易流水相关表插入转入卡号、金额、交易类型、货币种类。
- 如果交易流水相关表操作成功，则更新转入账户主体相关表的余额信息。
- 如果交易流水相关表操作成功，则更新 ATM 相关表的余额信息。

③ 返回值。

现金转账成功或者失败的信息提示。

5. 电子转账

（1）功能流程

① 开始电子转账流程，输入转出卡号与密码进行身份验证。需注意是否为冻结账号。

② 验证本卡号本日累计取款金额，如超过 20000 元则禁止取款。

③ 输入转入卡号进行身份验证。需注意是否为冻结账号。

④ 输入转账金额。这里必须是 100 的整数倍，且不大于 10000。

⑤ 电子转账成功或失败。

⑥ 结束电子转账流程，输出对应的相关信息。

（2）模拟存储过程

① 入参。

转出卡号、转出密码、转入卡号、金额、交易类型、货币种类。

② 存储过程设计要求。

- 向交易流水相关表插入转出卡号、金额、交易类型、货币种类。
- 向交易流水相关表插入转入卡号、金额、交易类型、货币种类。

- 如果交易流水相关表操作成功，则更新转入账户主体相关表的余额信息。
- 如果交易流水相关表操作成功，则更新转出账户主体相关表的余额信息。

③ 返回值。

电子转账成功或者失败的信息提示。

6. 密码修改

（1）功能流程

① 开始密码修改流程。输入卡号与密码进行身份验证。需注意是否为冻结账号。

② 输入新密码两次，要求两次输入的密码一致。

③ 密码修改成功或失败。

④ 结束密码修改流程，输出对应的相关信息。

（2）模拟存储过程

① 入参。

卡号、密码。

② 存储过程设计要求。

对比两次输入的新密码，如密码一致则更新数据库的相关数据。

③ 返回值。

改密成功或者失败的信息提示。

数据库设计

18.3　数据库设计

数据库技术是信息资源管理最有效的手段。数据库设计是指对于一个给定的应用环境，构造最优的数据库模式，建立数据库及其应用系统，有效存储数据，满足用户信息要求和处理要求。数据库结构设计的好坏将直接对应用系统的效率及实现效果产生影响。合理的数据库结构设计可以提高数据存储的效率，保证数据的完整和一致。设计数据库系统时应首先充分了解用户各个方面的需求，包括现有的及将来可能增加的需求。

数据库设计一般分为 6 个阶段，本书着重介绍与系统设计有关的前 4 个阶段：

① 需求分析；

② 概念模型设计；

③ 逻辑结构设计；

④ 物理结构设计；

⑤ 数据库实施；

⑥ 数据库的运行和维护。

18.3.1　需求分析

由于本系统面向的用户有两类，即普通用户和银行 ATM 系统管理员。所以进行数据库需求分析时必须要考虑到这两方面的因素。

对于普通用户来说，他们所关心的就是取款、存款、查询、转账以及密码修改。通过系统的功能分析，针对一般 ATM 系统用户的需求，总结出如下需求信息。

① 用户可以从 ATM 取出现金。

② 用户可以在 ATM 上进行现金存储。

③ 用户可以在 ATM 上进行现金转账。

④ 用户可以修改账户的密码。

对于管理员来说，他们所关心的是如何查看账户基本信息和交易情况、修改账户密码和对于账户的启用及停用。针对管理员可以总结出如下的需求信息。

① 查看账户的基本信息。

② 查看账户的交易信息。

③ 修改账户的密码。

④ 对于异常账户的停用和启用。

经过上述系统功能分析和需求总结，考虑到将来功能上的扩展，需设计如下所示的数据项和数据结构。

① 用户：数据项包括用户类型、用户姓名、身份证号、联系方式和用户编号。

② 账户：数据项包括卡号、密码、开卡日期、开卡金额、当前状态和余额。

③ ATM：数据项包括 ATM 编号、所在位置、ATM 运行状态和 ATM 的余额。

④ 交易流水：数据项包括交易流水号、交易类型、交易金额、交易时间、转入账户和转出账户。

18.3.2 概念模型设计

根据 18.3.1 节中的分析结果，可以设计出能够满足用户需求的各种实体，以及它们之间的关系，为后面的逻辑结构设计打下基础。这些实体包含各种具体信息，通过相互之间的作用形成数据的流动。

本实例根据上面的设计规划出的实体有：用户实体、账户实体、ATM 实体和交易流水信息实体。用户与账户之间是一对多的关系，一个用户可以在同一家银行开设多个账户；账户与交易流水是一对多的关系，一个账户可以生成多笔交易记录，但一笔交易只能由一个账户发起；ATM 与交易流水是一对多的关系，一台 ATM 可以生成多笔交易记录，但一笔交易只能由一个 ATM 发起。

用户实体图如图 18-9 所示。账户实体图如图 18-10 所示。

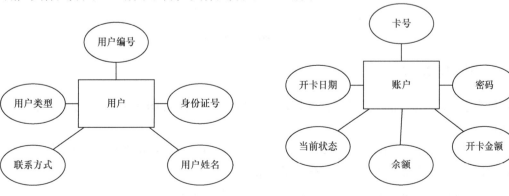

图 18-9 用户实体图 图 18-10 账户实体图

ATM 的实体图如图 18-11 所示。交易流水信息实体图如图 18-12 所示。

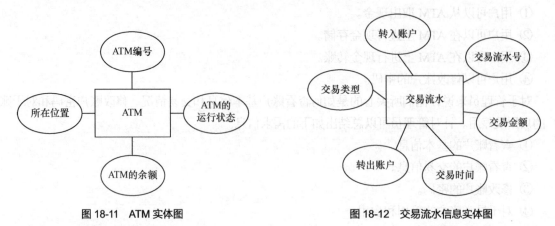

图 18-11　ATM 实体图　　　　　　　　　　　图 18-12　交易流水信息实体图

系统整体 E-R 图如图 18-13 所示。

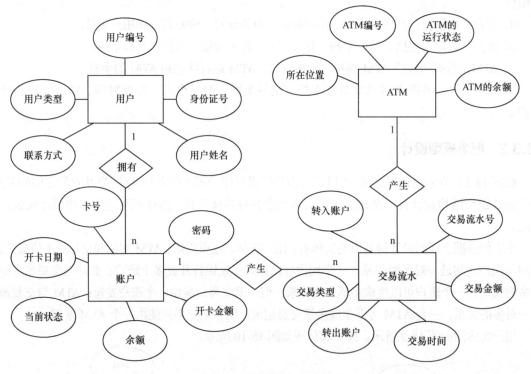

图 18-13　系统整体 E-R 图

18.3.3　逻辑结构设计

数据库逻辑结构设计的主要任务：将基本 E-R 图转换为与选用 DBMS 产品所支持的数据模型相符合的逻辑结构。

数据库逻辑结构设计的过程：将概念结构转换为现有 DBMS 支持的关系、网状或层次模型中的某一种数据模型。本实例把概念结构转化为了关系模型。

根据图 18-13 所示的 E-R 图，可以得到以下一组关系模式集。

（1）用户（用户类型，用户姓名，身份证号，联系方式，用户编号），如表 18-1 所示。

主键：用户编号。

候补键：身份证号。

表 18-1　用户表

序号	列名	注解
1	USER_NUMBER	用户编号
2	USER_IC	身份证号
3	USER_NAME	用户姓名
4	USER_TYPE	用户类型
5	USER_CONTACT	联系方式

（2）账户（卡号，密码，开卡日期，开卡金额，当前状态，余额，用户编号），如表 18-2 所示。

主键：卡号。

外键：用户编号，引用了"用户"关系中的用户编号。

表 18-2　账户表

序号	列名	注解
1	ACC_CARDSID	卡号
2	ACC_USERNUMBER	用户编号
3	ACC_CARDSPASSWORD	密码
4	ACC_CARDSSTATE	当前状态
5	ACC_CARDSDATE	开卡日期
6	ACC_CARDSMONEY	开卡金额
7	ACC_BALANCE	余额

（3）ATM（ATM 编号，所在位置，ATM 运行状态，ATM 余额），如表 18-3 所示。

主键：ATM 编号。

表 18-3　ATM 表

序号	列名	注解
1	ATM_NUMBER	ATM 编号
2	ATM_ADDRESS	所在位置
3	ATM_BALANCE	ATM 的余额
4	ATM_STATE	ATM 的运行状态

（4）交易流水（交易流水号，交易类型，交易金额，交易时间，转入账户，转出账户，ATM 编号），如表 18-4 所示。

主键：交易流水号。

外键：ATM 编号，引用了"ATM"关系中的 ATM 编号；转入账户，引用了"账户"关系中的卡号；转出账户，引用了"账户"关系中的卡号。

表 18-4　交易流水表

序号	列名	注解
1	TRANSACTIONS_NUMBER	交易流水号
2	TRANSACTIONS_ATMNUMBER	ATM 编号
3	TRANSACTIONS_TYPE	交易类型
4	TRANSACTIONS_MONEY	交易金额
5	TRANSACTIONS_TRANSOUTACC	转出账户
6	TRANSACTIONS_TRANSINACC	转入账户
7	TRANSACTIONS_DATE	交易时间

18.3.4　物理结构设计

　　数据库在实际的物理设备上的存储结构和存取方法称为数据库的物理结构。对于设计好的逻辑模型选择一个最符合应用要求的物理结构就是数据库的物理结构设计，物理结构设计依赖于给定的硬件环境和数据库产品。系统的物理结构设计如图 18-14 所示。

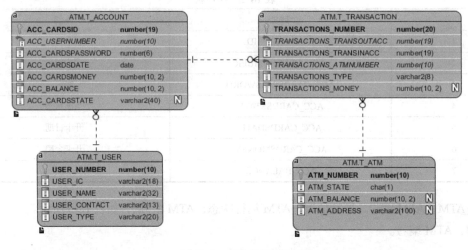

图 18-14　物理结构设计

18.4　系统实现

系统实现

　　系统实现是根据需求分析、概要设计、数据库设计和详细设计文档进行编码的过程，它既包含前台用户界面，也包含数据库的创建和后台业务处理。本书只涉及数据库的创建部分。

1. 创建表

建表的 SQL 语句如下所示。

```
--创建用户表
CREATE TABLE t_user(
    user_number NUMBER(10) NOT NULL,
```

```
    user_ic VARCHAR2(18) NOT NULL,
    user_name VARCHAR2(32) NOT NULL,
    user_contact VARCHAR2(13) NOT NULL,
    user_type VARCHAR2(20) NOT NULL,
    CONSTRAINT pk_t_user PRIMARY KEY(user_number)
);
COMMENT ON TABLE t_user IS '用户表';
COMMENT ON COLUMN t_user.user_number IS '用户编号';
COMMENT ON COLUMN t_user.user_ic IS '用户身份证号';
COMMENT ON COLUMN t_user.user_name IS '用户姓名';
COMMENT ON COLUMN t_user.user_type IS '用户类型';
COMMENT ON COLUMN t_user.user_contact IS '用户联系方式';

--创建账户表
CREATE TABLE t_account(
    acc_cardsid NUMBER(19) NOT NULL,
    acc_usernumber NUMBER(10) NOT NULL,
    acc_cardspassword NUMBER(6) NOT NULL,
    acc_cardsdate DATE NOT NULL,
    acc_cardsmoney DECIMAL(10,2) NOT NULL,
    acc_balance DECIMAL(10,2) NOT NULL,
    acc_cardsstate VARCHAR2(40),
    CONSTRAINT pk_t_account PRIMARY KEY(acc_cardsid)
);
COMMENT ON TABLE t_account IS '账户表';
COMMENT ON COLUMN t_account.acc_usernumber  IS '用户编号';
COMMENT ON COLUMN t_account.acc_cardsid  IS '卡号';
COMMENT ON COLUMN t_account.acc_cardspassword IS '密码';
COMMENT ON COLUMN t_account.acc_cardsdate IS '开户日期';
COMMENT ON COLUMN t_account.acc_cardsmoney IS '开户金额';
COMMENT ON COLUMN t_account.acc_balance IS '余额';
--创建 ATM 表
CREATE TABLE t_atm(
    atm_number NUMBER(10) NOT NULL,
    atm_state CHAR(1) NOT NULL,
    atm_balance NUMBER(10,2) DEFAULT 0.00,
    atm_address VARCHAR2(100),
    CONSTRAINT pk_t_atm PRIMARY KEY(atm_number)
);
COMMENT ON TABLE t_atm IS 'ATM 表';
COMMENT ON COLUMN t_atm.atm_number IS 'ATM 编号';
COMMENT ON COLUMN t_atm.atm_state IS 'ATM 的运行状态';
COMMENT ON COLUMN t_atm.atm_balance IS 'ATM 的余额';
COMMENT ON COLUMN t_atm.atm_address IS 'ATM 地址';

--创建交易流水表
CREATE TABLE t_transaction(
    transactions_number NUMBER(20) NOT NULL,
    transactions_transoutacc NUMBER(19) NOT NULL,
    transactions_transinacc NUMBER(19) NOT NULL,
    transactions_atmnumber NUMBER(10) NOT NULL,
```

```
            transactions_type VARCHAR2(8) NOT NULL,
            transactions_money DECIMAL(10,2) DEFAULT '0.00'
            CONSTRAINT pk_t_transaction PRIMARY KEY(transactions_number)
);
COMMENT ON TABLE t_transaction IS '交易流水表';
COMMENT ON COLUMN t_transaction.transactions_number IS '交易流水号';
COMMENT ON COLUMN t_transaction.transactions_transoutacc IS '转出账户';
COMMENT ON COLUMN t_transaction.transactions_transinacc IS '转入账户';
COMMENT ON COLUMN t_transaction.transactions_atmnumber IS 'ATM编号';
COMMENT ON COLUMN t_transaction.transactions_type IS '交易类型';
COMMENT ON COLUMN t_transaction.transactions_money IS '交易金额';
```

2. 创建存储过程

下面以取款为例，介绍本功能使用的存储过程。

```
CREATE OR REPLACE PROCEDURE qukuan(i_cardsid t_account.acc_cardsid%TYPE,i_currpass t_
account.acc_cardspassword%TYPE,i_money  t_account.acc_cardsmoney%TYPE,i_type  t_transaction.
transactions_type%TYPE, i_atmnumber t_atm.atm_number%TYPE)
    --定义5个输入参数：卡号、密码、金额、交易类型和ATM编号
    IS
    --定义5个变量
    v_password t_account.acc_cardspassword%TYPE;
    v_cardsstate t_account.acc_cardsstate%TYPE;
    v_balance t_account.acc_cardsmoney%TYPE;
    v_atmbalance t_atm.atm_balance%TYPE;
    v_accumulate NUMBER(20);
    BEGIN
     SELECT acc_cardspassword INTO v_password FROM t_account WHERE acc_cardsid=i_cardsid;
    --获取账户密码
     IF v_password=i_currpass THEN--进行密码校验
       SELECT acc_cardsstate INTO v_cardsstate FROM t_account WHERE acc_cardsid= i_cardsid;
    --获取账户状态
       IF v_cardsstate <> '冻结' THEN--判断是否已冻结
         SELECT  sum(transactions_money)  INTO  v_accumulate  FROM  t_transaction  WHERE
transactions_transoutacc = i_cardsid AND transactions_type='取款' ;--计算取款总额
          IF (v_accumulate IS NOT null AND v_accumulate+i_money < 20000 AND i_money < 5000
AND mod(i_money,100)=0) OR (v_accumulate IS null AND i_money < 5000 AND mod(i_money,100)=0)
THEN
    --判断当日取款是否超过限额
          SELECT atm_balance INTO v_atmbalance FROM t_atm WHERE i_atmnumber=atm_number;
    --获取ATM的余额
            IF v_atmbalance > i_money THEN--判断ATM的余额是否大于取款金额
             SELECT  acc_balance  INTO  v_balance  FROM  t_account  WHERE  acc_cardsid =
i_cardsid;-- 获取账户的余额
             SELECT atm_balance INTO v_atmbalance FROM t_atm WHERE i_atmnumber = atm_number;
             INSERT  INTO  t_transaction (transactions_number,transactions_transoutacc,
transactions_atmnumber,transactions_type,transactions_money)VALUES(seq_atm.nextval,i_cardsid,
i_atmnumber,i_type,i_money);--生成交易流水
             UPDATE t_account SET acc_balance = v_balance-i_money WHERE i_cardsid=acc_
cardsid;--更新账户余额
             UPDATE t_atm SET atm_balance = v_atmbalance-i_money WHERE i_atmnumber =
atm_number; --更新ATM的余额
             dbms_output.put_line('取款成功! ');
```

```
        commit;
      ELSE
        dbms_output.put_line('ATM内余额不足! ');
      END IF;
     ELSE
        dbms_output.put_line('金额不满足条件! ');
      END IF;
   ELSE
     dbms_output.put_line('此卡被冻结! ');
    END IF;
  ELSE
    dbms_output.put_line('密码不正确');
  END IF;
EXCEPTION
  WHEN no_data_found THEN
    ROLLBACK;
    dbms_output.put_line('没有数据! ');
  WHEN OTHERS THEN
    ROLLBACK;
    dbms_output.put_line('取款失败! ');
END;
/
```

本 章 小 结

本章介绍了软件开发的基本流程，从需求分析、概要设计、数据库设计、详细设计到系统实现。其中，数据库设计是对业务模型整体的数据进行一个统筹规划，数据库设计的好坏，字段数据类型的选择，都直接影响着整个系统的开发运行效率。

参考文献

[1] 钱慎一,张素智. Oracle 11g 从入门到精通[M]. 北京:中国水利水电出版社,2009.

[2] 尚展垒,宋文军. Oracle 数据库管理与开发[M]. 北京:人民邮电出版社,2016.

[3] 王珊,萨师煊. 数据库系统概论[M]. 4 版. 北京:高等教育出版社,2006.

[4] 秦靖,刘存勇. Oracle 从入门到精通[M]. 北京:机械工业出版社,2011.